20. Iran
21. Mittlerer Osten
22. Ostafrika
23. Indischer Ozean
24. Kamtschatka
25. Kurilen
26. Japan
27. Mariana Islands
28. Philippinen
29. Indonesien
30. Papua-Neuguinea
31. Solomon-Inseln
32. Neue Hebriden
33. Samoa
34. Tonga-Inseln
35. Kermadec-Inseln
36. Neuseeland
37. Karibik

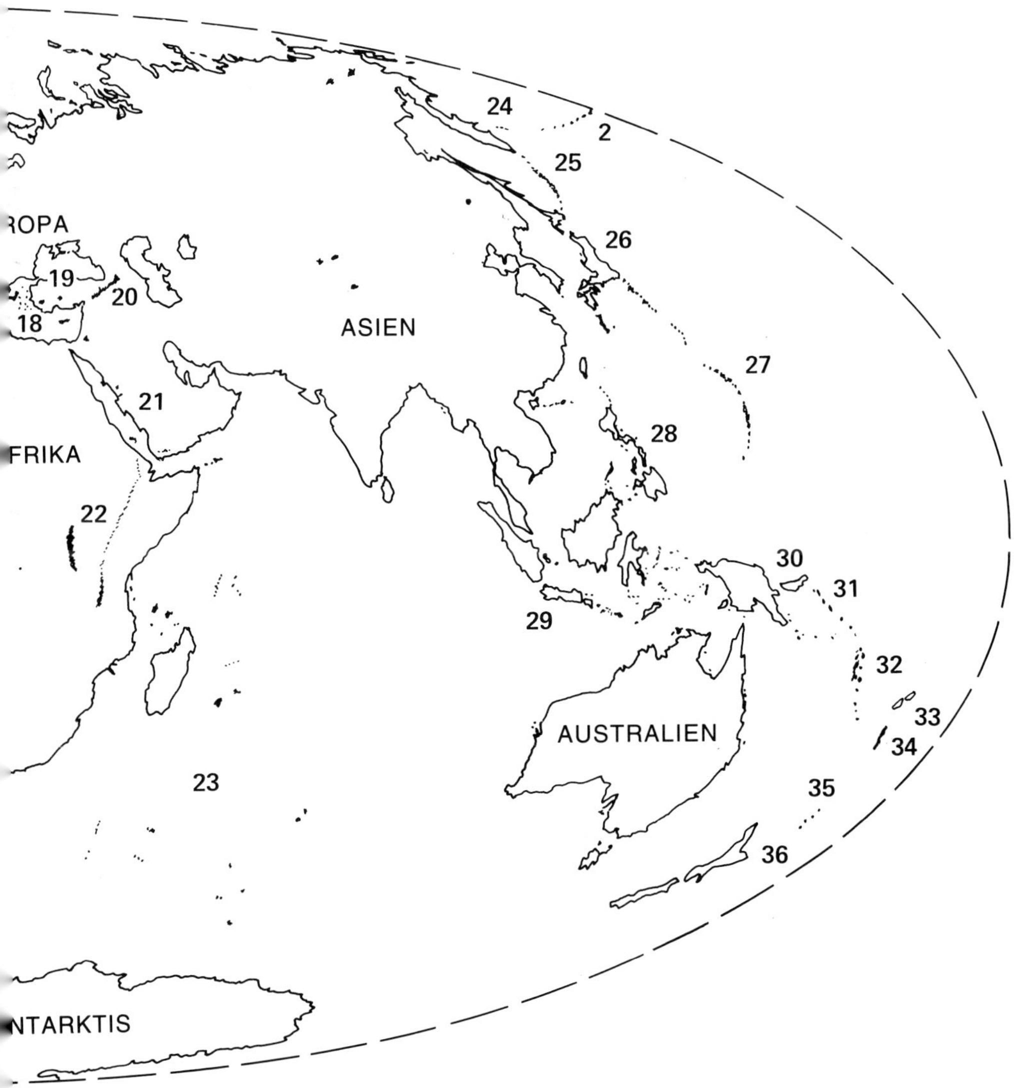
24
2
25
ROPA
26
19
20
18
ASIEN
27
21
FRIKA
28
22
30
31
29
32
33
AUSTRALIEN
34
23
35
36
NTARKTIS

Die Urgewalt der Vulkane

Robert Decker · Barbara Decker

Die Urgewalt der
Vulkane
Von Pompeji zum
Pinatubo

Aus dem Englischen
von Beate Gorman

Seehamer Verlag

Genehmigte Lizenzausgabe 1997
für Seehamer Verlag GmbH, Weyarn
Titelgestaltung: Bine Cordes, Weyarn
Titelabbildung: Bavaria Bildagentur, Gauting
und aus dem Buch (kleine Abbildung)
Printed in Austria
ISBN 3-932131-35-5

Inhaltsverzeichnis

Vorwort zur deutschen Ausgabe

«Mt. St. Helens: Volcanic Holocaust», «Klimakatastrophe durch Vulkan-ausbrüche?», «Vulkan Pinatubo: Die Zeitbombe tickt!»

So lauten die Schlagzeilen in den Medien, wenn wieder einmal auf unserem Planeten ein Vulkan seine zerstörerische Gewalt entfaltet hat. Was für die meisten Menschen ein katastrophales Ereignis, ein Zeugnis der Naturgewalten ist, bedeutet für die Geologen und Vulkanologen die Gelegenheit, die Prozesse, die unseren Planeten formen, besser und genauer zu studieren. Darüber hinaus sind die Vulkanologen gefordert, die Auswirkungen solcher Katastrophen – soweit das möglich ist – vorherzusagen und die Behörden in ihrem Krisenmanagement zu beraten.

Die zerstörerische Gewalt, aber auch die Faszination vulkanischer Aktivität unseres Planeten hat die Menschheit seit ihren frühen Tagen geprägt. Vulkane sind beredte Zeugen dafür, daß unsere Erde lebt, und Menschen fast aller Kulturen und Epochen waren und sind direkt von den Urgewalten des Vulkanismus betroffen. So gibt es in den frühen Sagas der Isländer bereits realistische Beschreibungen vulkanischer Ereignisse, und die Mythen der Indianer im Nordwesten Amerikas erzählen von Bergen, die sich, um eine schöne Frau streitend, mit Steinen bewerfen und Feuer speien. Die Menschen Polynesiens verehren die Vulkangöttin Pele und versuchen sie mit Opfergaben, die sie in die Kraterschlünde werfen, freundlich zu stimmen. In vielen Kulturen gelten Vulkane als heilige Berge, so der Fujisan (Fujiama) in Japan oder der Tongariro in Neuseeland.

1500 v. Chr. erlebten die im heutigen Europa lebenden Menschen mit der gewaltigen Thera-Eruption, die als Rest eines großen Inselvulkans nur einen Ring von drei schmalen Inseln hinterließ, ihre bislang größte Vulkankatastrophe. Da die Bewohner der Insel vorgewarnt waren, verschüttete die Eruption lediglich eine verlassene Siedlung. Die Eruption des Vesuv im Jahre 79 v. Chr., die von Plinius dem Jüngeren so eindrücklich beschrieben worden ist, hat dagegen vielen Menschen in Pompeji das Leben gekostet.

Große historische Eruptionen können auch indirekt Einfluß auf unser Leben nehmen. So darf spekuliert werden, ob nicht die Laki Eruption in Island 1783, die zu einer kurzzeitigen Klimaverschlechterung in Europa geführt hat, durch die Versorgungsnöte der Menschen in den Jahren danach, die französische Revolution ausgelöst hat. Neuere Forschungen legen nahe, daß große Vulkaneruptionen nicht nur die Menschen direkt vor Ort betreffen. Die großen Volumina an Gasen und Aerosolen, die in die Atmosphäre gelangen und in der Stratosphäre um den ganzen Globus verdriftet werden, können das Klima für die folgenden Jahre beeinflussen und man befürchtet, daß außer der vom Menschen verursachten Schädigung auch vulkanische Gase für die anhaltende Zerstörung der Ozonschicht verantwortlich sind.

Vulkane werden heute von vielen Wissenschaftlern überall auf der Welt untersucht. Für sie sind aktive und erloschene Vulkane quasi «Freiluft-Laboratorien», in denen mit einer Vielzahl von Methoden geforscht wird. In den sechziger Jahren revolutionierte die Entwicklung der Theorie der Plattentektonik die Erdwissenschaften; was dazu führte, daß sich die Vulkanologie als eine ihrer Forschungsrichtungen sprunghaft fortentwickelte. Vor dem Hintergrund eines neuen Verständtnisses der Dynamik unserer Erde, hat die Vulkanologie inzwischen viele wichtige Impulse für die anderen geowissenschaftlichen Forschungsrichtungen gegeben. Die tägliche Arbeit basiert auch heute noch auf der intensiven Beobachtung von aktiven Vulkanen, sowie der Analyse von früheren Eruptionen im Gelände. Neben dieser gesteinskundlichen Analyse mit dem Mikroskop verfügt der heutige Vulkanologe über eine Vielzahl moderner Analyseverfahren, die es ihm ermöglichen, die chemische Zusammensetzung der Gase und eruptierten Laven zu bestimmen. Aufgrund der Zusammensetzung lassen sich Alter, Entwicklung und Eruptionsgeschichte der vulkanischen Aktivität sowie die Herkunft und Entstehung des Magmas in der Tiefe rekonstruieren. Geophysikalische Methoden erlauben es, die tiefen Strukturen von Vulkanbauten, die Bewegung von Magma in der Tiefe und die großräumige Verformung ganzer Vulkanberge durch aufdringende Schmelzen zu messen und besser zu verstehen. Durch das derart erweiterte Wissen über Leben und

Aktivität von Vulkanen war es in einigen gut untersuchten Fällen sogar möglich, die Eruption neuen Magmas aus der Tiefe vorherzusagen.

Das Interesse der Vulkanologie konzentriert sich heute auf zwei Hauptrichtungen: Zum einen werden, besonders in den Entwicklungsländern im Umkreis des Pazifiks, dem sogenannten «Ring des Feuers», internationale Programme initiiert, mit dem Ziel, eine sicherere Vorhersage von Vulkaneruptionen zu erreichen und durch die Ausweisung von Gefährdungsgebieten ihre negativen Auswirkungen auf ein Minimum zu reduzieren. Hierbei ist die Kooperation mit den örtlichen Behörden und die Information der Öffentlichkeit ein wesentlicher Aspekt.

Zum zweiten erforscht man mit Hilfe von Klimamodellen, inwieweit die unvorstellbar riesigen Eruptionen und Ergüsse von Laven über halbe Kontinente hinweg (z.B. die Flutbasalte in Indien) in der geologischen Vergangenheit das Weltklima beeinträchtigt haben. Es wird sogar darüber spekuliert, wie ein «vulkanischer Winter» die Entwicklung des Lebens auf der Erde durch ein Massensterben vieler Arten (vgl. das Aussterben der Dinosaurier vor ca. 65 Millionen Jahren) beeinflussen könnte.

In jüngster Zeit hat die Eruptionswolke des Pinatubo (Sommer 1991) zu einer leichten Abkühlung der Oberflächentemperaturen und zu einer zusätzlichen Ozonverarmung geführt. Das Magma des Pinatubo war ungewöhnlich reich an Schwefelgas. Die klimatischen Auswirkungen dieses Eintrags von Schwefeldioxid in die Atmosphäre werden von den Klimaforschern heute sehr genau verfolgt, um an diesen Fallstudien ihre Klimamodelle zu verbessern.

Doch abgesehen von den verheerenden Katastrophen, deren Auswirkungen es zu mildern und dokumentieren gilt, neben der Untersuchung möglicher weltweiter Klimaeffekte durch Vulkane und jenseits des Versuchs, zum Verständnis der Entwicklungsgeschichte unserer Erde durch die Analyse von Vulkanen beizutragen, geht für uns Menschen von den Vulkanbergen aufgrund ihrer ungebändigten Aktivität und atemberaubenden Schönheit eine tiefe Faszination aus.

Diese Aspekte werden von Robert und Barbara Decker ausführlich behandelt. *Von Pompeji zum Pinatubo* zeigt Ihnen die Schönheit und Gewalt von Vulkanen. Die gut verständlichen wissenschaftlichen Darstellungen der beiden Autoren sind mit spannenden und unterhaltenden Passagen angereichert, wobei authentische Augenzeugenberichte immer wieder ein «hautnahes» Erleben vulkanischer Prozesse und Phänomene erlauben. Viele der faszinierenden Fotografien stammen von dem französischen Vulkanologen-Ehepaar Maurice und Katja Krafft, die während der Unzen Eruption in Japan im Jahr 1991 tragisch ums Leben kamen.

Von Pompeji zum Pinatubo ist ein spannend und informativ geschriebenes Buch, das Ihnen die Welt der Vulkane und die faszinierende Arbeit der Vulkanologen näherbringt.

Mainz, im Januar 1993
Dr. Gerhard Wörner

Vorwort

Im Frühjahr 1982 brach in Mexiko ein fast unbekannter Vulkan namens El Chichón zum erstenmal aus. Starke Ascheexplosionen erzeugten riesige, glühende Lawinen aus vulkanischen Gesteinsfragmenten, die sich über die steilen Flanken des Berges ergossen. Über eintausend Menschen wurden in den Dörfern an den Bergabhängen getötet, und Zehntausende mußten aus ihren Häusern fliehen.

Lokal war der Ausbruch des El Chichón verheerend, aber die subtileren Auswirkungen waren weltweit spürbar. Große Mengen an Staub und Schwefelgas, die durch die Explosionen in die Stratosphäre aufgestiegen waren, umkreisten viele Monate lang die Erde. Einige Wissenschaftler sind der Meinung, daß dieser Schleier aus Vulkanstaub und Schwefelsäure aus dem El Chichón eine der Ursachen für das weltweit strenge Wetter in den Jahren 1982–83 war. Der stratosphärische Dunst war auch für die wunderschönen Sonnenuntergänge verantwortlich, die fast das ganze Jahr hindurch überall auf der Welt sichtbar waren.

Die Vulkane auf unserer Erde sind nur ein Teil der Geschichte; in den letzten Jahren haben Weltraumsonden gezeigt, daß Vulkane auch in anderen Welten unseres Planetensystems mit zu den beherrschenden Merkmalen zählen. Die Mondmeere sind riesige erstarrte Lavaseen, die Milliarden von Jahren alt sind. Olympus Mons auf dem Mars ist ein alter Vulkan, der 25 Kilometer hoch und 800 Kilometer breit ist. Auf dem Io, einem Jupitermond, speien mehrere aktive Vulkane riesige Fontänen aus, die aus geschmolzenem oder gasförmigem Schwefel und Schwefelverbindungen bestehen. Radarbilder, die durch die dichte Schwefelatmosphäre der Venus, dem Schwesterplaneten der Erde, aufgenommen wurden, zeigen bergige Gebiete, die vermutlich vulkanischen Ursprungs sind.

Über Vulkane auf anderen Planeten und Monden ist, abgesehen von der Tatsache, daß sie existieren, wenig bekannt. Glücklicherweise gibt es bei uns viele Vulkane, die erforscht werden können; wir kennen über 1.300 potentiell aktive Vulkane auf unserem Planeten, von denen durchschnittlich etwa 50 pro Jahr ausbrechen. Die wissenschaftlichen Erkenntnisse, die man bei jeder Eruption gewinnt, fügen dem Puzzle um das Phänomen des Vulkanismus auf der Erde und im Weltall ein neues Stück hinzu. Dieses Buch möchte dem Leser dieses faszinierende Puzzle und das Wissen der Vulkanologen näherbringen.

Teil I
Vulkanberge

Die Menschen streiten sich; die Natur handelt.
Voltaire

1 Was ist ein Vulkan?

Armero, Kolumbien: 13. November 1985

Es war nach 23 Uhr; die meisten der 25.000 Bewohner von Armero waren zu Bett gegangen, aber viele hinderte ihre große Angst daran einzuschlafen. Früher am Abend hatten sie unheilvolle Geräusche von dem alles überragenden, eisbedeckten Vulkan Ruiz gehört, und auf die Stadt war ein leichter Ascheregen niedergegangen. Dann «schrie die Welt», wie ein Überlebender es in seinem Bericht beschrieb.

Der Boden bebte, und der Lärm war so groß, daß Menschen, die sich aus nächster Nähe etwas zuriefen, einander nicht hören konnten, als Lawinen von Schlamm, Gestein und Schutt – von der Konsistenz nassen Zements – Schicht für Schicht 22.000 Männer, Frauen und Kinder einschlossen, sie ertrinken ließen und für immer bedeckten. Mächtige Wellen heißen Schlamms stürzten das Flußtal des Lagunillas herab, und Schwefelrauch erfüllte die Luft. Armero wurde lebendig begraben (Abb. 1.1). Die Hölle hätte nicht schrecklicher sein können. Nur diejenigen, die die Stadt nach dem ersten Ascheregen verlassen hatten, jene, die in größeren Höhenlagen oberhalb des Flusses lebten, und die wenigen Glücklichen, die an die Ränder der Schlammlawinen geschwemmt wurden, überlebten.

Der Vulkan war schon früher ausgebrochen, im Jahr 1595 und zu Beginn des 19. Jahrhunderts. Der Name der Indianer für den Berg lautete Cumanday, «die rauchende Nase». Im Jahr 1845 stürzten nach einem Vulkanausbruch oder einem Erdbeben Schlammlawinen den Lagunillas-Fluß herab und töteten 1.000 Menschen. Nach Meinung von Wissenschaftlern, die den Ausbruch des Nevado del Ruiz am 13. November 1985 studiert haben, führte eine komplexe Folge von Ereignissen zu der Kata-

15

Abb. 1.1. Ein Schlammstrom, der bei einer Eruption des Nevado del Ruiz in Kolumbien am 13. November 1985 erzeugt wurde, zerstörte die Stadt Armero und tötete 22.000 Menschen. Der Geschäftsbezirk wurde völlig weggerissen; nur die ungefähren Umrisse der Fundamente sind in dem trocknenden Schlamm sichtbar. Die Häuser auf der Anhöhe rechts wurden zum Teil zerstört. (Das Foto wurde am 9. Dezember 1985 von Richard Janda, U.S. Geological Survey, aufgenommen.)

strophe in Armero. Der Ruiz ist ein breit ausgedehnter Vulkan mit fast flacher Spitze, die von einem weiten Schnee- und Eisfeld bedeckt ist. Mit 5.389 Metern Höhe ist er einer der höchsten Berge Kolumbiens. Er liegt am Kamm eines spitzen Bergrückens der Anden, der zwei tiefe Täler in Nord-Süd-Richtung trennt.

Vor dem Ausbruch im Jahr 1985 waren Schlote, die Dampf und andere Vulkangase ausstießen, in einem Krater nahe des nördlichen Randes der Eisdecke ständig aktiv gewesen, und ein kleiner Säuresee füllte den Kraterboden aus. Im November 1984, ein Jahr vor dem Ausbruch, setzte ein Erdbebenschwarm unter dem Ruiz ein. Dieser markierte wahrscheinlich den Beginn eines neuen Aufstiegs von geschmolzenem Gestein aus

Von Pompeji zum Pinatubo

Abb. 1.2. Kleine Dampffahnen und andere Vulkangase stiegen aus dem Krater des Nevado del Ruiz vor der Eruption am 13. November 1985 auf. Obwohl der 5.389 Meter hohe Berg nur 5 Grad nördlich des Äquators liegt, ist sein Gipfel von einer großen Schnee- und Eiskappe bedeckt. (Das Foto wurde am 25. September 1985 von Marta Calvache, Observatorio Vulcanologico de Colombia, aufgenommen.)

größerer Tiefe in einen Bereich, der sich nur wenige Kilometer unter der Oberfläche befand.

Die Dampfemissionen steigerten sich im Dezember 1984, und am 11. September 1985 kam es zu einer kleinen Explosion. Die Asche und das Gestein aus dieser Eruption bestand jedoch aus altem Vulkanmaterial aus der Kraterregion. Neues Schmelzgestein, das als «Magma» bezeichnet wird, solange es sich unter der Erde befindet, hatte bisher die Oberfläche noch nicht erreicht. Wärme und Gase des aufgedrungenen Magmas hatten jedoch dazu geführt, daß die rauchenden Gasöffnungen ihre Aktivität steigerten, was zu neuen Schwefelablagerungen auf dem Gipfel des Ruiz führte (Abb. 1.2).

Der tragische Ausbruch am 13. November begann um 15 Uhr mit kleinen Explosionen im Krater und leichtem Ascheregen in nordöstlicher Richtung. Kurz nach 21 Uhr wurde die Aktivität heftiger, und neues

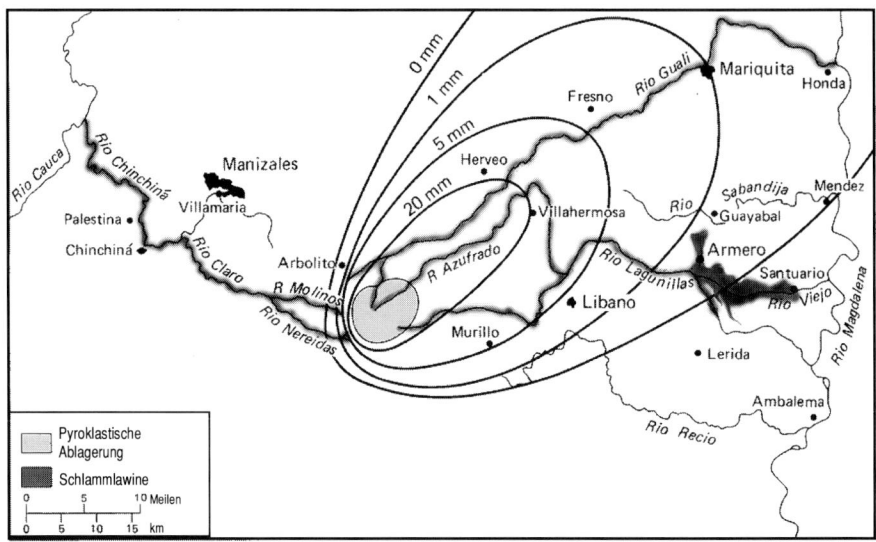

Abb. 1.3. Diese Karte des Nevado del Ruiz und seiner Umgebung zeigt die Ablagerungen der Eruption vom 13. November 1985. Die Millimeterkonturen zeigen die Stärke des Ascheniederschlags an. Weniger als 10 % der Eiskappe wurde durch die pyroklastische (heiße fragmentarische) Ablagerung geschmolzen. (Barry Voight, Pennsylvania State University, Daten vom Observatorio Vulcanologico de Colombia.)

Magma erreichte in einer im Schlot hochsteigenden Säule aus heißen Bimssteinfragmenten und Asche die Oberfläche. Der Zeitpunkt, die Verteilung und die Größe des Ascheausfalls weisen alle darauf hin, daß die Haupteruption nur zwei bis drei Stunden dauerte und eine nur mäßig hohe Aschewolke bildete.

Obwohl es sich um eine relativ kleine Eruption handelte, brachte die heiße Decke aus Bimsstein und Asche große Mengen Schnee und Eis auf dem Gipfel des Nevado del Ruiz zum Schmelzen. Als das Schmelzwasser sich über die Täler an den steilen Nordflanken des Ruiz ergoß, nahm es Erde, Gesteinsbrocken und Bäume mit sich und entwickelte sich so zu einer verheerenden Schlammlawine (Abb. 1.3). Mit Schutt beladene Flutwellen aus Schlamm rasten den steilen, schmalen Lagunillas-Cañon hinab, der in seinem 60 Kilometer dahinschlängelnden Verlauf 4.000 Meter tief in das Magdalena-Tal hinabstürzt. Die Schlammlawine breitete sich beim Erreichen des flacheren Landes über weite Gebiete aus. Unglücklicherweise lag Armero genau in der Mündung des Cañon.

Schätzungen zufolge rasten die Schlammlawinen den Berg mit Geschwindigkeiten von 35 Stundenkilometern hinab und rissen Bäume und

Erde bis zu Höhen von 80 Metern über dem normalen Wasserstand des Cañons mit sich. In der Cañonmündung, wo die Woge sich über Armero ergoß, waren die Schlammfluten bis zu 30 Metern hoch und breiteten sich schnell zu vier Meter tiefen Fluten aus.

In 20 bis 30 Minuten ergossen sich zwei oder drei große Schlammfluten; zuerst war der Schlamm kalt, aber einige Überlebende beschrieben die späteren Fluten als heiß. Während der Phase der stärksten Flutgeschwindigkeit ergossen sich schätzungsweise 47.000 Kubikmeter schlamm- und schuttbeladenes Wasser pro Sekunde den Lagunillas-Fluß herab, eine Geschwindigkeit, die einem Fünftel der Fließgeschwindigkeit des Amazonas entspricht, wenn dieser ein enges Tal hinabstürzt. Nach Abfließen des Wassers waren die Schlammablagerungen über ein Gebiet von 33 Quadratkilometern etwa 1,0 bis 1,5 Meter dick, und Felsbrocken von bis zu 10 Metern Durchmesser, die noch im Schmutz verteilt herumliegen, zeugen von der Gewalt bei der schrecklichen Zerstörung von Armero.

Neunzig Prozent des ursprünglichen Schnee- und Eisfeldes auf dem Nevado del Ruiz sind noch vorhanden; weitere Erdbeben und kleine Eruptionen zeigen, daß die gegenwärtige Aktivität des Vulkans noch nicht vorüber ist. Die Überlebenden von Armero und die Bewohner anderer Städte am Fuß des Ruiz erwarten mit Schrecken den nächsten Schritt des Vulkans.

Was ist ein Vulkan?

Ausbrechende Vulkane sind Berge, die «verrückt spielen», wie die Bewohner von Armero sehr zu ihrem Leidwesen feststellen mußten. Berichte über ihr gewaltsames Wesen kennen wir aus der Mythologie fast aller Kulturen, die sich in vulkanischen Ländern entwickelten: Griechen, Römer, Indonesier, Japaner, Isländer und Hawaiianer verehrten alle Götter und Göttinnen feuriger Vulkane. Im allgemeinen strahlten diese Gottheiten Schönheit und Ruhe aus, aber wenn sie aufwachten und erzürnt wurden, waren sie bereit, Zerstörung über das Land zu bringen.

Das Wort *Vulkan* stammt von der Insel Vulcano vor der Südwestküste Italiens. Aufgrund der häufigen Eruptionen auf dieser Insel hielten die Römer sie für die Schmiede von Vulkanus, dem Gott des Feuers und der Waffenschmiede. Später wurde das Wort für jeden Schlot in der Erdkruste verwendet, durch den Magma an die Oberfläche dringt.

Der Begriff *Vulkan* wird auch für die Landform verwendet, die bei Eruptionen und Ablagerungen aus dem Schlot entsteht. Welche Bedeutung jeweils gemeint ist, hängt vom Gebrauch des Wortes ab. Wenn beispielsweise gesagt wird, daß der Vulkan Mauna Loa Lava über viele Quadratkilometer Land ergossen hat, so bezieht sich der Begriff 'Vulkan' auf einen Schlot. Wenn man andererseits sagt, daß der Mauna Loa der größte Vulkan der Erde ist, so ist damit der Vulkanberg gemeint.

Vulkane, tot oder lebendig

Da die Vulkanaktivität fast so vielfältig wie die menschliche Natur ist, verwenden die Vulkanologen Beschreibungen des menschlichen Charakters, um die unterschiedlichen Launen eines Vulkans zu verdeutlichen: *lebendig, aktiv, ruhelos, erwachend, ausbrechend, ruhend, schlafend, tot* und *erloschen*. Wenn man bedenkt, daß die Lebensspanne eines Vulkans sich über Millionen von Jahren erstrecken kann, sollte man bei der Verwendung dieser Begriffe Vorsicht walten lassen. Um ihre Bedeutung in bezug auf vulkanische Aktivität zu klären, möchten wir einige Beispiele anführen.

In dem 22-spaltigen *Catalogue of Active Volcanoes of the World* (Katalog der aktiven Vulkane der Welt) definiert die International Association of Volcanology einen *aktiven* Vulkan als Berg, der in historischer Zeit schon einmal ausgebrochen ist. Dieser Definition zufolge gibt es weltweit über 500 aktive Vulkane. Das Problem bei dieser Klassifizierung liegt in den unterschiedlichen Zeiträumen der Geschichtsschreibung, die von Gebiet zu Gebiet stark variieren. Im Mittelmeerraum beispielsweise reicht die Geschichtsschreibung fast 3.000 Jahre zurück, während es in Hawaii nur 200 Jahre sind.

Der älteste bekannte Bericht einer Vulkaneruption ist eine Wandmalerei in Catal Huyuk, einem alten Dorf in der Zentraltürkei. Der Archäologe James Mellaart ist der Überzeugung, daß das Gemälde einen Ausbruch des Hasen Dag, eines nahegelegenen Vulkans, um 6200 v.Chr. zeigt. Schriftliche Berichte über die Eruption sind nicht vorhanden. Der erste Augenzeugenbericht stammt aus dem Jahr 79 n.Chr, als ein Römer, Plinius der Jüngere, in einem Brief anschaulich die riesige Eruption des Vesuv beschrieb, die Pompeji und Herculaneum unter sich begrub und seinen Onkel, Plinius den Älteren, tötete.

Das Smithsonian Institut in Washington D.C., hat versucht, die Grenzen der Geschichtsschreibung zu umgehen, indem es in seiner «Liste der Vulkane unserer Erde» alle Vulkane aufnahm, die in den letzten 10.000 Jahren ausgebrochen sind – in dem Zeitraum seit der letzten großen Eiszeit. Diese Liste führt weltweit 1.343 aktive Vulkane auf.

Beide Vulkankataloge – der der International Association of Volcanology sowie der des Smithsonian Institut – sind Ausgangslisten. Wenn es bei einem Vulkan, bei dem bisher keine Eruptionen bekannt waren, zu einem Ausbruch kommt – beispielsweise die Eruption des El Chichón im Jahr 1982 –, wird dieser Vulkan beiden Listen hinzugefügt. Auch wenn man auf Beweise stößt, die darauf schließen lassen, daß es bei einem Vulkan, der nicht auf der Liste steht, in prähistorischer Zeit zu einem Ausbruch gekommen ist, wird dieser Vulkan in die Liste aufgenommen.

Bei einem *ausbrechenden* Vulkan – also einem Vulkan in Aktion – handelt es sich um einen Vulkan, der permanent oder vorübergehend geschmolzene Lava oder feste Fragmente vulkanischen Materials wie Asche, Schlacke oder Blöcke ausstößt. Ein Vulkan, der lediglich Gase wie Wasserdampf, Kohlendioxid oder Schwefelgase aus kleinen Öffnungen oder als Gaswolke aus dem Krater abgibt, wird als potentiell aktiver Vulkan geführt, zählt aber nicht zu den aktiv ausbrechenden. Vulkane, die Gase abgeben, aber nicht ausbrechen, sind in einem «fumarolischen Stadium».

Bei einem potentiell aktiven oder «lebenden» Vulkan handelt es sich um einen Berg, der wahrscheinlich in der Zukunft wieder ausbrechen wird; bei einem «erloschenen» oder toten Vulkan wird es wahrscheinlich nicht wieder zu Eruptionen kommen. Ein Journalist, der in menschlichen Zeitspannen denkt, betrachtet einen Vulkan möglicherweise als erloschen, wenn er nicht in historischer Zeit ausgebrochen ist; ein Geologe rechnet jedoch in Zeitspannen, während derer es in Hunderttausenden von Jahren nicht zu einer Eruption gekommen ist, bevor er diesen Vulkan der Kategorie «wahrscheinlich erloschen» zuordnet. Dieser große Unterschied in der allgemeinen und geologischen Zeitmessung ist die Wurzel vieler Mißverständnisse und falscher Auffassungen über Vulkane und andere geologische Phänomene.

Ein «ruhender» Vulkan ist ein lebender Vulkan, der zur Zeit nicht ausbricht. Die Zeit zwischen den Eruptionen wird als «Ruhezeit» des Vulkans bezeichnet. Beim Mauna Loa beträgt die durchschnittliche Ruhezeit etwa drei bis vier Jahre, aber seit 1832, als man mit den Aufzeichnungen für diesen Vulkan begann, reichten die tatsächlichen Ruhezeiten von wenigen Monaten bis zu 25 Jahren. Der benachbarte Mauna Kea, auf dessen Gipfel sich mehrere astronomische Observatorien befinden, schläft seit etwa 4.000 Jahren. Wenn man jedoch die Lebensdauer des Mauna Kea mit etwa 500.000 bis 1 Million Jahren ansetzt, ist sein 4.000jähriger Schlaf nicht lang genug, um ihn als erloschen zu bezeichnen. Dennoch werden die großen Teleskope mit einer Nutzungsdauer von vielleicht 100 Jahren ihren Zweck lange erfüllt haben, bevor der Mauna Kea wieder erwacht.

Vulkantypen

Vulkane werden nach ihrer Form und ihren Eruptionsgewohnheiten klassifiziert. Im 19. Jahrhundert haben Geologen vorgeschlagen, Eruptionen nach verschiedenen Vulkantypen mit charakteristischen Eigenschaften zu klassifizieren. Dieses System wurde beibehalten und zu einer Liste mit sechs Typen erweitert. Nach steigender Explosivität geordnet sind dies Vulkane des isländischen, hawaiianischen, strombolianischen, vulkanianischen, peléanischen und plinianischen Typs (Abb. 1.4).

Bei *isländischen* Vulkanausbrüchen kommt es im allgemeinen (aber nicht immer) zum Aufdringen heißer, relativ flüssiger Lava aus Spalten, die bisweilen bis zu 25 Kilometer lang sind. Gase, die in dem ausbrechenden Magma gelöst sind, kochen beim Erreichen des atmosphärischen Drucks aus und erzeugen spektakuläre Lavafontänen entlang der eruptierenden Spalten. Die Ausbrüche des Krafla im Norden Islands in neuerer Zeit sind Beispiele für diesen Typ.

Diese flüssigen, isländischen Eruptionen bauen ein Plateau auf, das aus dicken, fast ebenen Schichten gehärteter Lava besteht, die über viele Kilometer aus den Spalten geflossen ist. Die Spalten selbst können von einer Reihe niedriger Kegel markiert sein, die sich aus heißen, festen Schlacken oder verschmolzenen Schweißschlacken, die aus der Spalte ausgestoßen werden, aufbauen. Es gibt andere vulkanische Landformen auf Island, aber ein großer Teil der Insel besteht aus Lavaplateaus, die sich durch Spalteneruptionen gebildet haben.

Hawaiianische Vulkane brechen ebenfalls an Spalten auf dem Berggipfel und entlang den schwachen Zonen an den Flanken aus, die als «Riftzone» bezeichnet werden. Sie ähneln in vielerlei Hinsicht isländischen Eruptionen mit hohen Lavafontänen und langen, flüssigen Lavaströmen, die von Flüssen rotglühender Lava gespeist werden. Da es häufiger zu Gipfeleruptionen als zu Flankeneruptionen kommt, wachsen hawaiianische Vulkane schneller in die Höhe als in die Breite und bilden leicht abfallende kuppelförmige Berge statt Lavaplateaus (Abb. 1.5). Diese großen flachen Kegel gehärteter Lava, die wie riesige Berge von Kerzentropfen wirken, werden als «Schildvulkane» bezeichnet. Dieser Name wurde zum erstenmal in Island verwendet, da ihre Form an ein Kriegerschild erinnert, das mit der Außenseite nach oben auf dem Boden

Von Pompeji zum Pinatubo

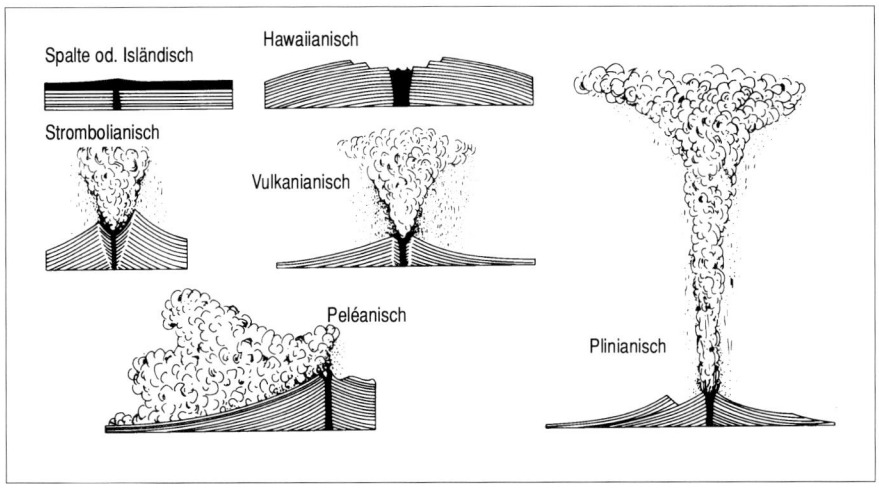

Abb. 1.4. *Schematischer Querschnitt durch die Haupttypen vulkanischer Eruptionen. (Nach Arthur Holmes, Principles of Physical Geology, 2. Ausgabe [New York: 1965], Ronald Press, S. 305.)*

liegt. Die unzähligen Eruptionen des Kilauea sind ein gutes Beispiel für den hawaiianischen Typ.

Strombolianische Eruptionen haben ihren Namen von der Insel Stromboli erhalten, einer kleinen Vulkaninsel vor der Südwestküste Italiens, auf der es seit Jahrhunderten fast ständig zu Ausbrüchen kommt. Fast alle 15 bis 20 Minuten wirft eine kleine Gasexplosion einen Regen aus Klumpen plastischer, rotglühender Lava in die Luft. Die Lavaoberfläche im Gipfelkrater bildet anschließend eine Kruste, bis die sich sammelnden Gase wieder ausbrechen. Die Regelmäßigkeit dieser kleinen explosiven Eruptionen hat dem Stromboli den Titel «Leuchtturm des Mittelmeers» eingetragen.

Der Stromboli ist ein steiler, kegelförmiger Vulkan. Seine Form wird größtenteils dadurch bestimmt, daß er aus einem eher röhrenförmigen Schlot ausbricht und nicht aus einer Spalte. Das Schmelzgestein, das aus dem Gipfelkrater gefördert wird, und die dicken Lavaströme, die die größeren Eruptionen markieren, sind zu zähflüssig, um weit von der Öffnung wegzufließen, so daß sich ein steiler Kegel entwickelt.

Stärkere explosive Eruptionen, die dunkle Aschewolken bilden und sich hauptsächlich aus Wasserdampf, anderen Vulkangasen und festem fragmentarischem Material zusammensetzen, werden nach der Nachbarinsel des Stromboli als *vulkanianische* Eruptionen bezeichnet. Die Asche-

Was ist ein Vulkan?

23

Abb. 1.5.   Der Mauna Loa, ein sanft abfallender Schildvulkan in Hawaii, erhebt sich auf eine Höhe von 4.169 Metern über dem Meeresspiegel – 10.000 Meter über dem Meeresboden. Diese Luftaufnahme in nordöstlicher Richtung wurde leicht westlich von South Point aufgenommen; der Gipfel des Mauna Loa befindet sich in 70 km Entfernung. Die dunklen, jungen Lavaströme sind aus der südwestlichen Spalte des Mauna Loa ausgebrochen. (Foto: U.S. Geological Survey)

wolken aus diesen Eruptionen erweitern sich schnell zu vielen turbulenten Wolkenwirbeln und werden oft als blumenkohlförmig beschrieben. Nach der anfänglichen explosiven Phase produzieren vulkanianische Eruptionen ebenfalls dicke, träge Lavaströme. Im allgemeinen gehen die

Ascheablagerungen bei jeder Eruptionsperiode der Extrusion viskoser Lavaströme voraus, und die abwechselnden Schichten von Asche und Lava bilden einen steilen Kegel, der als *Stratovulkan* oder *zusammengesetzter Kegel* bezeichnet wird.

Nachdem ein Ausbruch des Mont Pelée im Jahr 1902 die 29.000 Bewohner der karibischen Hafenstadt Saint Pierre getötet hatte, fügten die Geologen den Vulkantypen die *peléanische* Eruption hinzu. Peléanische Eruptionen sind äußerst zerstörerisch, da sie heiße Aschelawinen von hoher Geschwindigkeit erzeugen, die durch sich ausdehnende heiße Gase mobilisiert wurden. Diese *Nuées ardentes* (Glutwolken) sind so mit Vulkanasche beladen, daß sie schwerer sind als Luft und die steilen Flanken eines ausbrechenden Vulkans mit Geschwindigkeiten von über 100 Stundenkilometern hinabströmen. Der dichte, untere Teil dieser heißen Mischungen aus vulkanischen Fragmenten und Gas werden als «glühende Lawinen», «Ascheströme» oder «pyroklastische Ströme» bezeichnet. Gleichgültig wie man ihn nennt, bei einem Vulkanausbruch bedeutet ein Aschestrom immer große Gefahr. Man kann ihm nicht entrinnen, und er löscht aufgrund seiner hohen Temperaturen und seiner zerstörerischen Kraft alles aus, was in seinem Weg liegt. Ascheströme und Schlammlawinen bauen oft weite Fächer von Ablagerungen auf, die den steileren Stratovulkan, aus dem sie stammen, umgeben. Diese Kombination von Landformen und vulkanischen Produkten zeigt, daß bei diesem explosiven Vulkan Eruptionen von mehr als einem Typ stattgefunden haben.

Der Begriff *plinianisch* wird für äußerst explosive Eruptionen verwendet, die mit dem Vesuvausbruch im Jahr 79 n.Chr. vergleichbar sind. Ein grundlegendes Merkmal dieses Eruptionstyps ist der langanhaltende Ascheausstoß, der eine hohe Wolke bildet. Dicke Decken aus Asche- und Bimssteinregen fallen vom Wind verdriftet zu Boden, während feine Asche und Vulkangase in die Stratosphäre injiziert werden, wo sie das Wetter und Klima beeinflussen können. Große Ascheströme werden ebenfalls bei plinianischen Eruptionen produziert.

Der langandauernde Gasschub ist oft so heftig, daß er große Teile des Gipfelkraters wegreißt. Die fortschreitende Freilegung der Magmasäule nach unten kann diese Ascheausbrüche stundenlang aufrechterhalten. Bei einer plinianischen Eruption handelt es sich nicht um eine einzelne große Explosion; man könnte sie eher mit dem Abbrennen eines Raketenmotors vergleichen, der im Boden vergraben ist und dessen Düse nach oben zeigt. Bei einer plinianischen Eruption kommt es jedoch nicht zu einer echten Verbrennung.

Die Energie bei einer plinianischen Eruption stammt vom explosiven Kochen, d.h. der Entgasung des Magmas. Dieser Eruptionstyp wird aufrechterhalten, bis die Magmasäule so tief ausgehöhlt ist, daß die oberen Teile des Vulkans in einem etwa kreisförmigen Becken einbrechen und weitere explosive Gasabgaben ersticken. Eruptionen riesigen Ausmaßes fördern bisweilen so viel Magma aus dem Vulkan, daß Einbruchbecken den ganzen Gipfel verschlingen. Ein solches großes, kreisförmiges Einbruchbecken auf den Vulkangipfeln wird als *Caldera* bezeichnet. Calderen haben oft einen Durchmesser von mehreren Kilometern und sind Hunderte von Metern tief.

Ein Nachteil bei der Klassifizierung von Vulkanen nach Eruptionstypen liegt darin, daß sich einige charakteristische Landformen – etwa Calderen oder Schlackenkegel – bei mehreren unterschiedlichen Vulkantypen bilden können. Calderen bilden sich durch Einbrüche bei isländischen und hawaiianischen sowie bei vielen großen explosiven Vulkanen. Schlackenkegel können sich durch den Niederschlag abgekühlter Partikel aus anhaltenden Lavafontänen sowohl bei isländischen und hawaiianischen als auch bei vulkanianischen Eruptionen bilden (Abb. 1.6).

Wie alle Verallgemeinerungen reicht die Klassifikation von Eruptionstypen und vulkanianischen Landformen nur bis zu einem gewissen Punkt. Vulkanische Eruptionen werden durch viele Faktoren verursacht, die näher in Kapitel 3 erklärt werden, und die Form eines Vulkanberges mag das Endresultat von einer Reihe vielfältiger Eruptionen sein, die sich nach Standort, Typ, Größe und Folge unterscheiden. Jahrelange, detaillierte geologische Aufzeichnungen sind nötig, um die komplexe Eruptivgeschichte eines einzelnen Vulkans offenzulegen.

Dennoch trifft es im allgemeinen zu, daß die Gefahren, die vulkanianischen Eruptionen innewohnen, sich mit ihrer Explosivität steigern. Bei isländischen und hawaiianischen Eruptionen handelt es sich meistens um relativ «ruhige» Lavaförderungen, die oft materiellen Schaden anrichten, aber selten Menschen töten. Bei peléanischen und plinianischen Aschestromausbrüchen, die äußerst gefährlich sind, finden oft Tausende von Menschen den Tod. (Abb. 1.7)

Der Vesuv und der Mont Pelée sind Stratovulkane, die für ihre zerstörerischen Ausbrüche bekannt sind (Abb. 1.7). Calderen, die durch Einbrüche entstehen, wenn riesige Mengen von Aschestromablagerungen heftig ausgestoßen werden, sind Beweis für noch größere Vulkankatastrophen (Abb. 1.8). Glücklicherweise sind solche großen Eruptionen, bei denen sich diese Einbruchbecken bilden, nur selten.

26

Abb. 1.7. Shishaldin auf den Aleuten, Alaska, ist ein schön symmetrischer Stratovulkan. Seit 1775 wurden etwa 30 kleine bis mittlere explosive Eruptionen dieses 2.857 Meter hohen Berges beobachtet, die letzte im Jahr 1987. Die kleine Fahne vulkanischer Gase, die auf diesem Foto sichtbar ist, ist keine Eruption. (Foto: U.S. Geological Survey)

<
Abb. 1.6. Cerro Negro im Jahr 1968. Dieser 230 Meter hohe Schlackenkegel in Nicaragua ist seit seiner Geburt im Jahr 1850 in Abständen immer wieder ausgebrochen. Man beachte, wie der Schlackenkegel ältere Lavaströme im Vordergrund abdeckt. Neue Lavaströme ergießen sich aus einer Öffnung am linken Fuß des Kegels. (Foto: U.S. Geological Survey)

Von Pompeji zum Pinatubo

Abb. 1.8. Der Crater Lake in Oregon füllt eine 10 km breite Caldera aus. Der Wasserspiegel des Sees, der eine Tiefe von 589 Metern erreicht, befindet sich in 1.882 m Höhe. Die Caldera hat sich vor 6.900 Jahren gebildet, als 50 Kubikkilometer Magma explosiv ausgestoßen wurden und der alte Gipfel des Vulkans in den geleerten Teil der darunterliegenden Magmakammer einbrach. Wizard Island, ein Schlackenkegel, wuchs nach der großen Eruption, bei der diese Caldera entstand. (Foto: Washington State National Guard)

Das nächste Kapitel befaßt sich mit der geographischen Lage von Vulkanen und erklärt, warum sie nicht zufällig auf der Erde verteilt sind, sondern normalerweise entlang großer Ketten an Land und auf dem Meeresboden auftreten.

2 Vulkanketten

Mount St. Helens, Washington: 20. März, 1980

Nach 123 Jahren der Ruhe schüttelte der Mount St. Helens sich mit einer Reihe von Erdbeben wach. Regelmäßige Erschütterungen wurden von den Bewohnern in der Nähe noch wahrgenommen, als eine Woche später auf dem Gipfelgletscher durch kleine Ascheeruptionen ein neuer Krater ausgehöhlt wurde. Während der nächsten Wochen bedeckte Asche von Hunderten dieser kleinen Eruptionen die weiße Schneedecke des Berges mit einem schwarzen Schleier.

Während die Erde weiter bebte, wuchs eine unheilvolle Anschwellung hoch auf der Nordflanke des Mount St. Helens mit einer Rate von 1 bis 2 Metern pro Tag, eine Veränderung, die mit bloßem Auge erkennbar war. Die meisten Geologen, die diese Aktivitäten studierten, kamen zu dem Schluß, daß eine Magmaintrusion in geringer Tiefe unter der Nordseite des Mount St. Helens erfolgt sein mußte, und daß diese starke Injektion von geschmolzenem Felsgestein die Erdbeben und die Anschwellung verursacht hatte. Die Hauptfragen waren jedoch, ob – und wann – dieses neue Magma an die Oberfläche gelangen würde.

Die Antworten kamen am 18. Mai 1980. Um 8 Uhr 32 löste ein schwerer Erdstoß eine riesige Lawine aus Felsgestein und Eis am Nordabhang des Mount St. Helens, der durch die wachsende Anschwellung zu steil geworden war (Abb. 2.1).

Das Abrutschen dieser ungeheuren Gesteins- und Eismassen gab plötzlich den Druck, der auf dem überhitzten Grundwasser und dem Magma unter dem Vulkan lastete, frei, so als ob der Deckel eines riesigen Dampfkochtopfs plötzlich wegfliegen würde. Die nachfolgende Detonation des sich explosiv ausbreitenden Dampfes und der vulkanischen

Von Pompeji zum Pinatubo

Gase riß die noch verbliebene Nordseite des Gipfels weg, zermahlte sie zu kleinsten Bestandteilen und schleuderte diese über einen Bereich von 550 km² über die bewaldeten Gebirgskämme. Siebenundfünfzig Menschen wurden getötet; zwei von ihnen gaben noch über Funk eindrucksvolle Berichte ab.

David Johnston, der als Wissenschaftler beim U.S. Geological Survey arbeitete, führte von einem hohen Gebirgskamm 9 Kilometer nördlich vom Mount St. Helens Messungen der Anschwellung durch. Als die Eruption einsetzte, funkte Dave eine Meldung an sein Hauptquartier: «Vancouver, Vancouver – jetzt ist es soweit –», kurz bevor die Explosionswolke ihn umschloß. Gerald Martin, ein pensionierter Funker der Marine, arbeitete in der freiwilligen Warnstation der Notfalldienste von Washington 3 km nördlich von David Johnstons Kamm. Martin berichtete von der Lawine und dem Beginn der Explosion. Etwa eine Minute später lautete sein letzter Funkspruch: «Der Wohnwagen und der Wagen, der sich gleich südlich von mir befindet [David Johnstons Lager] sind zugedeckt... Es wird auch mich treffen.»

Andere Zeugen hatten mehr Glück. Die Geologen Keith und Dorothy Stoffel flogen gerade mit ihrem Sportflugzeug über den Gipfel, als der initiale Bergsturz einsetzte. Sie berichteten:

Als wir uns dem Gipfel in einer Flughöhe von 11.000 Fuß näherten [Mount St. Helens war zu dieser Zeit 9.677 Fuß – 2.950 Meter – hoch], war alles ruhig. Gerade als wir die Westseite des Gipfelkraters passierten, merkten wir, daß Gesteins- und Eisschutt nach innen in den Trichter rutschte. Der Pilot neigte den Flügel zum Krater hin, so daß wir einen besseren Blick auf den Erdrutsch werfen konnten. Die nach Norden zeigende Wand der Südseite des Hauptkraters war besonders aktiv. Innerhalb weniger Sekunden – es dürften etwa 15 Sekunden gewesen sein – begann sich die gesamte Nordseite des Gipfelkraters gleichzeitig zu bewegen. Während wir direkt auf den Gipfelkrater herabblickten, begann sich alles nördlich einer von Osten nach Westen über die Nordseite des Gipfelkraters gezogenen Linie zu bewegen.

<

Abb. 2.1. Zeichnungen nach Augenzeugenberichten und veröffentlichten Fotos der ersten Sekunden des großen Ausbruchs des Mount St. Helens am 18. Mai 1980. Oben: Vor der Eruption ist auf der Nordseite eine Schwellung sichtbar. Mitte: Riesige Lawine der gesamten Nordseite des Kegels. Unten: 20 Sekunden später geht die riesige Dampferuption über die Lawine hinweg. Die plötzliche Druckentlastung im vulkanischen Kegel beim Abrutschen des Bergsturzes ermöglichte es dem erhitzten Grundwasser und den in der flachen Magmaintrusion gelösten Gasen explosiv auszukochen. (Zeichnungen: Richard Hazlett)

Diese Bewegung war unheimlich, wir hatten noch nie etwas Derartiges gesehen. Die ganze Masse wogte und wurde erschüttert, ohne sich in seitlicher Richtung zu bewegen. Dann begann die gesamte Nordseite des Gipfels entlang einer tiefsitzenden Gleitebene nach Norden abzurutschen. Wir waren überrascht und aufgeregt, als wir erkannten, daß dieser Bergsturz unglaublichen Ausmaßes die Nordseite des Berges in Richtung von Spirit Lake abrutschte. Wir machten ein paar Fotos, aber nach wenigen Aufnahmen kam es zu einer riesigen Explosion. Wir spürten und hörten nichts, obwohl wir uns zu diesem Zeitpunkt leicht östlich vom Gipfel befanden.

Von unserem Blickwinkel aus schien sich die erste Wolke in einem Explosionspilz seitlich nach Norden zu bewegen und dann abzusacken. Innerhalb von wenigen Sekunden war der Explosionspilz so groß, daß uns der Blick versperrt wurde. Etwa in diesem Augenblick traf uns die Erkenntnis, daß es sich um eine riesige Explosion handelte, wie ein Schlag, und wir konzentrierten uns darauf, so schnell wie möglich wegzukommen. Der Pilot ging in den Sturzflug, um an Geschwindigkeit zu gewinnen. Unsere Geschwindigkeit betrug ca. 200 Knoten [370 km/h]. Der Explosionspilz hinter uns nahm unglaubliche Dimensionen an. Er schien uns einzuholen. Da die Wolken hauptsächlich in nördliche Richtung zogen, wandten wir uns nach Süden und flogen direkt auf Mount Hood zu. [Diese Wendung rettete ihnen das Leben; wenn sie ihren Flug in östlicher Richtung fortgesetzt oder nach Norden geflogen wären, hätte die Explosionswolke, die sich mit einer Geschwindigkeit von 400 km/h nach Osten, Norden und Nordwesten ausbreitete, ihr Flugzeug überholt.] Östlich des Vulkans teilte sich die Aschewolke in wallende pilzförmige Wolken und Federwolken auf. Der Aschefall aus den pilzförmigen Wolken war enorm. In einer Höhe von Zehntausenden von Fuß schossen Blitze durch die Wolken. Bald stieg die Asche auf Höhen von mehr als 50.000 Fuß [15.240 Meter]. Wir überlegten, ob wir zurück nach Yakima fliegen sollten… entschieden uns jedoch dagegen. Irgendwann zwischen 9 Uhr und 9 Uhr 15 landeten wir auf dem Flughafen von Portland.

Während der nächsten neun Stunden kochten die Gase weiterhin aus dem offenliegenden Magmakörper heraus, sandten Asche in die hohen Wolkenschichten und schickten Ascheströme die durchbrochene Nordflanke des Mount St. Helens hinab. Schlammfluten ergossen sich in die Flüsse und Bäche, die als Abfluß für den Berg dienten, und feine Vulkanasche lagerte sich in Schichten von bis zu 4 cm Dicke Hunderte von

Kilometer in östlicher Richtung ab. Am Abend war die Haupteruption vorüber, und der häßliche Stumpf des Mount St. Helens war nur
noch 8.364 Fuß hoch – was einen Verlust von 1.313 Fuß [400 Meter]
bedeutete.

Vulkane und Plattentektonik

Die meisten Vulkane treten wie große Perlen an einer riesigen Schnur in
Gürteln oder Ketten auf. Manchmal verlaufen diese Ketten relativ gerade,
aber häufig bilden sie leicht kurvige Bögen. Der «Feuerkreis» um den
pazifischen Ozean besteht aus einer Reihe von großen Vulkanbögen, die
zusammen fast einen vollständigen Kreis um die Wasserhemisphäre der
Erde bilden (Abb. 2.2).

Ein Segment des Feuerkreises erstreckt sich vom nordkalifornischen
Lassen Peak im Süden mit einem Dutzend Vulkangipfeln über eintausend Kilometer zum Mount Garibaldi in British Columbia im Norden.
Dies sind die Cascade Volcanoes, der Mount St. Helens ist einer von
ihnen.

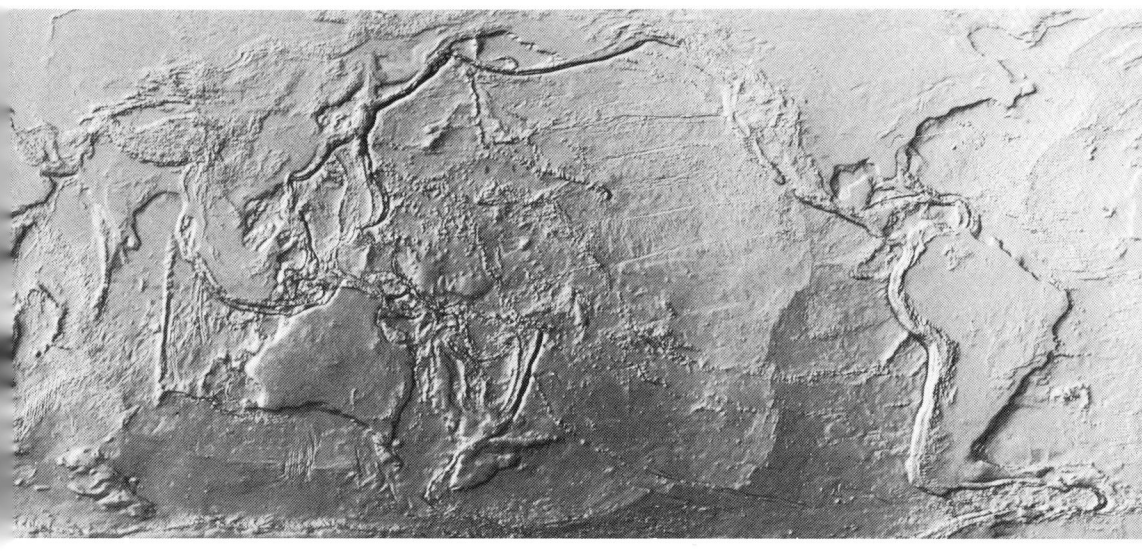

*Abb. 2.2. Die Erdtopographie nach digitalen Höhendaten zeigt die 3 Hauptgebiete mit Vulkanen.
Subduktionsvulkane treten in den Inselbögen und Gebirgszügen auf, die das pazifische Becken umgeben. Riftvulkane treten entlang der Kämme des Mittelatlantischen Rückens und anderer Mittelozeanischer Rücken auf. Die hawaiianischen Hot spot-Vulkane werden durch den schmalen geknickten
submarinen Rücken im nördlichen mittleren Bereich des Pazifiks markiert. (Computerbild: Dr. Peter
W. Sloss, NOAA, National Geophysical Data Center, Boulder, Colorado)*

Neben dem Vulkankreis um den Pazifik erstreckt sich ein weiterer wichtiger Vulkangürtel vom Mittelmeer über den Iran und setzt sich nach einer Lücke über Indonesien zum pazifischen Gürtel fort. Indonesien hat 127 lebende Vulkane und steht, was die größte Zahl potentiell aktiver Vulkane weltweit betrifft, nach den Vereinigten Staaten an zweiter Stelle.

Der Feuerkreis und der mediterrane-indonesische Gürtel weisen zusammen 80 Prozent der bekannten Vulkane der Erde an Land auf. Eine herkömmliche Weltkarte erzählt nur einen Teil der Geschichte, denn sie zeigt nicht, daß die meisten Vulkane auf der Erde unter den Ozeanen verborgen sind. Karten der Gebiete unter den Meeren zeigen große Gebirgskämme, die mitten durch die Ozeane verlaufen und offenbar mit Hunderten lebender Vulkane übersät sind.

Viele Jahre rätselten Geologen und Geographen, warum die meisten Vulkane in linearen oder bogenförmigen Ketten verlaufen, statt zufällig über die Erdoberfläche verstreut zu sein; heute bietet die Plattentektonik eine Antwort auf diese Frage. Die Vorstellung, daß sich Segmente der Erdkruste langsam über große, horizontale Entfernungen, die Tausende von Kilometern betragen, bewegen, wurde zum erstenmal ernsthaft zu Beginn des 20. Jahrhunderts von dem deutschen Wissenschaftler Alfred Wegener vorgeschlagen. Er bezeichnete sein Konzept als «Kontinentaldrift» und stellte sich Stücke starrer kontinentaler Kruste vor, die sich langsam durch eine stark zähflüssige ozeanische Kruste verschob, eine Vorstellung, die die meisten Wissenschaftler heute nicht akzeptieren würden.

Wegeners Idee wurde in den sechziger Jahren wieder zum Leben erweckt und etwas abgewandelt, als Ozeanographen und Geophysiker entdeckten, daß die Kruste auf dem Meeresboden aus Gesteinsgürteln besteht, die in langen, linearen Mustern magnetisiert sind und parallel zu den Gebirgskämmen auf dem Meeresboden (Mittelozeanischer Rükken) und zu beiden Seiten der Kämme symmetrisch verlaufen. Diese Muster deuten darauf hin, daß an diesen Kämmen neuer Meeresboden entsteht und sich langsam mit Geschwindigkeiten von 1 bis 10 Zentimetern pro Jahr von den Kämmen weg in entgegengesetzter Richtung ausbreitet: Dies ist etwa die Geschwindigkeit, mit der Fingernägel wachsen. Die Ozeanographen bezeichneten diesen Prozeß als «Sea floor spreading» (Meeresbodenausbreitung), während die Geophysiker ihm den Namen «Plattentektonik» gaben.

Nach dem Konzept der Plattentektonik ist die Erdoberfläche in ein Dutzend großer Platten von 50 bis 100 Kilometer Stärke gegliedert, die sich horizontal verschieben (Abb. 2.3). Diese Platten «treiben» und «ver-

36

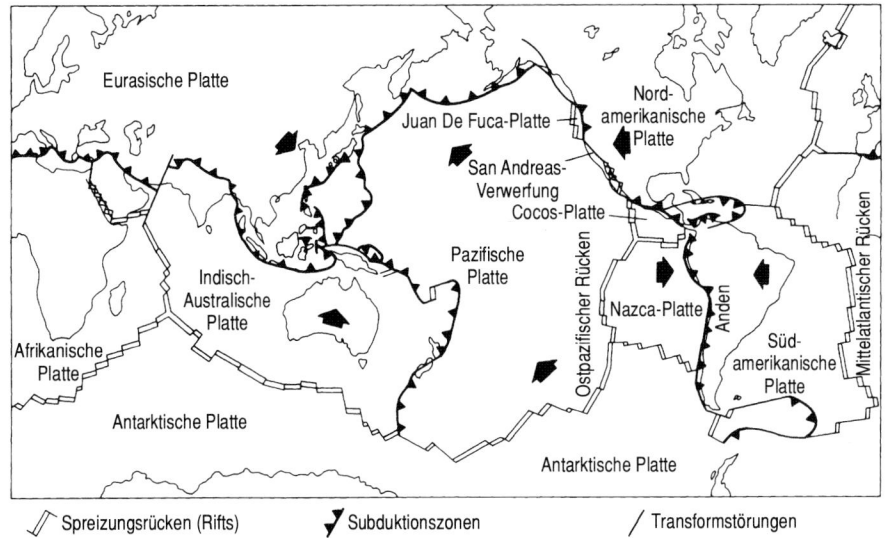

Spreizungsrücken (Rifts)   Subduktionszonen   Transformstörungen

Abb. 2.3. Die mobile Kruste der Erde besteht aus tektonischen Platten. Die sich auseinander bewegen-
den Ränder sind Riftzonen, die konvergierenden Ränder Subduktionszonen. Vulkane treten an beiden
Grenzlinien, aber auch im Inneren der Platten auf. (Nach Warren Hamilton, U.S. Geological Survey)

schieben sich» auf einer sehr zähflüssigen Gesteinsschicht im darunterliegenden Erdmantel. Im Vergleich zum Erdumfang kann man die Platten
mit der zerbrochenen Eierschale bei einem weichgekochten Ei vergleichen. Der größte Unterschied zu Wegeners Idee besteht darin, daß viele
dieser Platten aus kontinentaler *und* ozeanischer Kruste bestehen, wobei
die Kontinente passiv auf dem sich ausbreitenden Meeresboden umher-
treiben – wie Schiffe, die von einer Treibeisscholle eingeschlossen sind.

Das wesentliche Geschehen bei der Plattentektonik tritt an den Plat-
tenrändern auf – nach der menschlichen Zeitskala sind dies Erdbeben
und Vulkanausbrüche; nach der geologischen Zeitskala handelt es sich
um Aufspaltungen, Verschiebungen und Auffaltungen von Kontinenten.
Zwischen Platten, die sich voneinander wegbewegen, gibt es eine Zone
«geheilter» Sprünge, den Mittelatlantischen Rücken; konvergierende
Platten schieben sich übereinander, indem Gestein zu großen Gebirgsket-
ten wie etwa dem Himalaya zusammengeschoben und gefaltet wird.
Platten, die seitlich verrutschen, führen zu den bekannten Verwerfungs-
zonen wie dem San Andreas-Graben in Kalifornien, den Neuseeländischen Alpen und Anatolien in der Türkei.

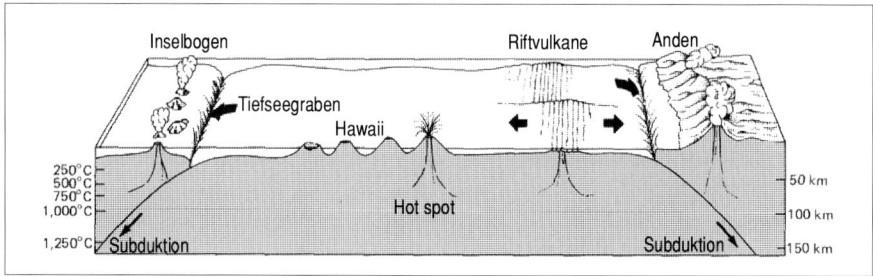

Abb. 2.4. Die Hauptvulkantypen und ihre Beziehung zur Plattentektonik. Subduktionsvulkane treten an der sich überschiebenden Platte in der Nähe von konvergierenden Grenzen auf; Riftvulkane – hauptsächlich submariner Art – treten entlang der Spreizungszonen auf; und Hot spot-Vulkane unter den Platten bilden Vulkangruppen, die «stromabwärts» vom Hot spot immer älter werden. (Vereinfachte Darstellung nach Les Observatoires Volcanologiques Français, Institut de Physique du Globe de Paris [1989], S. 15)

Riftvulkane

An den Stellen, an denen sich tektonische Platten voneinander wegbewegen, füllen Vulkane die Trennungsnarben der auseinanderlaufenden Platten mit Lavaströmen aus, so daß auf den Kämmen der Mittelozeanischen Rücken neuer Meeresboden entsteht (Abb. 2.4). Diese Vulkane werden als Riftvulkane bezeichnet. Die bekanntesten Beispiele an Land befinden sich in Island und im ostafrikanischen Rift-Valley.

Nur ein geringer Bruchteil des 70.000 Kilometer langen Riftsystems befindet sich über dem Meeresspiegel, aber in diesen Bereichen gibt es etwa 250 aktive Riftvulkane. Es wird angenommen, daß noch viel mehr unbekannte, aber potentiell aktive Vulkane, vielleicht mehrere Tausend, während der letzten 10.000 Jahre still in den tiefen Gewässern entlang den Mittelozeanischen Rücken ausgebrochen sind.

Im Durchschnitt bricht pro Jahr noch nicht einmal ein Riftvulkan an Land aus, aber auf dem Meeresboden kommt es im Mittel zu zwanzig verborgenen Rifteruptionen. Derartige Eruptionen wurden noch nie beobachtet, obwohl Erdbebenschwärme, die von weit entfernten Seismographen aufgezeichnet wurden einen Hinweis auf ihre Position geben. Die Beobachtung und Erforschung von Riftvulkaneruptionen entlang den Mittelozeanischen Rücken in Tiefen von 2.000 bis 3.000 Metern sind heute eine der großen Herausforderungen in der Vulkanologie.

Vulkane bilden sich auch in hohen Gipfeln entlang der Knautschzonen, die durch das langsame Kollidieren von sich einander annähernden Platten verursacht werden. Dabei bilden sich die Vulkane nicht genau am Kontakt der Platten; bei dieser Zone handelt es sich meistens um einen tiefen Tiefseegraben. Die Platten konvergieren, indem sie sich übereinanderschieben, wobei die ozeanische Kruste unter den kontinentalen Rand taucht. Die ozeanischen Platten, die von tiefen Meeren bedeckt sind, sind dichter und dünner als die Bereiche der Platten, die kontinentale Landmassen tragen.

Vulkane, die im Zusammenhang mit dieser Subduktion entstehen, sind etwa 200 Kilometer vom Tiefseegraben entfernt. Darüber hinaus befinden sich diese Vulkane in dem allgemeinen Bereich, in dem die subduzierende Platte eine Tiefe von etwa 100 Kilometern erreicht hat; die hohen Temperaturen in der Erde bei dieser Tiefe und die niedrigeren Schmelztemperaturen des Gesteins (diese werden durch die Zugabe von Wasser und Kohlendioxid von Sedimenten des subduzierten Meeresbodens verursacht) machen diesen Bereich zu einer idealen Region für die Bildung großer Magmaschübe.

Die Vulkane des Feuerkreises um den Rand des Pazifiks herum und der mediterrane-indonesische Vulkangürtel gehören beide zur Familie der Subduktionszonenvulkane. Da sich die subduzierenden Platten im allgemeinen in Winkeln von 30 bis 60 Grad unter die darüberliegenden, der Erdoberfläche entsprechend gekrümmten Platten schieben, ergeben diese Kontaktzonen immer wieder weite Bögen auf der Erdkugel. Die Inselbögen von Neuseeland, des südwestlichen Pazifiks, Indonesiens, der Phillippinen, Japans, der Kurilen, Kamtschatkas, der Aleuten und der Karibik sind berühmt für ihre Subduktionszonenvulkane. Der westliche Gebirgsrücken von Nord- und Südamerika – der *Cascade Range*, das Hochland von Mexiko und Mittelamerika und die Anden – vervollständigen die Ostseite des Feuerkreises.

Etwa 1.000 lebende Subduktionszonenvulkane treten entlang der Ränder von konvergierenden Platten auf, und in jedem Jahr befinden sich etwa 40 von ihnen in Eruption. Vom Standort allein ist also klar, daß Vulkanaktivität und Plattentektonik eng miteinander verwandt sind; die Ränder der tektonischen Platten sind für mehr als 95 Prozent der aktiven Vulkane weltweit verantwortlich.

Hawaiianische Vulkane, die sich mitten auf der Pazifischen Platte befinden und 4.000 Kilometer vom nächsten Plattenrand entfernt liegen, sind die bekanntesten Ausnahmen der Regel, daß die meisten Vulkane sich am Plattenrand befinden. Um ihre anormale Position zu erklären und sie dennoch in Beziehung zur Plattentektonik zu setzen, entwickelte der kanadische Geophysiker J. Tuzo Wilson die Hot spot-Idee.

Diesem Konzept zufolge kommt es in der Erde an verschiedenen Stellen unter den sich bewegenden Platten zu Zonen mit andauernder Magmazufuhr. Diese Hot Spots produzieren große Volumina von Magma, das durch die darüberliegende Platte nach oben steigt. Das Magma steigt durch Auftrieb nach oben, da es leichter ist als das Gestein der Umgebung, und die Art der Erdbeben beim Aufstieg legen nahe, daß Gesteinsrisse vom Magma wie mit einem Keil aufgebrochen werden, um die Platte zu durchbrechen. Wenn die Platte sich in geologischer Zeit langsam über einen Hot Spot bewegt, erscheinen neue Vulkane, während die älteren, erloschenen Vulkane in Richtung der Plattenbewegung weggetragen werden. Als Analogie könnte man Rauchsignale anführen, die von einem leichten Wind weggetragen werden.

Wilsons Hypothese erklärte, was den Geologen seit mehr als einem Jahrhundert ein Rätsel war – warum die hawaiianischen Inseln nur am südöstlichen Ende der Kette aktive Vulkane aufweisen und warum die Inseln in nordwestlicher Richtung immer älter werden. Da man zudem die ungefähre Bewegungsrate der Pazifischen Platte kennt, sagt sein Hot spot-Konzept voraus, welches Alter die älteren Vulkaninseln haben sollten. Die Datierung der verschiedenen Hawaii-Inseln durch das Messen der geringen Mengen radioaktiver Elemente und ihrer Tochterprodukte in alten hawaiianischen Lavaströmen weist auf eine ständige Zunahme des Alters in nordwestlicher Richtung hin, was mit dem Hot spot-Konzept übereinstimmt.

Kauai ist 5 Millionen Jahre älter als Hawaii und liegt 500 Kilometer weiter nordwestlich. Die Spur des hawaiianischen Hot Spots – markiert durch die Vulkankette, den unterseeischen Hawaiianischen Rücken und durch die *Emperor Seamounts* – zieht sich über weitere 5.500 Kilometer des nordpazifischen Meeresbodens hinweg. Die aktiven Vulkane von Hawaii sind weniger als eine Million Jahre alt, aber den hawaiianischen Hot spot gibt es schon seit mindestens 75 Millionen Jahren. Er hat bisher über 200 Vulkane des hawaiianischen Typs hervorgebracht, von denen die meisten heute vom Meer bedeckt sind, und produziert ständig weitere.

Das Vulkangestein, die heißen Quellen und Geysire des Yellowstone Nationalparks im Westen der Vereinigten Staaten gehören zu einem anderen Hot Spot, dessen Spur sich durch die Snake River Plain in Südidaho hinzieht. Die Azoren, die Galapagos- und die Gesellschaftsinseln sind Beispiele für andere vulkanische Inseln, die durch Hot Spots gebildet werden. Obwohl die Zahl der aktiven Hot Spot-Vulkane nur etwa 50 beträgt, brechen einige von ihnen häufig aus und führen im Jahresdurchschnitt zu etwa fünf Eruptionen.

Durch neue Entdeckungen wird immer offensichtlicher, daß die Erforschung der Vulkane und der Plattentektonik eng miteinander zusammenhängen. Das Konzept der Plattentektonik erklärt den Standort der Vulkangürtel, während die Wege erloschener Hot Spot-Vulkane die Richtung und Geschwindigkeit der Plattenbewegungen offenbaren. Die Geologie ist keine verstaubte, prähistorische Wissenschaft – sie lebt von der Herausforderung, Vulkanausbrüche und große Erdbeben besser verstehen zu wollen, wobei wir gleichzeitig lernen, wie deren Risiken reduziert werden können.

Die meisten Hot Spot-Vulkane sind effusiv, d.h., wenn sie ausbrechen, entstehen ruhige Ströme geschmolzener Lava. Im Gegensatz dazu sind die meisten Vulkane, die mit konvergierenden Platten in Zusammenhang stehen, explosiv. Dabei wird Material herausgeschleudert, das zum größten Teil heiß ist, aber feste Fragmente enthält. Kapitel 3 erklärt mehr über die verschiedenen vulkanischen Eruptionstypen und warum sie sich so stark voneinander unterscheiden.

Tafel 2.1.
Anzahl aller Vulkane auf der Erde, die wahrscheinlich während der letzten zehntausend Jahre aktiv waren, aufgeführt nach geographischem Gebiet und Land

	Anzahl		*Anzahl*
Afrika	110	Antarktis	26
Ostafrika	98	*Asien (Binnenland, von Norden*	
Äthiopien	57	*nach Süden)*	*38*
Dschibuti	3	(ehemalige) UdSSR	12
Kenia	17	Mongolei	5
Tansania	6	China	14
Uganda	7	Korea	3
Zaire	8	Burma	3
Nordafrika	8	Vietnam	1
Libyen	1	Australien	2
Sudan	5	Europa (von Westen nach Osten)	21
Tschad	2	Frankreich	1
Westafrika	4	Deutschland	1
Äquatorialguinea	3	Italien	13
Kamerun	1	Griechenland	6

Mittlerer Osten (von Norden nach Süden)	47
(ehemalige) UdSSR	5
Türkei	*11*
Iran	3
Syrien	6
Saudiarabien	8
Jemen	12
Südjemen	2
Nordamerika (von Norden nach Süden	
bis zum Panamakanal) 212 Alaska	
(ausgenommen pazifischer Rand) (USA)	12
Kanada	20
USA (die ersten 48 Staaten)	69
Mexiko	31
Guatemala	25
Honduras	2
El Salvador	19
Nicaragua	22
Costa Rica	11
Panama	1
Südamerika (von Norden nach Süden)	127
Kolumbien	13
Ekuador	10
Peru	10
Bolivien	15
Chile	75
Argentinien	4
Atlantischer Ozean (von Norden nach	
Süden)	105
Jan Mayen (Norwegen)	1
Island	62
Azoren (Portugal)	8
Kanarische Inseln (Spanien)	7
Westindische Inseln	15
Niederlande	2
Großbritannien	3
Frankreich	2
unabhängig	8
Kapverdische Inseln	1
Ascension Island (GB)	1
Tristan da Cunha Island (GB)	1
Bovet-Insel (Norwegen)	1
South Sandwich Islands (GB)	8
Indischer Ozean (von Norden nach	
Süden)	144

Andaman Islands (Indien)	*1*
Indonesien	127
Komoren	2
Madagaskar	5
Réunion (Frankreich)	1
Amsterdam und St. Paul-Inseln	
(Frankreich)	2
Crozet-Inseln (Frankreich)	2
Prince Edward Islands (Südafrika) .	2
Kerguelen (Frankreich)	1
Heard Island (Australien)	1
Pazifischer Ozean	*450*
Westlicher und nördlicher Rand	
(von Süden nach Norden)	416
Neuseeland	29
Kermadec Islands (Neuseeland) . .	2
Tonga	4
Fidschi	1
Matthew and Hunter Islands	
(Frankreich)	2
Vanuatu	10
Solomon-Inseln	7
Papua-Neuguinea	43
Philippinen	51
Northern Mariana Islands (USA) .	7
Taiwan	3
Japan	77
Kurilen	47
Kamtschatka	65
Aleuten und alaskische Halbinsel	
(USA)	68
Binnenland (von Norden nach Süden)	34
Hawaii (USA)	8
Revillagigedo Islands (Mexiko) . .	2
Galapagos (Ekuador)	16
Western Samoa	3
Samoa (USA)	1
Mehetia (Frankreich)	1
Osterinsel (Chile)	1
San Felix Island (Chile)	1
Robinson Crusoe Island (Chile) . .	1

Nach Simkin u.a., Volcanoes of the World,
1981, und Ergänzung, 1982.

Von Pompeji zum Pinatubo

3 Vulkanausbrüche

Mont Pelée, Martinique: 8. Mai 1902

Die Warnzeichen waren alle vorhanden; kleine, aber andauernde Erdbeben hatten die Stadt Saint Pierre mehrere Wochen lang erschüttert, und die gemäßigten explosiven Eruptionen auf dem Gipfel des Mont Pelée schienen sich zu mehren, so daß die Bewohner ständig an den Vulkan, der über ihnen thronte, erinnert wurden (Abb. 3.1). Dann setzte der Berg urplötzlich eine ungeheure, glühende Lawine frei, die sich herabstürzte und den Hafen von Saint Pierre in der größten Vulkankatastrophe des zwanzigsten Jahrhunderts zerstörte (Abb. 3.2).

Die Tragödie fiel besonders schlimm aus, weil auf der Insel Wahlen abgehalten werden sollten und der Gouverneur die Menschen aufgefordert hatte, nicht aus Saint Pierre zu fliehen. Er hatte das Gefühl, daß die Oppositionspartei von den Menschen auf dem Land bevorzugt wurde, und er wollte keine Stimmen verlieren. In wenigen schrecklichen Augenblicken wurden die Wähler und der Gouverneur gleichermaßen von dem Aschefluß verbrannt.

Zahlmeister Thompson, der sich an Bord des im Hafen liegenden Dampfers *Roraima* befand, überlebte und gab diesen eindrucksvollen Bericht ab:

Ich sah Saint Pierre zerstört. Es wurde durch eine große Glutwolke ausgelöscht. Nahezu 40.000 Menschen waren sofort tot. Von achtzehn Schiffen, die auf Reede lagen, entkam nur eins, der britische Dampfer Roddam, und auch er verlor, wie ich erfuhr, die Hälfte der Besatzung. Es war eine sterbende Mannschaft, die die Roddam herausbrachte. Unser Schiff erreichte Saint Pierre am frühen Donnerstagmorgen. Für

Abb. 3.1. Saint Pierre und Mont Pelée auf der Karibikinsel Martinique vor dem Ausbruch im Jahr 1902. (Aus F. Royce, The Burning of St. Pierre, [Chicago: 1902], Continental Publishing Company)

Stunden, ehe wir die Reede erreichten, konnten wir sehen, wie vom Mont Pelée Flammen und Rauch aufstiegen. Niemand an Bord hatte eine Vorstellung von der Gefahr. Kapitän G.T. Muggah war auf der Brücke, und alle Mann kamen an Deck, um das Schauspiel zu sehen. Als wir uns Saint Pierre näherten, konnten wir die rollenden und springenden Flammen unterscheiden, die in gewaltiger Menge vom Berg ausgestoßen wurden und hoch in den Himmel aufstiegen. Riesige schwarze Rauchwolken hingen über dem Vulkan. Zuckend stiegen die Flammen empor, hin und wieder einen Moment auf diese oder auf die andere Seite wogend, dann plötzlich wieder höher aufspringend. Ständig war ein dumpfes Rollen zu hören. Das Ganze war vergleichbar dem Aufflammen der weltgrößten Ölraffinerie auf dem Berggipfel. Um 7 Uhr 45, kurz nachdem wir eingelaufen waren, gab es eine schreckliche Explosion. Der Berg wurde in Stücke gerissen. Es gab keine Warnung. Die Flanke des Vulkans riß auf, und eine dichte Flammenwand raste auf uns zu. Es donnerte wie Kanonenfeuer. Die

Von Pompeji zum Pinatubo

Abb. 3.2. Saint Pierre wurde durch die Eruption des Mont Pelée völlig zerstört. 29.000 Menschen wurden getötet; nur zwei überlebten. (Foto: Underwood und Underwood, Library of Congress, Washington D.C.)

Glutwolke stürzte sich wie ein grell aufflammender Blitz auf uns und über uns hinweg. Sie glich einem Hurrikan von Feuer, der sich in voller Masse direkt auf Saint Pierre und die Schiffe wälzte. Die Stadt verschwand vor unseren Augen, dann wurde die Luft um uns zum Ersticken heiß. Wo auch immer die feurige Masse die See traf, begann das Wasser zu kochen, und mächtige Dampfwolken stiegen auf. Es entstanden ungeheure Wirbel, die auf das offene Meer zurasten. Ich rettete mein Leben, indem ich in meine Kajüte stürzte und mich in meinem Bettzeug vergrub. Der Feuersturm vom Vulkan hielt nur wenige Minuten an. Er ließ nach und steckte alles, was er traf, in Brand. Brennender Rum rann in Strömen die Straßen von Saint Pierre hinab zum Meer. Ehe der Vulkan barst, waren die Landebrücken der Stadt mit Menschen überfüllt. Nach der Explosion war keine Menschenseele mehr an Land zu sehen. Von den 68 Besatzungsmitgliedern der Roraima waren nach dem Feuersturm nur noch 25 verblieben. Das Feuer hatte die Schiffsmasten und Schornsteine hinweggefegt, als wären sie mit einem Messer abgeschnitten worden.[*]

Offiziellen Zahlen zufolge wurden etwa 29.000 Menschen getötet. Viele Flüchtlinge, die vor den weniger zerstörerischen Ausbrüchen eine Woche vor der Haupteruption am 8. Mai geflohen waren, hatten in der Stadt Zuflucht gesucht, obwohl andere schon planten, den Ort zu verlassen. Die Zerstörung war so vollständig, daß niemand zurückblieb der die Toten hätte zählen können. Nur zwei Menschen in der Stadt überlebten die feurige Gaswolke, die sich auf Saint Pierre herabwälzte; einer war ein Gefangener in einem kerkerartigen Gefängnis und der andere befand sich am äußersten Rand des zerstörten Gebiets.

Entgegen dem ersten Eindruck von Thompson wurde der Mont Pelée nicht in Stücke gerissen. Der alte Kraterrand wurde zum Teil zerstört, und der frühere Kraterbereich war nicht wiederzuerkennen, aber die Bergflanken waren abgesehen von den Aushöhlungen und Auffüllungen durch die heißen Lawinen unverändert. Zahlmeister Thompson und die wenigen anderen Überlebenden blieben nicht, um die Nachwirkungen der großen Eruption zu sehen, und es ist durchaus verständlich, daß man während einer solchen Katastrophe annahm, der ganze Berg sei zerstört worden, als er von einer so gewaltigen Glutwolke aus heißem Gas und Gesteinsbrocken eingehüllt war.

---

[*] «Die Zerstörung der Roraima», *Frank Leslie's Popular Magazine*, Juli 1902

Von Pompeji zum Pinatubo

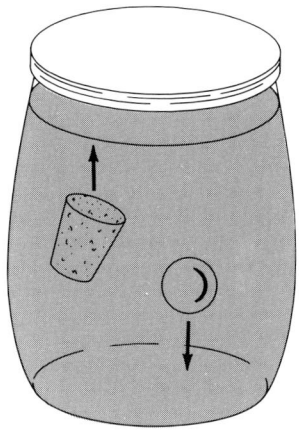

Abb. 3.3. Wenn ein Korken und ein Kugellager in ein Glas Honig getaucht werden, steigt der Korken langsam an die Oberfläche, während das Kugellager nach unten sinkt. Anstieg und Absinken werden durch die Schwerkraft verursacht; in einem Raumschiff, in dem keine Schwerkraft herrscht, würden sich beide nicht bewegen. Magmamassen im Schwerkraftfeld der Erde steigen nach oben, da sie weniger dicht sind, als das sie umgebende Gestein.

Vulkanausbrüche

Warum kommt es zu Vulkanausbrüchen? Warum sind einige Eruptionen explosiv, während es bei anderen zu ruhigeren Ausstößen von Strömen geschmolzener Lava kommt? Warum hört eine Eruption auf, und warum ist die Zeitdauer zwischen den Eruptionen von Vulkan zu Vulkan so unterschiedlich? Es ist leichter, die Merkmale verschiedener Vulkanausbrüche zu beschreiben, als diese Fragen zu beantworten, aber einige mögliche Lösungen findet man in den Untersuchungen aktiver Vulkane, die von Wissenschaftlern in vielen Ländern durchgeführt werden.

Zu Vulkanausbrüchen kommt es grundsätzlich aus zwei Gründen: Das Magma tief im Innern der Erde ist normalerweise weniger dicht als das feste Gestein, das es umgibt und das darüber liegt. Durch die Auftriebskraft neigt es dazu, in Richtung Erdoberfläche aufzusteigen (Abb. 3.3). Wenn das Magma sich der Oberfläche nähert, werden die darin gelösten Gase aus dem geschmolzenen Gestein frei (Abb. 3.4). Die Kraft dieser Gasausdehnung treibt die geschmolzene Lava oder heiße, aber feste Lavafragmente aus dem Schlot.

Explosive Eruptionen

Wenn der Gasgehalt hoch ist und das Magma dick und zähflüssig, ermöglicht die plötzliche Entlastung des Umgebungsdrucks es den Gasen, explosiv aus dem Magma herauszukochen. Diese plötzliche Gasentwicklung zerreißt das Magma in heiße Fragmente, die nach oben jagen oder aus dem Schlot nach außen schießen. Die Bewegungsrichtung der

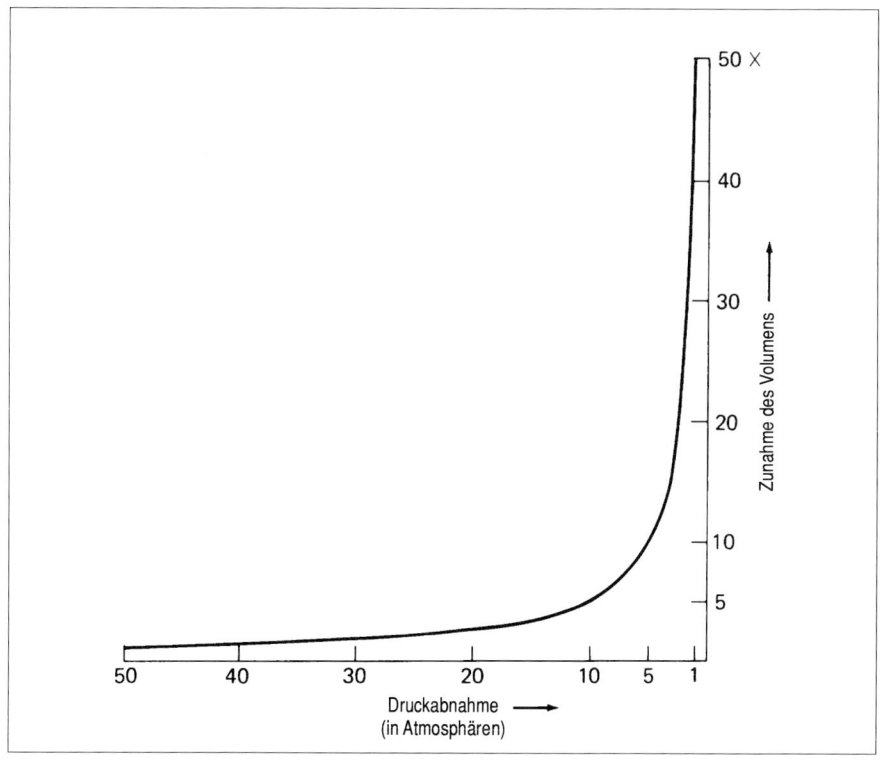

Abb. 3.4. *Das Diagramm zeigt das ungefähre Volumen vulkanischer Gase bei konstant hoher Tempe-*
ratur und unterschiedlichem Druck. Alle 10 Meter unter dem Meeresspiegel oder etwa alle 4 Meter
unter der Erdoberfläche steigt der Druck um 1 Atmosphäre. So würden sich beispielsweise vulkanische
Gasblasen im Magma in einer Tiefe von 36 Metern unter der Erdoberfläche (10 Atmosphären) im
Volumen zehnfach vergrößern, wenn sie sich der Oberfläche (1 Atmosphäre) nähern.

Mischung aus heißer Asche (feinen vulkanischen Gesteinspartikeln),
größeren Gesteinsfragmenten und sich erweiternden Gasen hängt zum
Teil von der anfänglichen Form und Richtung des Schlotes ab, aber
stärker noch von der Dichte der Mischung aus heißen Gesteinspartikeln
und Gas.

Wenn die Aschewolke leichter ist als Luft, erhebt sie sich zu einer
dunklen, aufgewühlten Wolke mit vielen turbulenten Zellen. Wenn die
Mischung aus heißen Gesteinspartikeln und Gas aber dichter ist als Luft,
bewegt sie sich als äußerst schnelle Lawine den Abhang hinab, wie es bei
der Eruption, die Saint Pierre zerstörte, der Fall war. Diese Glutwolken,
die auch als *Nuées ardentes* bezeichnet werden, Aschenströme und pyroklastische Ströme zählen zu den schrecklichsten und zerstörerischsten

Waffen der Natur. Sie sind heiß – bisweilen bis zu 700 °C – und ergießen sich mit Geschwindigkeiten von mehr als 100 Stundenkilometern. Sie löschen alles Leben und die meisten Hindernisse auf ihrem Weg aus.

Effusive Eruptionen

Wenn der Gasgehalt des Magmas gering ist und das Magma eine relativ niedrige Viskosität (Zähigkeit) hat, kochen die Gase weniger heftig heraus. Die feurigen Lavafontänen, die für viele hawaiianische Vulkaneruptionen charakteristisch sind, sind Beispiele für diesen effusiven Eruptionstyp. Wenn die Gase entwichen sind, bevor die Lava an die Oberfläche gelangt, sprudelt die Lava als rotglühender Strom geschmolzenen Gesteins ruhig aus dem Schlot heraus.

Natürlich gibt es Abstufungen zwischen den äußerst explosiven und den ruhigen, effusiven Eruptionen. Die Möglichkeiten vervielfachen sich noch, wenn Oberflächen- oder Grundwasser vorhanden ist. Ein paar hundert Meter unter der Erdoberfläche steigert der Druck der darüberliegenden Gesteinsschichten den Siedepunkt des Wassers auf über 200 °C. Wenn Grundwasser in diesen Tiefen durch Magma, das sich in der Nähe befindet, auf 200 °C erhitzt und der übergelagerte Druck plötzlich reduziert wird, wie es beim Mount St. Helens geschah, wird das überhitzte Wasser schlagartig in einer riesigen hydrothermalen Explosion zu Dampf verwandelt. Bei jeder Vulkaneruption, die plötzlich Grundwasser und geschmolzenes Gestein in etwa gleichen Anteilen mischt, entstehen ebenfalls riesige Dampfexplosionen.

Beide Arten von Grundwasserexplosionen können in Vulkanen mit zähflüssigem, gashaltigem Magma auftreten, so daß die ungeheure Gesamtwirkung noch gesteigert wird. Sie sind auch bei normalerweise effusiven Vulkanen wie dem Kilauea auf Hawaii möglich, aber viel seltener.

Submarine Eruptionen

Submarine Eruptionen verlaufen meist effusiv und nicht explosiv, weil der Druck des Wassers ein Sieden oder eine schnelle Gasausdehnung verhindert. Umgekehrt sind Eruptionen in flachem Wasser viel gewaltiger, da es durch die Mischung von Magma und Meereswasser bei niedrigem Druck zu einer schlagartigen Dampferzeugung kommt.

Eine dramatische Ausnahme dieser allgemeinen Regel sieht man, wenn die glatten Lavaströme auf Hawaii – sie werden als «Pahoehoe-

Ströme» bezeichnet – ins Meer gelangen. Diese Ströme haben lange Entfernungen zurückgelegt und dabei die meisten gelösten Gase verloren; sie fließen ins Meer, ohne dabei eine bemerkenswerte Menge an Dampf zu erzeugen. Die glatte Oberfläche dieser Ströme und die Bildung einer dünnen isolierenden Dampfschicht zwischen der Oberfläche des Stroms und dem Meereswasser verzögert die Wärmeübertragung aus der geschmolzenen Lava aufs Wasser und verhindert so eine explosive Verdampfung. Dieselbe Wirkung sehen wir, wenn ein Wassertropfen auf die Oberfläche einer heißen Bratpfanne fällt – statt sofort zu verdampfen, hüpft und tanzt der Tropfen auf einem kleinen Dampfkissen in der Pfanne herum.

Vulkanisches Feuer

Bei vulkanischen Eruptionen kommt es nicht wirklich zu einer Verbrennung von Gasen. Eine kleine Menge Wasserstoff ist zwar im Magma gelöst, aber wenn es mit Sauerstoff aus der Atmosphäre verbrennt, so daß Wasser entsteht, wird im Vergleich zu der Hitze des geschmolzenen Gesteins nur eine geringe Energiemenge freigesetzt. Obwohl eine Rauch- oder Aschewolke aus einem Vulkan bisweilen als «vulkanischer Rauch» bezeichnet wird, stimmt dieser Name nicht; das «Feuer» in vulkanischen Eruptionen ist rotglühendes Gestein, nicht das Feuer aus der Verbrennung von Brennstoff mit Sauerstoff. Es kommt jedoch häufig zu sekundären Feuern, wenn Büsche und Bäume durch geschmolzene Lava oder heiße Gesteinsfragmente entzündet werden.

Obwohl die Energieabgabe bei einer starken Explosion oft mit der Energieausbeute bei einer Atombombe verglichen wird, kommt es bei Vulkanausbrüchen zu keinerlei atomaren Reaktionen. Die Energie und Stärke eines Vulkanausbruchs ist im wesentlichen in dem riesigen Kalorienvorrat des 900° bis 1.200 °C heißen Magmas eingeschlossen. Die plötzliche Umwandlung dieser Wärme durch das explosive Entweichen vulkanischer Gase (Kohlendioxid, Wasserdampf und Schwefeldioxid) und des benachbarten Grund- oder Oberflächenwassers erzeugt die Kraft. Dagegen endet eine Eruption, wenn die schnelle Energieabgabe der sich ausdehnenden Gase die Geschwindigkeit übersteigt, mit der weitere Energie durch neues Magma aus der Tiefe ersetzt werden kann. Dies ist mit einem Ballon vergleichbar, der aufgeblasen wird, bis er platzt; die langsame Einlagerung von Energie wird plötzlich freigesetzt, wenn der Ballon platzt.

Manchmal ist die langsame Ansammlung von Magma und das plötzliche Freisetzen vulkanischer Kräfte in relativ kurzen Eruptionsperioden ein bemerkenswert regelmäßiger Prozeß. Die spektakulären Lavafontänen während der achtziger Jahre am Abhang des Kilauea auf Hawaii sind gute Beispiele für solch zyklische Eruptionen. Zwischen Januar 1983 und Juli 1986 gab es 47 Episoden mit hohen, spektakulären Lavafontänen aus ein und demselben Kraterbereich. Diese eruptiven Episoden, die jeweils mehrere Stunden lang andauerten, produzierten etwa 10 bis 15 Millionen Kubikmeter Lava. Zwischen den einzelnen Episoden lagen Ruhephasen von etwa einem Monat.

Derart regelmäßig wiederkehrende Eruptionen bilden jedoch die Ausnahme. Die Ruhephasen unterscheiden sich bei den verschiedenartigen Vulkanen sehr, und auch ein einzelner Vulkan kann unterschiedliche Ruhephasen haben. Der Stromboli hat zwischen seinen kleinen Eruptionen durchschnittliche Eruptionspausen von etwa 15 bis 20 Minuten, während andere Vulkane, etwa der El Chichón in Mexiko, zwischen den Eruptionen 1.000 Jahre und länger ruhig bleiben können. Der Vulkan Asama in Japan ist seit der ersten bekannten Eruption im Jahr 685 mehrere tausendmal ausgebrochen, und seit 1900 betrug seine kürzeste Eruptionspause weniger als einen Tag, die längste hingegen fünf Jahre.

Die Ruhephasen sind aufgrund der großen Vielfalt an Vulkanarten, Gesteinsarten, Oberflächenbedingungen und Wachstumsstadien von Vulkan zu Vulkan verschieden. Die Ruhephasen eines einzelnen Vulkans können unterschiedlich lang sein, weil die Geschwindigkeit des Magmenaufstiegs aus der Tiefe unterschiedlich ist und weil sich der Zustand des Vulkangebäudes mit jedem Ausbruch ändert. Eine Eruption beispielsweise, die eine Bruchzone in der Flanke eines Vulkans verursacht, kann die Struktur schwächen, so daß es nachfolgend zu häufigeren, aber kleineren Eruptionen kommt. Man stelle sich wieder einen Luftballon vor; wenn der Ballon mit unterschiedlichen Geschwindigkeiten aufgeblasen wird oder die Stärke der Ballonhaut unregelmäßig ist, wird sich die Zeitdauer bis zum Zeitpunkt des Zerplatzens ebenfalls ändern.

Da eine Eruption aufhört, wenn die Energie schneller abgegeben wird, als sie durch neues Magma aus der Tiefe ersetzt werden kann, sind sehr gewaltsame Eruptionen im allgemeinen von kurzer Dauer, während sich stetige Lavaeruptionen mit niedrigem Volumen oder aber eine Reihe von kleinen explosiven Eruptionen über viele Jahre hinweg fortsetzen können – im Fall des Stromboli sogar über Jahrhunderte.

Manche Vulkane sind nach ihren Eruptionsgewohnheiten überwiegend explosiv, während andere eher effusiv sind. Dieser Unterschied liegt mindestens in vier wichtigen Faktoren begründet: der Zähflüssigkeit des Magmas, der Menge der im Magma gelösten Gase, der Plötzlichkeit, mit der die Druckentlastung stattfinden, wenn sich das Magma der Erdoberfläche nähert, und der Menge des erhitzten Grundwassers unter dem Vulkan.

Die Viskosität der Magmen reicht von der flüssigen Beschaffenheit, die von ihrer Konsistenz her an Honig erinnert, bis zu nahezu festem Material. Hohe Temperaturen und ein niedriger Kieselerdegehalt, wie sie für ein Basaltmagma typisch sind, führen zu niedriger Viskosität; niedrigere Magmatemperaturen und ein höherer Kieselerdegehalt, wie man sie im allgemeinen in dem stäker kieselerdehaltigen dazitischen Magma antrifft, führen zu höheren Viskositäten (in Teil II wird auf die Zusammensetzung von Magma und Vulkangestein eingegangen). Bei Temperaturen, die unterhalb von 600° bis 700°C liegen, ist vulkanisches Gestein zwar noch glühend heiß, aber im wesentlichen fest.

Die Leichtigkeit, mit der die Gase entweichen können, wird größtenteils durch die Viskosität des Magmas bestimmt. Bei niedriger Viskosität entweichen die Gase relativ schnell und es bilden sich Lavafontänen oder kochende Lavaseen; bei hoher Viskosität baut sich der Druck der freiwerdenden Gase, die in dem geschmolzenen Gestein Blasen bilden, bis zu dem Punkt auf, an dem sie das Magma in heiße Fragmente zersprengen. Schießpulver ist in dieser Hinsicht ähnlich (nur mit dem Unterschied, daß hier auch die Verbrennung eine Rolle spielt); es brennt, wenn es nicht eingeschlossen ist, aber es explodiert, wenn es in Knallkörper aus Papier eingewickelt ist oder in einer Patrone steckt.

Da die freiwerdenden Gase, die Vulkanausbrüche antreiben, steigt die Explosivität mit der im Magma gelösten Gasmenge. Basaltmagma enthält (nach Gewicht) etwa 0,5 bis 1,0 Prozent an gelösten Vulkangasen, während die Magmen mit höherem Kieselerdegehalt – wie sie für Subduktionszonenvulkane typisch sind – im allgemeinen höhere Mengen an gelösten Gasen von bis zu 5 oder 6 Prozent enthalten.

Woher diese zusätzlichen vulkanischen Gase stammen ist noch nicht ganz klar. Vielleicht hat dies mit dem Wasser in den Sedimenten vom Meeresboden und der subduzierten ozeanischen Platte zu tun. Sedimente vom Meeresboden haben einen hohen Wasser- (und oft auch einen hohen Kohlendioxid-) Gehalt, und die obere ozeanische Kruste ist insgesamt von Meerwasser getränkt. Dieses Wasser wird in das Magma, das in großer Tiefe gebildet wird, eingebunden. Darüber hinaus können durch fortschreitende Kristallisation bei der Bildung stärker kieselerdehaltiger Magmen die gelösten Gase noch angereichert werden. Das Potential für große explosive Eruptionen ist umso größer, je mehr Gas im Magma gelöst ist.

Schließlich hat auch die Geschwindigkeit, mit der die Druckentlastung stattfindet, wenn das Magma an die Oberfläche hochsteigt, eine wichtige Auswirkung auf die Explosivität eines Vulkanausbruchs. Ein langsamer Aufstieg ermöglicht den Gasen – besonders Kohlendioxid, das aus dem Magma in größerer Tiefe frei wird als Wasser oder Schwefelgase –, aus dem Magma zu «entgasen» und gefahrlos an die Oberfläche zu entweichen. Ein schnelles Aufsteigen oder eine sehr plötzliche Druckentlastung, wie es bei der Lawine am Mount St. Helens der Fall war, schließt die Gase im Magma bis zu dem Moment ein, an dem sie wie bei einem explodierenden Dampfkochtopf hervorbrechen.

Vulkaneruptionen sind nach Größe und Charakter äußerst vielfältig, es gibt jedoch zwei grundlegende Prinzipien: Die Schwerkraft treibt das leichtere Magma aus der Tiefe der Erde an die Oberfläche, und das leichte bis explosive Entweichen der Gase entscheidet über den Eruptionstyp.

Die Lebensdauer eines Vulkans ist ebenfalls höchst unterschiedlich – sie reicht von wenigen Jahren bis zu Millionen von Jahren –, kann aber immer in typische Stadien unterteilt werden. Diese Lebensstadien sind Thema des nächsten Kapitels.

4 Die Lebensstadien von Vulkanen

Michoacán, Mexiko: 20. Februar 1943

Die Provinz Michoacán wurde von einem starken Erdbeben erschüttert. Auf einem Bauernhof in der Nähe des Dorfes Parícutin schwoll der Boden bis zu zwei Metern an, als eine lange Spalte unter Donnergetöse das Maisfeld des Bauern Dionisio Pulido auseinanderriß. Aus einem Loch an einem Ende der Spalte stiegen Rauch, Dampf und rotglühende Schlacke in die Luft und signalisierten die Geburt eines neuen Vulkans.

Das Gebiet von Michoacán im Süden von Zentralmexiko ist von Hunderten alter Schlackenkegeln übersät, die durch ähnliche Eruptionen entstanden sind. Aber bis 1943 war nur der Jorullo, der von 1759 bis 1775 wuchs, in historischer Zeit ausgebrochen. Der Bauer, der sein Feld in der Nähe des Dorfes Parícutin pflügte, hatte zunächst nur gemerkt, daß sich der Boden unter seinen Füßen warm anfühlte und daß gelegentlich ein Rauchfetzen aus einer kleinen Senke in die Luft stieg, aber er hatte keine Ahnung, daß sich schon bald etwas derart Dramatisches ereignen würde.

Während der ersten paar Stunden bebte die Erde weiter, und die Ascheförderung nahm an Volumen zu, wobei auch rotglühende vulkanische Bomben 10 Meter hoch in die Luft geworfen wurden. An diesem Abend bot der neue Vulkan einen gleißenden Anblick, als rotglühende Bomben bis zu 500 Meter hoch flogen und Blitze in der Aschesäule aufleuchteten (Abb. 4.1). Beim Rückprall auf den Erdboden türmten sich die Gesteinsbrocken und Schlacken zu einem steilen Kegel auf; am nächsten Morgen war er 10 Meter hoch, und innerhalb weniger Stunden war er durch voluminöse Eruptionen auf fast 40 Meter angewachsen.

Der neue Vulkan erhielt seinen Namen nach dem nahegelegenen Ort Parícutin; ironischerweise sollten Lavaströme aus dem Vulkan das Dorf

Abb. 4.1. In der Nähe von vulkanischen Eruptionen und turbulenten Aschewolken sind häufig Blitze zu sehen. Dieses Foto vom Cerro Negro in Nicaragua mit einer Belichtungszeit von 5 Minuten wurde 1971 aufgenommen. Die Eruptionen des Parícutin waren ähnlich wie die des Cerro Negro. (Foto: Ingeniero Franco Penalba)

Von Pompeji zum Pinatubo

gleichen Namens nur wenige Monate später zerstören. In den ersten Monaten wuchs der Parícutin relativ schnell. Nach einer Woche war er 140 Meter hoch; nach zehn Wochen 270 Meter. Fortdauernde Explosionen – 30 bis 40 pro Minute – stießen Dampf und Staubwolken aus, die bis zu 1.500 Meter aufstiegen. Gesteinsfragmente wurden 500 bis 1.000 Meter hochgeworfen. Monatelang setzten sich die Eruptionen auf diese Weise fort, während der Kegel in Höhe und Breite wuchs. Das umgebende Gebiet wurde nicht nur durch den übergreifenden Vulkan zerstört, sondern auch durch die herabfallende Asche, die das Getreide erstickte und die Häuser erdrückte, die viele Kilometer entfernt lagen.

In dieser Zeit stieg gelegentlich ein dicker Lavafluß aus einer Boca, einer Öffnung in der Nähe der Kegelbasis, auf und breitete sich träge fließend über das Land aus. Dann begann im Juni eine neue Eruptionsphase. Nach einer langen Nacht mit noch gewaltigeren Explosionen und Erdbeben öffnete sich an einem Rand des Kraters oben im Schlackenkegel eine Spalte, aus der flüssige Lava strömte. Sie floß den Abhang des neuen Berges herab und überflutete während der nächsten Monate die verlassene Landschaft. Dies war das einzige Mal im Leben des Parícutin, daß Lava aus dem Krater selbst floß; die riesigen Ströme, die noch folgen sollten, stammten alle aus der Boca.

Später im Jahr öffnete sich an der Seite des Parícutins ein neuer Kegel namens Sapichu, der so heftig aktiv war, daß es erneut zu flüssigen Lavaströmen und der explosiven Förderung von Asche und Bomben kam. Der Hauptkrater war jetzt weniger aktiv und spie vornehmlich Dampf und Gas aus. Als der sekundäre Krater erlosch, öffneten sich eine Reihe von Bocas auf der anderen Seite des Berges, wo es zu den spektakulärsten Lavaströmen der gesamtem Eruption kam. Mächtige Ströme ergossen sich um die Kegelbasis und überfluteten zwei Orte, die bisher nicht betroffen gewesen waren. Einer war das Dorf Parícutin.

Die Eruptionen setzten sich während der nächsten neun Jahre fort, wurden aber langsam ruhiger. Der Kegel wuchs im ersten Jahr fast auf seine Gesamthöhe von 410 Metern an (Abb. 4.2). Danach verursachte die Instabilität des angehäuften Lockermaterials Rutschungen und Verschiebungen, so daß der Vulkan zwar im Volumen, nicht aber in die Höhe wuchs. Die Lava ergoß sich noch immer aus einer Reihe von Bocas an verschiedenen Stellen um den Kegel, blieb aber im allgemeinen auf den älteren Strömen liegen, so daß die Umrisse des Lavafeldes nicht merklich vergrößert wurden (Abb. 4.3).

Im März 1952 hörte die Eruption fast so plötzlich auf, wie sie begonnen hatte, und heute ist der Parícutin ein stiller, schwarzer Kegel in der

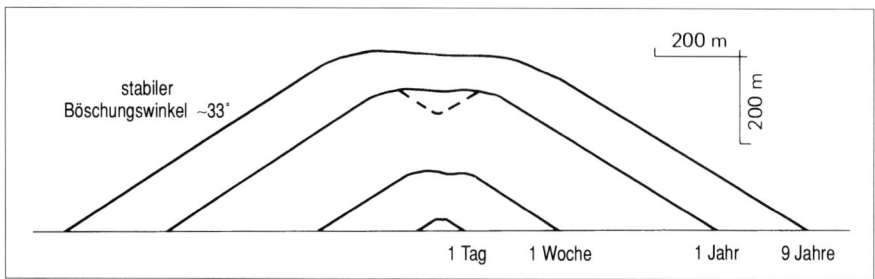

Abb. 4.2. Die Abbildung zeigt das Wachstum des Parícutin in Mexiko von 1943 bis 1952.

mexikanischen Hochebene. In dem Gebiet in der Nähe des Parícutin gibt es viele prähistorische Schlackenkegel, die aussehen, als ob sie ebenfalls nur einmal ausgebrochen sind. Es scheint wahrscheinlich zu sein, daß sich das gesamte aktive Leben des Parícutin in den wenigen Jahren zwischen 1943 und 1952 abgespielt hat.

Die Lebenszeit von Vulkanen

Für die Vulkanologen war die Geburt und der Tod des Parícutin wie eine Zeitrafferaufnahme der geologischen Zeit. (Abb. 4.4). Die durchschnittliche Lebensdauer eines hawaiianischen Vulkans beträgt etwa 500.000 bis eine Million Jahre, und einige vulkanische Zentren bleiben mit vielen Unterbrechungen mehr als 10 Millionen Jahre lang aktiv.

Da die hawaiianischen Vulkane gründlich erforscht wurden und die einzelnen Vulkane sich dort in unterschiedlichen Stadien des Wachstums und des Niedergangs befinden, wurden ihre typischen Lebensstadien recht gut definiert. Sie sind aufgrund dessen für diese Diskussion ein gutes Beispiel.

Die Lebensstadien eines hawaiianischen Vulkans

Hawaiianische Vulkane werden tief auf dem Meeresboden geboren, etwa 5 Kilometer unter der Wasseroberfläche, oder vielleicht auch an dem Abhang eines früheren Vulkans (Abb. 4.5). Wenn Basaltlava tief unter der Meeresoberfläche ausbricht, verhindert der Druck des überlagernden Wassers, daß ein wesentlicher Teil der Gase dem Magma entweicht. Das trifft auch auf das Wasser zu, das in Kontakt mit der heißen, ausbrechenden Lava kommt. Obwohl der gesunde Menschenverstand uns normalerweise sagen würde, daß das Meerwasser einen Vulkanausbruch unter

Von Pompeji zum Pinatubo

Abb. 4.3. Der Kirchturm erhebt sich wie ein Grabmal über der begrabenen Stadt San Juan Parangari-
cutiro. Der Lavastrom des Parícutin mit seinen dicken Blöcken ergoß sich aber so langsam, daß niemand
in der Stadt getötet wurde. (Foto: Katia Krafft)

Die Lebensstadien von Vulkanen   59

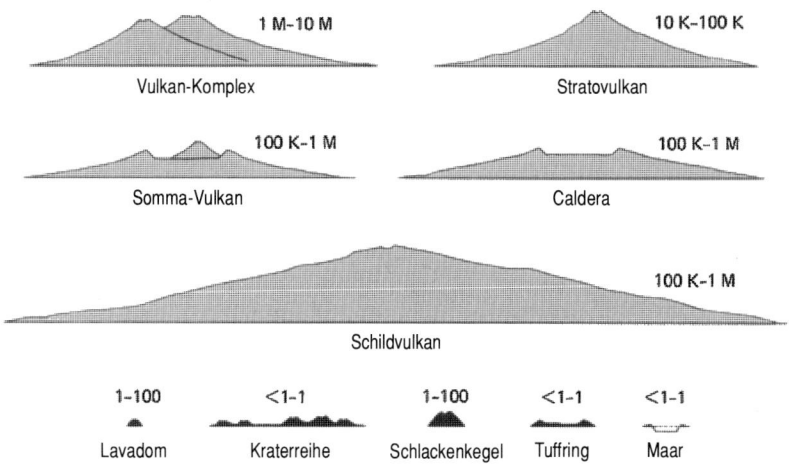

Abb. 4.4. Relative Größen, Formen und Lebensspannen verschiedener Vulkantypen. Die schattierten Profile sind um einen Faktor 2 überhöht; die schwarzen Profile um den Faktor 4. Die Zahlen bezeichnen die ungefähre Jahresspanne, in der der jeweilige Vulkantyp aktiv ist. M = 1 Million und K = 1.000. (Größe und Formenprofile nach Simkin u.a., Volcanoes of the World, S. 10)

>

Abb. 4.5. Schematische Darstellung der Lebensstadien hawaiianischer Vulkane. Der Seamount Loihi ist ein Beispiel, das zwischen den Stadien 1 und 2 liegt; der Surtsey in Island entspricht dem Stadium 3; der Mauna Loa dem Stadium 4 und der Mauna Kea dem Stadium 5. Die Insel Oahu hat das siebte Stadium ganz oder teilweise hinter sich; Midway Island ist ein Beispiel für Stadium 8, und mehrere Seamounts der Emperor-Kette nordwestlich von Hawaii entsprechen Stadium 9. Der senkrechte Maßstab bei diesen Querschnitten wurde übertrieben dargestellt, um die Details zu verdeutlichen. Die alkalischen Laven in den Stadien 1, 5 und 8 sind größtenteils basaltisch und reich an Natrium und Kalium. (In abgeänderter Form nach D.W. Peterson und R.B. Moore, Volcanism in Hawaii, [Professional Paper 1350], [U.S. Geological Survey, 1987], S. 169)

dem Meeresspiegel löschen würde, oder daß der Kampf zwischen dem kalten Wasser und der heißen Lava gewaltig wäre, beweisen Funde von unterseeischem Vulkangestein aus großer Tiefe, daß die Lava sich ähnlich wie bei den meisten stillen Eruptionen des hawaiianischen Typs über dem Meeresspiegel ganz ruhig aus den Schloten ergießt, und daß sie über beträchtliche Entfernungen weiterfließt, bevor sie abkühlt und fest wird.

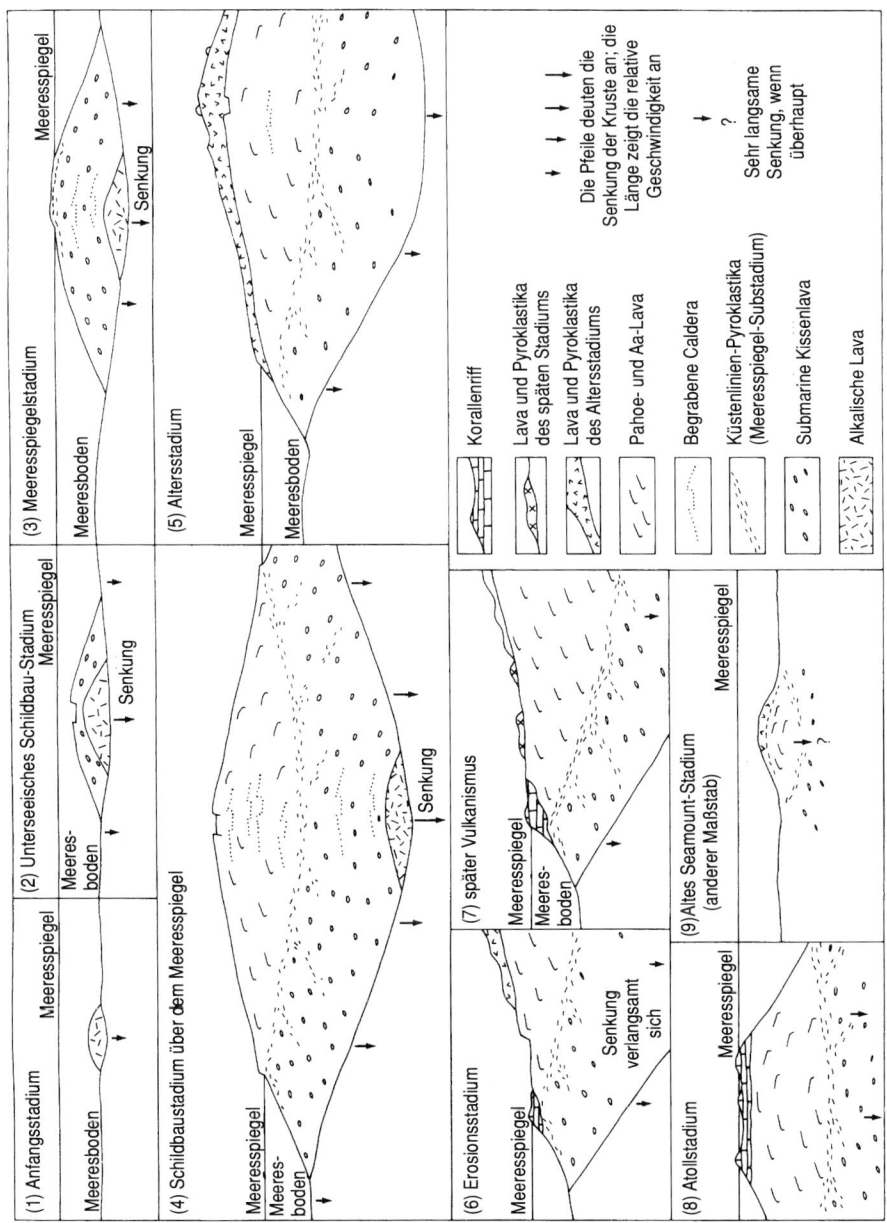

(1) Anfangsstadium

Meeresspiegel

Meeresboden

(2) Unterseeisches Schildbau-Stadium

Meeresspiegel

Meeresboden

Senkung

(3) Meeresspiegelstadium

Meeresspiegel

Meeresboden

(4) Schildbaustadium über dem Meeresspiegel

Meeresspiegel

Meeresboden

Senkung

(5) Altersstadium

Meeresspiegel

Meeresboden

(6) Erosionsstadium

Meeresspiegel

Senkung verlangsamt sich

(7) später Vulkanismus

Meeresspiegel

Meeresboden

(8) Atollstadium

Meeresspiegel

(9) Altes Seamount-Stadium (anderer Maßstab)

Meeresspiegel

Korallenriff

Lava und Pyroklastika des späten Stadiums

Lava und Pyroklastika des Altersstadiums

Pahoe- und Aa-Lava

Begrabene Caldera

Küstenlinien-Pyroklastika (Meeresspiegel-Substadium)

Submarine Kissenlava

Alkalische Lava

Die Pfeile deuten die Senkung der Kruste an; die Länge zeigt die relative Geschwindigkeit an

?

Sehr langsame Senkung, wenn überhaupt

Die Lebensstadien von Vulkanen

61

Die Fähigkeit der Lava, selbst unter Wasser flüssig zu bleiben, ist Folge der ausgezeichneten Isolierung durch die Haut von erstarrtem Vulkangestein, die sich auf der Oberfläche der geschmolzenen Lava bildet. Wenn nämlich Lavaströme aus Schloten unter dem Meeresspiegel gefördert werden, bildet sich schnell eine erstarrte Haut aus kissenförmigen Säkken, die das flüssige Gestein enthält. Diese 'Säcke' blähen sich auf und reißen schließlich; Lava fließt aus dem Riß und wird schnell wieder von neuer fester Haut bedeckt, so daß sich bei dem weiteren Vorstoß des unterseeischen Lavastroms immer wieder neue Flußstulpungen bilden. Von den angehäuften Schichten dieser erstarrten Säcke wurde oft gesagt, daß sie wie ein Haufen Kissen aussehen, und der Name ist geblieben. Kissenlava, die sich tief auf dem Meeresboden gebildet hat, ist einer der häufigsten Gesteinstypen auf der Erde; der größte Teil ist jedoch unterseeisch verborgen und nur dort sichtbar, wo Land emporgehoben wurde.

Wenn die Schichten der Kissenlava nach oben anwachsen und sich schließlich der Meeresoberfläche nähern, tritt ein hawaiianischer Vulkan in eine neue und ungestüme Lebensphase ein. In flachem Wasser dehnen sich die Gase im ausbrechenden Magma und das umgebende Wasser, das durch den Kontakt mit der geschmolzenen Lava erhitzt wurde, schnell aus. Explosives Kochen reißt die Lava in Stücke, die strahlenförmig über die aufgewühlte See hinaufgejagt werden. Diese Fragmente fallen wieder herab und bilden um den kochenden Schlot herum einen Schuttring. Diamond Head auf Oahu und Molokini, eine kleine Insel südlich von Maui, entstanden auf diese Weise. Zur Zeit befindet sich jedoch kein hawaiianischer Vulkan in dieser Lebensphase.

Der Vulkan Surtsey

Die Eruption, die die Insel Surtsey 1963–67 vor Island entstehen ließ, ähnelte wahrscheinlich stark dem Übergang eines hawaiianischen Vulkans von seinem unterseeischen Zustand zu einem Inselvulkan. Die Surtsey-Eruption wurde zum erstenmal in der Morgendämmerung von einem Fischerboot aus als dunkler Rauch am Horizont bemerkt. Die Fischer, die, wie sie meinten, einem brennenden Schiff zu Hilfe eilten, erkannten bald, daß es sich um aufschießende Vulkanasche und Dampf handelte, der aus dem Meer aufstieg. Bis zum Nachmittag kam es fast ständig zu Explosionen aus einer 500 Meter langen Linie an der Meeresoberfläche. Dunkle aschebeladene Wolken fielen zurück ins Wasser, während eine riesige weiße Dampfwolke Tausende von Metern hochkochte.

Der Meeresboden in der Nähe von Surtsey befindet sich in 130 Metern Tiefe, und wahrscheinlich begann die Eruption in aller Stille Tage oder Wochen bevor sie sich bis nahe an die Meeresoberfläche herangearbeitet hatte, wo die Explosionen begannen. Zwei Tage bevor die Eruption die Oberfläche durchbrach, maß ein Forschungsschiff der Marine ungewöhnlich warme Wassertemperaturen in dem Meerwasser der Umgebung, und die Bewohner eines Küstendorfes hatten fauligen Eiergeruch von Schwefelwasserstoff bemerkt.

In der ersten Woche der Explosionsaktivität wuchs die niedrige Insel aus Vulkanschutt fast ständig, wobei Asche und Dampf sich in einer turbulenten Säule auf Höhen von 8 bis 10 Kilometern erhoben. Zehn Tage nach dem Ausbruch war Surtsey eine Insel von 900 Metern Länge und 650 Metern Breite mit einem bogenförmigen Kraterrand von etwa 100 Metern Höhe.

Die Dampfexplosionen reichten von vereinzelt auftretenden Vorfällen, zwischen denen ein paar Minuten Pause lagen, bis zu kontinuierlich, über Stunden aufsteigenden Säulen aus Dampf und Asche. Rotglühende Fragmente von teigiger Lava, die als «Vulkanbomben» bezeichnet werden, und Hunderte von Blitzen ließen die Eruptionssäule nachts erstrahlen. Surtsey, nach Surtur, dem sagenhaften nordischen Riesen des Feuers benannt, erhielt seinen Namen zu Recht.

Als die Insel aus lockeren vulkanischen Fragmenten in die Höhe wuchs, konnte das Meereswasser den Krater nicht mehr erreichen. 1964, etwa sechs Monate nach dem Auftauchen der neuen Vulkaninsel, wurden Lavafontänen und -ströme zum vorherrschenden Eruptionstyp. Diese bildeten eine harte Kappe aus festem Gestein über dem lockeren vulkanischen Material und rüsteten die Insel gegen die unablässigen Angriffe des stürmischen Nordatlantiks.

1967 war die 'Geburt von Surtsey' abgeschlossen. Das Gesamtvolumen aus Vulkanasche und Lava betrug etwa einen Kubikkilometer; weniger als 10 Prozent dieses Volumens erhob sich über dem Meeresspiegel. Die Eruption hatte drei Phasen: der ruhige unterseeische Aufbau von 130 Metern bis knapp unter die Meeresoberfläche, die gewaltigen ersten Eruptionen aus explosiv kochenden Gasen, die in erster Linie aus dem Kontakt mit dem Meereswasser herrührten, und die zur Entstehung der Insel führten, und nachdem das Meereswasser keinen Zugang mehr zum Schlot hatte, die ruhige Förderung der Lavaströme.

Surtsey wird vielleicht zu einer flachen Sandbank erodieren, bevor es zu neuen Eruptionen kommt; bei vielen Vulkanen auf Island kommt es nur zu einer Eruption, oder es bestehen lange Ruhezeiten von Hunderten oder Tausenden von Jahren zwischen den Eruptionen. Dadurch unterscheidet sich die Insel Surtsey von hawaiianischen Vulkanen; dennoch ähnelte ihre Geburt aus dem Meer wahrscheinlich den ersten Eruptionen von Vulkanen in anderen Ozeanen der Welt, die zur Bildung von Inseln führten. Gute Beispiele für die nächsten drei Lebensstadien von Vulkaninseln findet man auf der Hauptinsel Big Island, Hawaii: der Kilauea im aktiven, jugendlichen Stadium, der Mauna Loa im reifen, schildbauenden Stadium und Mauna Kea, der langsam alt wird.

Hawaiianische Vulkane

Der Kilauea ist in etwa 100.000 Jahren auf eine Höhe von 1.200 Metern über den Meeresspiegel hinausgewachsen, indem er Lavazunge auf Lavazunge aufgebaut hat. Der Kilauea ist zur Zeit der aktivste hawaiianische Vulkan. In den einhundert Jahren bis 1924 kam es fast ständig zu Eruptionen, bei denen sich ein aktiver Lavasee in der Gipfelcaldera bildete. Nach dem Ablaufen des Lavasees in jenem Jahr gab es bis 1990 41 kurze bis lange Eruptionen auf dem Gipfel und an den Flanken des Kilauea. Diese äußerst aktive Periode im Leben eines hawaiianischen Vulkans ist typisch für die «aktive schildaufbauende Phase».

Der Vulkan Mauna Loa auf Hawaii ist der riesige Nachbar des Kilauea. Sein Schild erhebt sich sanft auf über 4.000 Meter über dem Meeresspiegel. Seine Basis befindet sich über 5.000 Meter unter dem Meeresspiegel und er besteht aus 40.000 Kubikkilometern Basalt. Damit ist der Mauna Loa der größte Vulkan der Welt. Seine Lavaproduktion während der letzten 150 Jahre war in etwa so hoch wie der Ausstoß des Kilauea, die einzelnen Eruptionen sind jedoch weniger häufig dafür aber voluminöser. Der Mauna Loa tauchte wahrscheinlich vor 500.000 Jahren aus dem Meer auf und begann sein Leben weitere 500.000 Jahre zuvor auf dem Meeresgrund. Er ist noch immer aktiv, aber möglicherweise nähert er sich dem Ende des schildaufbauenden Stadiums.

Der Mauna Kea ist seit über 3.000 Jahren nicht mehr ausgebrochen, ist aber nur 36 Meter höher als der Mauna Loa, sein jüngerer Nachbar in der hawaiianischen Vulkankette. Der Mauna Kea ist nicht nur älter und etwas höher als der Mauna Loa, auch sein Eruptionsverhalten hat sich drastisch verändert. Statt unzählige Lavaströme am Gipfel oder entlang der schwachen Zonen an seinen Flanken zu produzieren, haben hier in jüngerer geologischer Vergangenheit erheblich weniger Eruptionen stattgefunden, von denen die meisten große Schlackenkegel aufgebaut haben. Die Kegel sind am Gipfel konzentriert, aber auch an den Flanken des Mauna

Kea verteilt. Wahrscheinlich ähnelten diese Schlackenkegeleruptionen stark denen des Parícutin: In einer oder mehreren Eruptionen bildeten sich schnell Kegel, wobei es zeitlich und räumlich gesehen große Trennungen zwischen den Ausbrüchen verschiedener Kegel gab.

In einer langen Phase des Alterns werden die hawaiianischen Vulkane langsame abgetragen und versinken im Meer. Tatsächlich sinken alle Vulkane der hawaiianischen Inseln aufgrund ihres großen Gewichts, das sie auf die Erdkruste ausüben langsam nach unten, aber der Kilauea und der Mauna Loa wachsen noch immer schneller nach oben, als sie sinken.

Flüsse schneiden besonders an der nassen, windwärts gelegenen Seite tiefe Täler in die älteren Vulkane, und das Meer schneidet aus den wellenumtosten Küsten der Inseln steile Klippen heraus. Wenn der Meeresspiegel gleichbleibend ist, bilden sich besonders an der Windschattenseite der Inseln über mehrere tausend Jahre hinweg große Riffe. Auf den älteren Inseln wie Oahu handelt es sich bei den Gebirgskämmen lediglich um die Erosionsreste der härteren, inneren Skelette uralter Vulkane, die jetzt seit 2 Millionen Jahren oder länger schlafen.

Aktivitäten in der Spätphase

Die Geschichte von den Lebensstadien hawaiianischer Vulkane wäre jetzt fast abgeschlossen, wenn es nicht zu einem letzten Ausbruch von Aktivitäten käme, der als Posterosionsstadium bezeichnet wird. Über diese Aktivität in der späten Phase weiß man noch recht wenig. Das Volumen der Eruptionen ist gering, es kommt zu langen Ruhezeiten, und die Zusammensetzung der Lava unterscheidet sich von der der Hauptwachstumsphase der hawaiianischen Vulkane.

Einige Vulkane dieser späten Phase wuchsen an der Stelle, an der sich heute Honolulu befindet. Das meiste Vulkangestein in den Bergen hinter Honolulu entstand vor etwa 2 bis 3 Millionen Jahren im Hauptstadium des hawaiianischen Vulkans, der den östlichen Teil von Oahu bildete. Die jungen vulkanischen Merkmale in Honolulu, beispielsweise Diamond Head und Punchbowl, bildeten sich durch posterosive Vulkanaktivität vor etwa 100.000 Jahren. Es ist immer noch möglich, aber unwahrscheinlich, daß es auf Oahu erneut zu Vulkanausbrüchen kommt.

Nach der posterosiven Vulkanaktivität werden die hawaiianischen Vulkane bis auf den Meeresspiegel abgetragen und sinken langsam weiter ins Meer, während sie auf der Pazifischen Platte in nordwestliche Richtung treiben. Korallenriffe, die die Vulkane umsäumen, wachsen nach oben und bilden Atolle. Wo es früher einmal einen großen Vulkan gegeben hat, befindet sich heute nur noch eine flache Lagune. Bohrungen im Midway Atoll haben bewiesen, daß sich unter der Korallenkappe in der Tat Vulkangestein befindet.

Der Loihi

Der Loihi, ein Berg auf dem Meeresgrund, ist der jüngste hawaiianische Vulkan und noch im Pazifischen Ozean verborgen. Sein Gipfel befindet sich einen Kilometer unter dem Meeresspiegel und 30 Kilometer südöstlich der Insel Hawaii. Erdbebenschwärme in den Jahren 1971–72 und 1975, deren Zentrum unter dem Loihi lag, und frische Lavaproben, die von ozeanographischen Schiffen von seinem Gipfel und den Seiten heraufgeholt wurden, zeigen, daß der Loihi äußerst aktiv ist. Ein überraschender Fund, den man durch detaillierte Echolotungen der unterseeischen Topographie um den Loihi (der Name bedeutet «der Lange») herum erhielt, zeigt, daß offenbar eingebrochene Krater und Spaltenzonen auf diesem jungen, unterseeischen Vulkan vorhanden sind.

Niemand ist sich sicher, wie alt der Loihi ist. Sein Alter kann nur anhand seiner gegenwärtigen Größe und der bekannten Wachstumsrate des Kilauea, an dessen Sündflanke der Loihi sich befindet, bestimmt werden. Der Kilauea ist mit einer Wachstumsrate von etwa einem Zehntel Kubikkilometer pro Jahr während der letzten zehn Jahre gewachsen, und das Volumen des Loihi beträgt heute etwa 100 Kubikkilometer. Dies würde bedeuten, daß der Loihi nur etwa eintausend Jahre alt ist, aber vielleicht wachsen junge hawaiianische Vulkane im Vergleich zu ihrer späteren Wachstumsrate erst langsam heran. Mit Gewißheit kann man nur eins sagen: Über die Jugendstadien hawaiianischer Vulkane müssen wir noch viel lernen.

Andere Vulkane

Die Lebensstadien von Subduktionszonenvulkanen sind komplexer als jene von hawaiinischen Vulkanen. Ihre Aktivitäten können sich über Millionen von Jahren fortsetzen, aber durch ihre Explosionen werden die riesigen Kegel bisweilen zerstört und wieder neu erschaffen. Die Geschichte eines Vulkans könnte mit einem Schlackenkegel beginnen, der schließlich zu einem hohen Stratovulkan heranwächst, dessen Gipfel schließlich in einer riesigen Caldera zusammenbricht. Einige Calderen scheinen sich wieder zu komplexeren Stratovulkanen aufzubauen, um dann erneut zusammenzubrechen. Solange der Subduktionsprozeß sich

Von Pompeji zum Pinatubo

ungefähr an derselben Stelle fortsetzt, können Subduktionszonenvulkane weiterhin ausbrechen, wobei sie in ihrem langen und komplexen
Leben viele Stadien und Gesteinsgenerationen aufbauen.

Einzelne kurzlebige Vulkane wie der Parícutin bilden viele kleine
Kegel, die in der Landschaft verteilt sind, während langlebigere explosive
Vulkane isolierte, große Stratovulkane aufbauen. Wenn oft genug Magma
aufsteigt, werden wahrscheinlich die alten Vulkanschlote benutzt, und es
bildet sich ein langlebiger Vulkan. Wenn jedoch der Zeitabstand zwischen
den Pulsschlägen der Lava lang genug ist, so daß der Förderkanal in der
Tiefe fest wird, kann ein neuer Schlot einen separaten, kurzlebigen Vulkan bilden.

Die Erosionsprozesse bezwingen schließlich selbst die langlebigsten
Vulkane. Die Elemente, aus denen sie sich zusammengesetzt haben,
werden abgetragen und in der ruhelosen Bewegung der tektonischen
Platten der Erde immer wieder verwertet.

5 Vulkane im Sonnensystem

Pasadena, Kalifornien: 4. März 1979

Die Aufregung unter den Wissenschaftlern, die sich im Planetarium vor den Bildschirmen versammelt hatten, um die ersten historischen Bilder vom Jupiter und seinen Monden zu betrachten, als diese von Voyager I zurück zur Erde gefunkt wurden, war groß. Im Jet Propulsion Laboratory in Pasadena verarbeitete Linda Morabito gerade ein Bild des Io, einem der Jupitermonde, als sie etwas Ungewöhnliches entdeckte.

Zur Aufgabe der Wissenschaftlerin gehörte die Bestimmung der Umlaufbahn des Io und der Flugbahn von Voyager I. Dazu mußte sie das Bild des Io verstärken, um zwei blasse Sterne hinter dem Jupitermond sichtbar zu machen; die Stellung des Io in bezug auf diese beiden Sterne würde dann den exakten Standort der relativen Position von Io und Voyager I liefern. Die schwachleuchtenden Sterne wurden auf dem überbelichteten Bild aber nicht nur sichtbar, über dem hellen, östlichen Rand des Io erschien auch ein seltsamer, dünner Schleier.

Morabito kam zu dem Schluß, daß dieses unerwartete Merkmal, das sich 280 Kilometer über die Oberfläche erhob, eine Gasfahne oder Partikel eines aktiven Vulkans auf Io sein könnte. Andere Bilder von den Raumsonden Voyager I und II bewiesen, daß diese Interpretation richtig war, und aktiver Vulkanismus wurde plötzlich zu einem planetarischen Prozeß – zu einem Phänomen, das nicht nur auf die Erde beschränkt ist (Abb. 5.1).

Die Entdeckung kam jedoch nicht völlig überraschend. Ein paar Monate bevor Voyager I den Jupiter erreichte, hatten S.J. Peale, P. Cassen und R.T. Reynolds vorausgesagt, daß der Io möglicherweise einen schmelzflüssigen Kern habe. Bei der Untersuchung der Umlaufbahn des Io um den Jupiter kamen sie zu dem Schluß, daß die Gezeitenkräfte, die durch

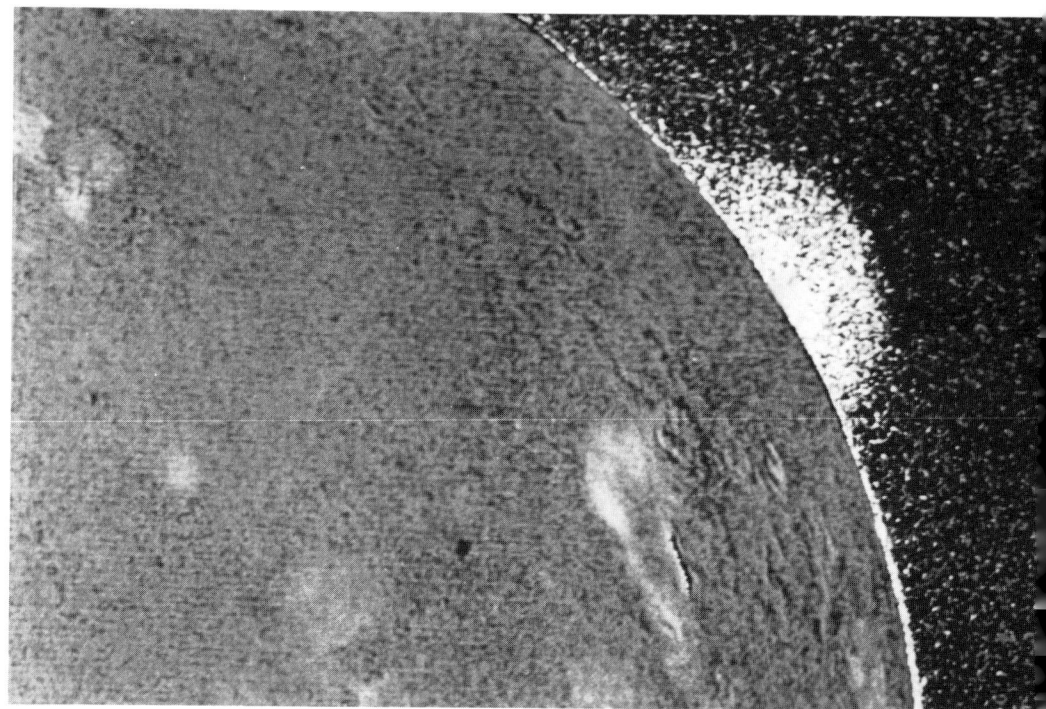

Abb. 5.1. Eine Wolke aus Partikeln und Gas von 200 km Höhe ist über der orangefarbenen Oberfläche des Io, einem Jupitermond, ausgebrochen. Mehrere aktive Vulkane, von denen man glaubt, daß sie sich aus Schwefel und Schwefelverbindungen zusammensetzen, wurden auf dem Io beobachtet. Die Eruptionswolken erreichen aufgrund der niedrigen Schwerkraft des Io und aufgrund seiner dünnen Atmosphäre außerordentlich große Höhen. (Voyager I-Foto, NASA, JPL)

die enorme Masse des Jupiters auf seinen Mond ausgeübt wurden, genug Reibung erzeugen konnten, um das Innere des Io zu schmelzen und es in diesem Zustand zu belassen. Sie erklärten, «man könnte spekulieren, daß es zu weitverbreitetem und wiederkehrendem Oberflächenvulkanismus kommt…». Die Vorhersage von aktivem Vulkanismus auf Io basierte auf theoretischen Berechnungen, und die anschließende Bestätigung durch Beobachtung ist ein Beispiel hervorragender, wissenschaftlicher Forschung.

Planetarische Geologie

Wenn man eine Gruppe Geologen nach dem vorherrschendsten geologischen Prozeß auf der Erde fragt, werden viele antworten, daß dies die Erosionsprozesse seien, und einige werden sagen, daß es sich dabei um

Von Pompeji zum Pinatubo

Abb. 5.2. Die Mondseite, wie sie von der Erde aus sichtbar ist. Das Hochland, das von vielen Kratern durchsetzt ist (hellere Gebiete), bildete sich hauptsächlich vor über 3,9 Milliarden Jahren. Ein Überfluten der Mare («Meere») durch basaltische Lavaströme erfolgte vor etwa 3,9 Milliarden Jahren, als die Rate der Bombardierung durch Meteorite stark abnahm. (Foto: Pic du Midi-Observatorium, Frankreich, mit Genehmigung der NASA)

die Plattentektonik handle. In bezug auf das Sonnensystem würden planetarische Geologen auf dieselbe Frage wahrscheinlich antworten, daß dies der Vulkanismus sei. Die Erosion durch Flüsse und Meereswellen kann nur in Welten mit ausreichend Wasser stattfinden, und die Erde scheint der einzige Wasserplanet in unserem Sonnensystem zu sein. Im Gegensatz dazu scheinen Vulkane oder Vulkangestein auf den meisten felsigen Planeten und Monden, die bisher erforscht wurden, wichtige Merkmale zu sein.

Der Mond

Seit Teleskope zum erstenmal die unzähligen Krater auf dem Mond offenbarten, haben die Wissenschaftler sich gestritten, ob diese vulkanischen Ursprungs sind oder durch das Einschlagen von Meteoren verursacht werden (Abb. 5.2). Proben aus dem Weltall und die Mondlandungen haben diesen Streit zugunsten der Einschlagsnarben entschieden, aber es ist offensichtlich, daß der Vulkanismus auf dem Mond in der fernen Vergangenheit wichtig war. Die «Meere» auf dem Mond sind große Becken, die als «Maria» bezeichnet werden und mit basaltischen Lavaströmen ausgefüllt sind. Die meisten sind vor drei bis vier Milliarden Jahren ausgebrochen – was sie älter macht als die meisten Gesteine auf der Erde. Diese Lavaströme auf dem Mond müssen sehr flüssig gewesen sein und ihr Volumen war bei weitem größer als das der größten hawaiianischen oder isländischen Eruptionen. Einige Lavaströme auf dem Mond sind viele Kilometer breit und Hunderte von Kilometern lang. *Mare Imbrium*, das größte «Meer» auf dem Mond, ist von Basaltströmen bedeckt, die mehr als viermal so groß sind wie das Columbia-Lavaplateau im Nordwesten der Vereinigten Staaten. Da diese alten Lavafelder nicht durch bedeutsame Erosionsprozesse oder Gebirgsbildung gestört wurden, sind ihre allgemeinen Merkmale, beispielsweise die Strömungskanäle, noch gut erhalten (Abb. 5.3).

Mars

Auch der Mars weist neben einigen riesigen Schildvulkanen ausgedehnte Lavafelder auf, die von Basaltströmen herzurühren scheinen. Olympus Mons erhebt sich von seiner Basis aus 25 Kilometer in die Höhe und hat einen Durchmesser von 600 Kilometern (Abb. 5.4). Los Angeles und seine Vororte würden in der 80 Kilometer breiten Caldera des Olympus Mons Platz finden. Die äußeren Abhänge dieses riesigen Schildvulkans fallen sanft bis zu einer zwei bis fünf Kilometer hohen Klippe ab, die die Basis des Olympus Mons umgibt. Erdrutsche mögen zur Bildung dieser Klippe beigetragen haben, aber ihr Ursprung ist noch immer Anlaß für lebhafte Debatten.

Vielleicht ist der Olympus Mons das Gegenstück zum hawaiianischen Hot Spot auf dem Mars, aber auf dem Mars gibt es keine Plattentektonik, die die Vulkane zu einer Kette ausdehnt, so daß ein einzelner Vulkan wahrscheinlich an derselben Stelle zu diesen ungeheuren Ausmaßen heranwuchs. Gemessen an der Anzahl von Meteoriteneinschlägen auf

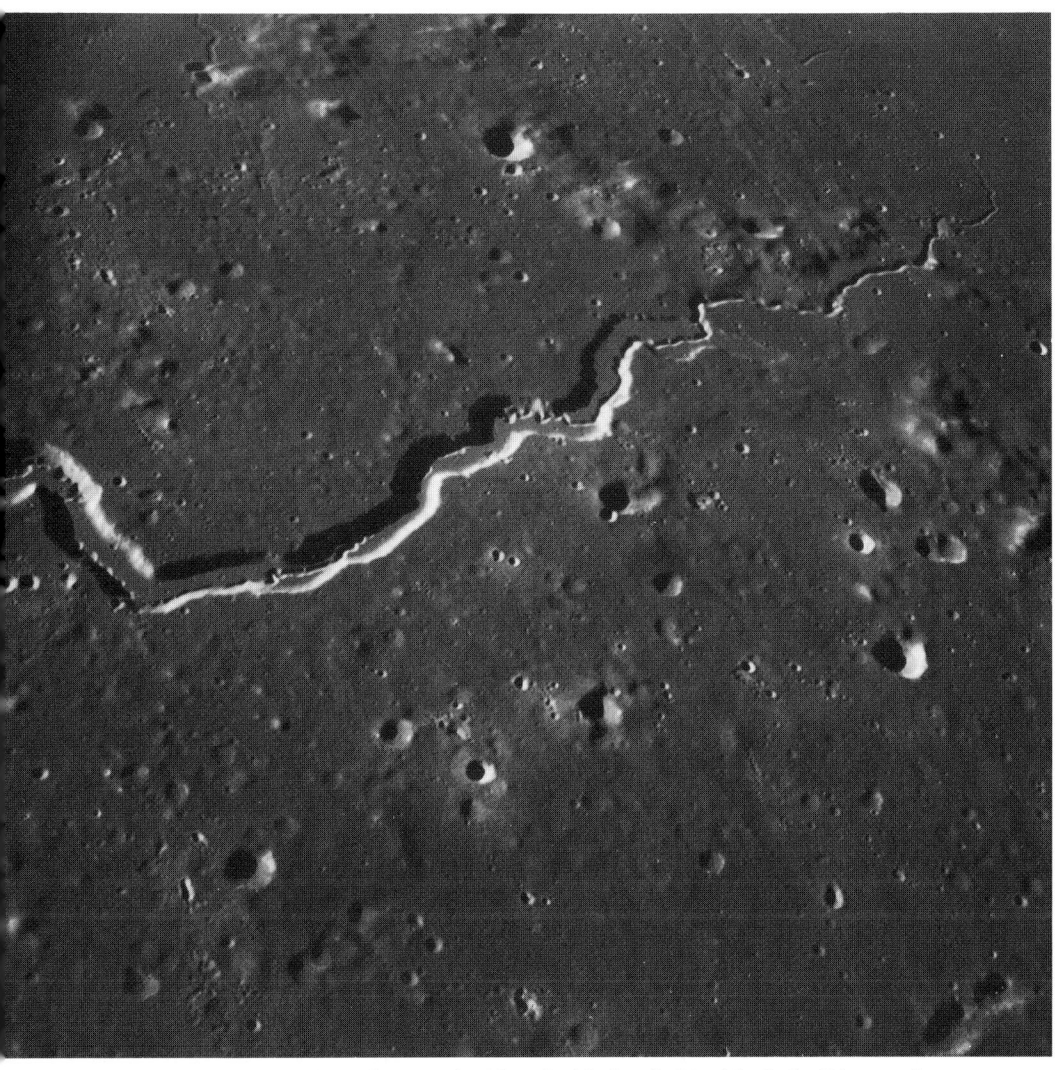

Abb. 5.3. Eine gewundene Rille, Schroters Tal, schlängelt sich über die Mondoberfläche. Dieses große Tal, das bis zu 9 km breit ist, erstreckt sich über das Aristarchus Plateau hinaus in den Oceanus Procellarum, einem der «Meere» des Mondes. Die Analyse von Proben, die von Astronauten gesammelt wurden, und von Fotos aus dem Weltraum hat ergeben, daß die Mondmeere große, mit Basaltlava gefüllte Becken sind, und daß es sich bei vielen Rillen um riesige Kanäle der Lavaströme handelt. (Foto: NASA)

Vulkane im Sonnensystem   73

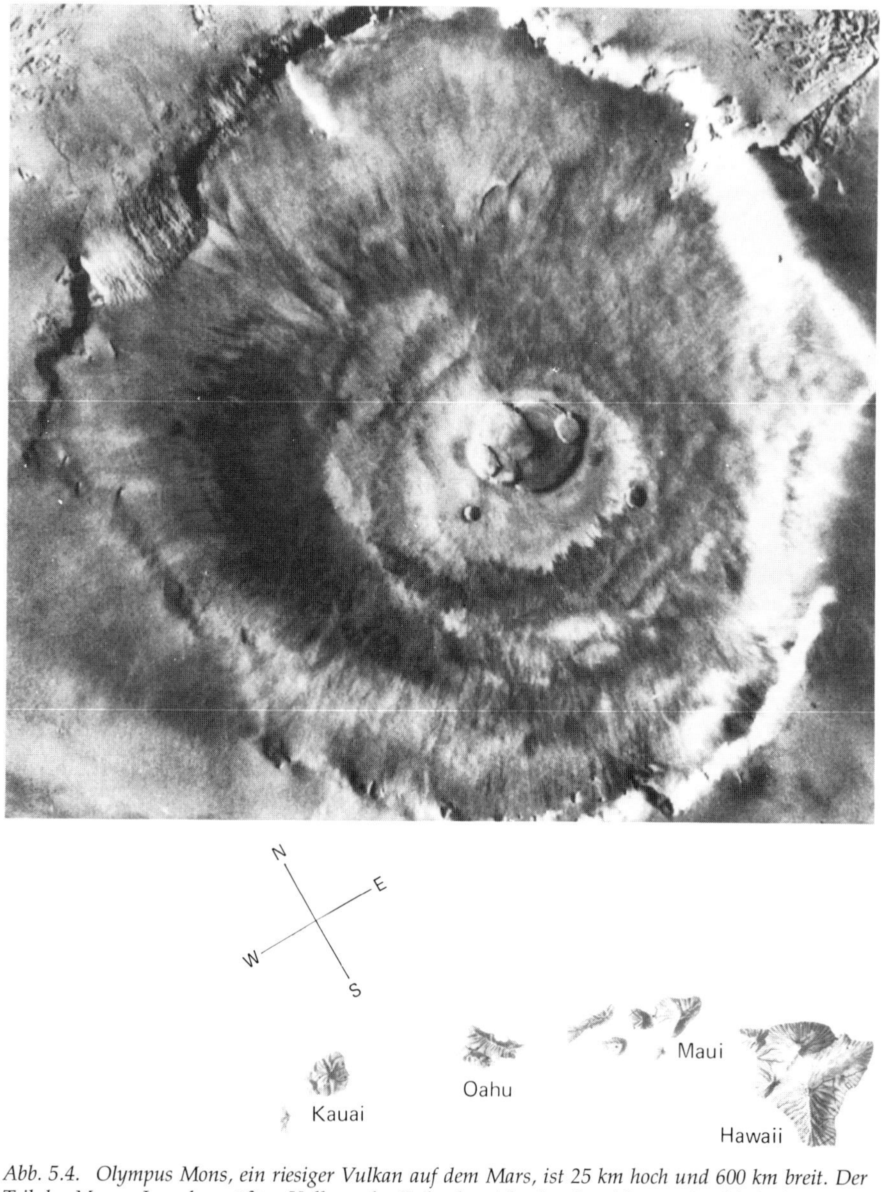

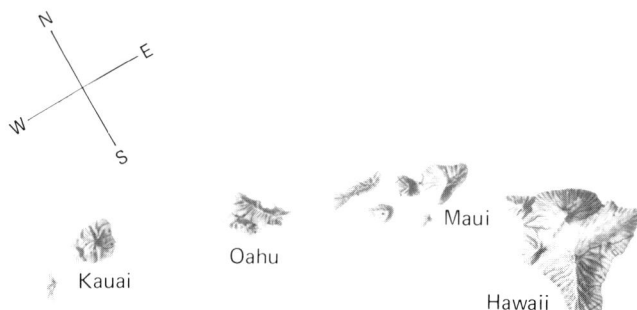

Abb. 5.4. *Olympus Mons, ein riesiger Vulkan auf dem Mars, ist 25 km hoch und 600 km breit. Der Teil des Mauna Loa, des größten Vulkans der Erde, der sich über dem Meeresspiegel befindet, würde fast vollständig in die 80 km breite Caldera des Olympus Mons passen. Zum Vergleich ist der Staat Hawaii im selben Maßstab abgebildet. (Mariner 9 Bildmosaik, NASA, JPL; Karte des Staates Hawaii vom U.S. Geological Survey)*

den pockennarbigen Abhängen kam es vor etwa 200 Millionen Jahren zur letzten Vulkanaktivität auf dem Olympus Mons.

Fotos vom Mars, die von Raumsonden aufgenommen wurden, zeigen noch andere vulkanische Merkmale, zu denen auch ungeheuer breite Vulkane gehören, die ein noch niedrigeres Relief aufweisen, als die flachen Schildvulkane auf der Erde. Einer dieser Vulkane ist 1.500 Kilometer breit und weniger als 10 Kilometer hoch. Ströme, die früher einmal flüssige Lava gewesen zu sein scheinen, schlängeln sich die sanft abfallenden Flanken herab. Einige große Vulkane auf dem Mars scheinen von Ascheablagerungen umgeben zu sein, die teilweise erodiert sind, und viele kleinere Vulkane unbekannten Typs sind überall auf dem roten Planeten verteilt. Vielleicht gab es auf dem Mars früher einmal fließende Gewässer, aber heute besteht er aus einer kahlen Landschaft mit alten Vulkanen, über die gewaltige Sandstürme hinwegfegen.

Venus

Auf der Venus gibt es Anzeichen für alte und für aktive Vulkane, die Beobachtungen sind zum größten Teil jedoch indirekter Natur. Die Schwierigkeiten bei der Beobachtung der Venus bestehen in der dicken, dichten Atmosphäre, die zu 96 Prozent aus Kohlendioxid besteht, wobei der Oberflächendruck neunzigmal so stark ist wie der Atmosphärendruck auf der Erde. Zum Vergleich: Der Druck auf der Venusoberfläche entspricht etwa dem Druck auf der Erde einen Kilometer unter der Meeresoberfläche.

Die dichte Atmosphäre der Venus und ihre Decke aus reflektierenden Schwefelsäurewolken 50 bis 70 Kilometer über ihrer Oberfläche verstecken den Planeten wirkungsvoll vor optischer Beobachtung. Statt dessen muß die Oberflächentopographie der Venus mit Radar erforscht werden, entweder mit einer riesigen Parabolantenne von der Erde aus oder mit Satelliten, die die Venus über ihrer Atmosphäre umkreisen.

Die amerikanische Raumsonde Pioneer Venus hat jene Oberflächenmerkmale von mehr als 30 Kilometer Durchmesser vermessen, während die neueren russischen Sonden, Verena 15 und 16, Merkmale kartiert haben, die eine Größe von nur ein bis zwei Kilometer haben. Diese Radarkarten haben zwei große Bereiche unterschiedlichen Reliefs offenbart: einen nördlichen Kontinent (der Begriff Kontinent wird hier im Sinn einer hochgelegenen Region gebraucht, da es auf der Venus keine Meere gibt) mit Bergen, die die mittleren Oberflächenerhebungen um bis zu elf Kilometer überragen, und eine kleinere Region, Beta Regio, die einen großen schildförmigen Berg aufweist, der einen Durchmesser von etwa 500 Kilometern hat und vier Kilometer hoch ist, der Theia Mons. Der russische Radar hat auch eine 100 Kilometer breite Senke auf dem nördlichen Kontinent ausgemacht, bei der es sich wahrscheinlich um eine Caldera handelt.

Erde und Venus ähneln sich vom Radius und von der Masse her sehr, aber die «Kontinente» auf der Venus bedecken nur fünf Prozent der bekannten Oberfläche im Gegensatz zu den 35 Prozent Landmasse auf der Erde. Außerdem hat man bisher keine Merkmale auf der Venus beobachtet, die darauf hindeuten würden, daß die Plattentektonik dort eine wichtige Rolle gespielt hätte. Daten von russischen Raumsonden, die auf der Venus gelandet sind, legen nahe, daß die Oberfläche eine basaltähnliche Zusammensetzung hat, aber einen höheren Schwefelgehalt aufweist. Diese Sonden haben auch Spuren von Radioaktivität im Gestein der Venus gemessen, die denen irdischer Oberflächengesteine entsprechen.

Die Gase in der Atmosphäre der Venus – Kohlendioxid, Stickstoff, Wasserdampf und Schwefelverbindungen – deuten auf einen möglicherweise vulkanischen Ursprung hin. Auf der Erde haben die großen Mengen an Dampf und Kohlendioxid, die in geologischer Zeit aus den Vulkanen aufstiegen, Meere und Kalkstein gebildet. Kohlendioxid löst sich im Wasser auf und wird von Algen und Korallen gebunden, wobei sich Kalksteinriffe bilden. Aber auf der Venus, deren Oberflächentemperatur 460° C beträgt, können sich flüssiges Wasser und Kalksteinfelsen nicht bilden, so daß Kohlendioxid und Wasserdampf in der Atmosphäre bleiben. Es ist schwer, über Ursache und Wirkung zu entscheiden. Einerseits schließt der Treibhauseffekt, verursacht durch die großen Mengen an Kohlendioxid in der Atmosphäre der Venus, die Sonnenstrahlung ein und verursacht die hohe Oberflächentemperatur, andererseits ist es die hohe Oberflächentemperatur, die verhindert hat, daß sich auf der Venus ein Meer bildete, so daß es auch keine Möglichkeit zur Bildung von Kalkstein (Kalziumkarbonat) gab, das das Kohlendioxid aus der dichten Atmosphäre entfernen würde.

Wenn ein erdähnlicher Planet erst einmal Ozeane oder eine heiße, dichte Atmosphäre bildet, so bleibt es wahrscheinlich dabei. Die Venus wäre für Lebensformen, wie wir sie von der Erde her kennen, unerträglich.

Alte Vulkane spielten in der Evolution der Venus wahrscheinlich eine wichtige Rolle, und möglicherweise brechen aktive Vulkane noch immer auf diesem geheimnisvollen Planeten aus (Abb. 5.5). Zwei indirekte

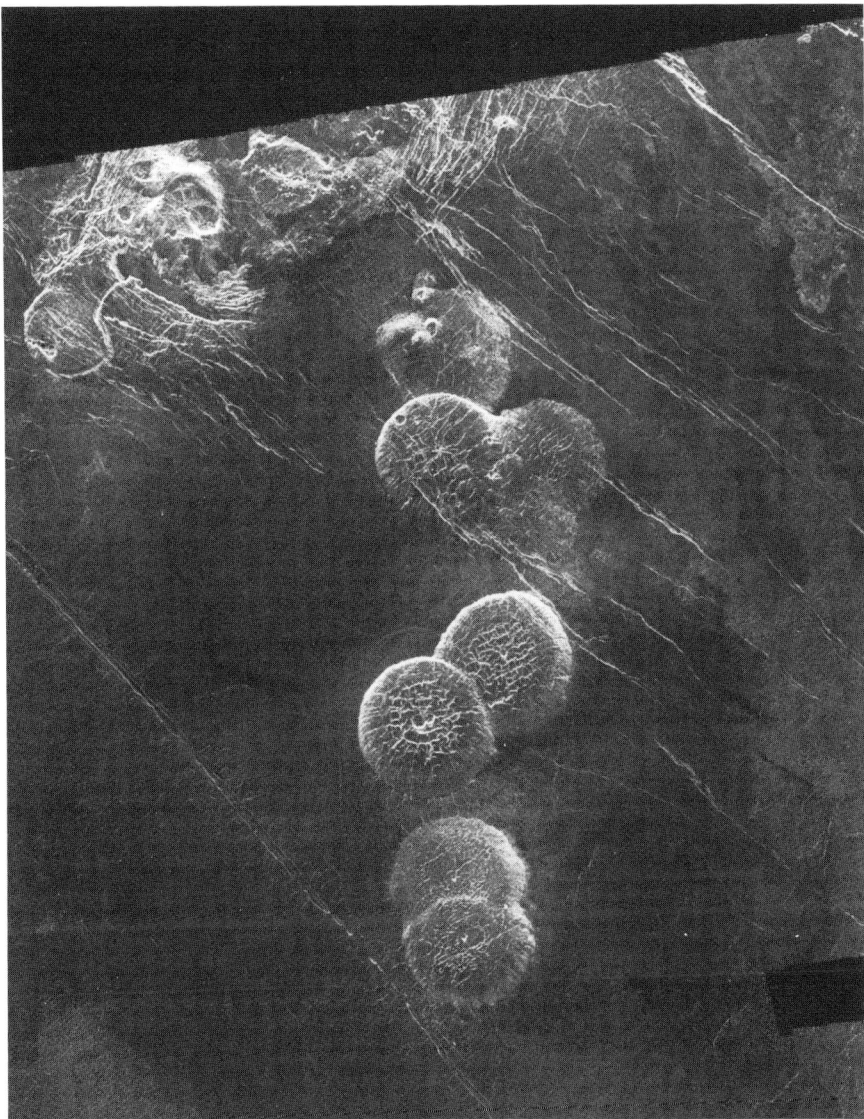

Abb. 5.5. Radarbilder der Venus vom Raumschiff Magellan der NASA zeigen viele Landformen, die vulkanischen Ursprungs zu sein scheinen. Die 7 kuppelförmigen Hügel auf diesem Bild haben alle einen Durchmesser von 25 km und sind bis zu 740 Meter hoch. Man hält sie für Lavadome. (7. November 1990, Foto: NASA, JPL)

Beweisketten legen nahe, daß im vergangenen Jahrzehnt Eruptionen stattgefunden haben. Erstens stellten Satelliten zwischen 1978 und 1984 einen neunzigprozentigen Rückgang der SO_2-Gase in der hohen Atmosphäre der Venus fest. Dies könnte darauf hindeuten, daß große Mengen an SO_2 kurz vor 1978 durch große Vulkanausbrüche in die Atmosphäre abgegeben wurden, und daß chemische Reaktionen mit Wasserdampf und Oberflächenmaterialien das SO_2 in einer Zeit geringerer vulkanischer Aktivität wieder kontinuierlich abgebaut haben. Zweitens haben amerikanische und russische Venussonden Niedrigfrequenz-Radiosignale entdeckt, die wahrscheinlich durch Blitzeinschläge verursacht werden. Diese Blitzeinschläge treten in bestimmten Gebieten auf, wobei die Beta Regio eines der auffälligeren ist – ein Gebiet mit schildförmigen Bergen. In turbulenten Aschewolken kommt es zur Aufladung statischer Elektrizität, und bei uns auf der Erde werden explosive Aschewolkeneruptionen von Blitzen begleitet. Vulkanische Eruptionen auf der Venus mögen jedoch weniger explosiv sein, da der starke Oberflächendruck der dichten Atmosphäre eine schnelle Ausbreitung von Vulkangasen hemmen würde, jener Prozeß, der auf der Erde zu explosiven Eruptionen führt.

Die variablen Schwefeldioxidmengen in der oberen Venusatmosphäre und die statischen Entladungen sind faszinierende Hinweise, aber wir müssen noch viel über das verborgene Gesicht der Venus lernen, bevor wir genaue Schlüsse über aktive Vulkane auf dem Schwesternplanet der Erde ziehen können.

Io

Io, so benannt nach der Geliebten des Zeus, ist der innerste Jupitermond und entspricht von der Größe und Masse her in etwa dem Erdmond. Io scheint auch der aktivste Himmelskörper im Sonnensystem zu sein. Bilder vom Io, die von den Voyager-Raumsonden bei ihrem Vorbeiflug im März und Juli 1979 aufgenommen wurden, haben unsere Vorstellungen von vulkanischen Prozessen drastisch verändert. Gezeitenreibung und langsamer radioaktiver Zerfall haben sich als wichtige Quellen für innere Wärme zur Erzeugung von Magma erwiesen, und das Konzept des Magmas selbst wurde auf andere Schmelzsysteme als das der Silikatgesteine erweitert. Schwefel und Schwefelverbindungen scheinen demnach bei den Vulkanausbrüchen auf dem Io eine wichtige Rolle zu spielen.

Farbbilder, die aus schwachen elektronischen Signalen zusammengestellt wurden, haben unter den Planetarwissenschaftlern große Aufre-

78

gung ausgelöst. Diese Bilder offenbarten Merkmale von Vulkanen, die die gesamte Oberfläche des Io beherrschen. Acht Wolken aus Gas und Partikeln wurden beobachtet, die bis zu 300 Kilometer hoch und 1.200 Kilometer breit waren und in das Fast-Vakuum der Atmosphäre des Io ausgestoßen wurden. Etwa 200 flache Calderen, die alle mehr als 20 Kilometer Durchmesser haben, wurden auf den Bildern identifiziert. Diese schwarzen Calderen sind scheinbar von Strömen aus schwarzem, rotem, orangefarbenem und gelbem Material umgeben – eine seltsame, bunte Landschaft, die unser Vorstellungsvermögen übersteigt. Die Interpretation, daß einige der Calderen auf Io möglicherweise aktive Lavaseen enthalten, wird durch den Nachweis von Veränderungen des Farbmusters in drei Calderen unterstützt, die in den vier Monaten zwischen den Voyagerbegegnungen stattgefunden hatten.

Eine Hauptfrage beim Vulkanismus auf Io betrifft den Charakter des Magmas: Handelt es sich um geschmolzenen Schwefel oder Schwefelverbindungen, um geschmolzenes Silikatgestein wie auf der Erde oder um eine Kombination aus beidem? David Pieri, ein Wissenschaftler am Jet Propulsion Laboratory, weist darauf hin, daß Schwefel in der dünnen Atmosphäre und im Weltraum in der Nähe des Io identifiziert wurde. Die Oberflächenfarben der Ströme, die dort scheinbar aus den Calderen ausströmen, – von schwarz über rot bis hin zu orange – sind dieselben wie bei geschmolzenem Schwefel, wenn er abkühlt (schwarz > 221°C, rot 171 – 221°C, rotorange 161–171°C und orange < 161°C). Susan Kieffer vom U.S. Geological Survey hat berechnet, daß Schwefeldioxid und Schwefel aus Reservoiren unter der Oberfläche ausbrechen könnten und daß die Temperaturen, die für die Bildung einer Schwefelwolke nötig sind, wahrscheinlich 427°C übertreffen müßten. Michael Carr, ebenfalls ein Mitarbeiter des U.S. Geological Survey, argumentiert, daß Schwefelgestein nicht stabil genug ist, um die steilen Reliefmerkmale auf dem Io zu bilden. Einige Calderen sind tiefer als ein Kilometer, und einige steile Berge erheben sich auf eine Höhe von bis zu zehn Kilometern. Carr ist der Meinung, daß ein Teil des Vulkangesteins auf dem Io, vielleicht sogar das meiste, basaltisch ist.

Obwohl die Feststellung der genauen Zusammensetzung des Magmas auf dem Io ein Problem bleibt, das in der Zukunft gelöst werden muß, ist klar, daß dieser Jupitermond eine ungeheure Menge innerer Wärme erzeugt und freisetzt – etwa 1,0 bis 1,5 Watt pro Quadratmeter und damit etwa das Zwanzigfache des inneren Wärmestroms der Erde. Diese vulkanische Energie wird durch das ständige Biegen der Oberflächenschichten auf dem Io aufrechterhalten, wenn sie erst durch die ungeheure

Schwerkraft des Jupiters in eine Richtung gezogen werden und dann durch die Kraft des Europa, dem nächstgelegenen Jupitermond, in die andere.

Die Erforschung des Weltalls in den letzten Jahrzehnten hat unser Bild von den geologischen Prozessen auf revolutionäre Weise verändert und erweitert. Der Vergleich der Merkmale und Prozesse auf anderen Planeten und Monden ist nicht nur aufregend, sondern auch sehr lehrreich. Was wir auf der Erde als gegeben hinnehmen, ist möglicherweise nur der Sonderfall eines viel generelleren Vorgangs.

Vergleichende Vulkanologie

Die Vulkanaktivität auf der Erde, dem Mond, dem Mars, der Venus und dem Io weist interessante Ähnlichkeiten und Unterschiede auf. Bei den ersten vier Himmelskörpern erstreckt sich die Bildung und Eruption silikatischer Schmelzen, die hauptsächlich basaltisch ist, über Zeitspannen, die sich proportional zum Durchmesser des Planeten oder Mondes verhalten. Auf dem Mond (Ø 3.476 Kilometer) wurde die wichtigste Periode von Vulkaneruptionen vor etwa 3 Milliarden Jahren eingestellt, auf dem Mars (Ø 6.786 Kilometer) vor etwa 200 Millionen Jahren, und auf der Venus (Ø 12.100 Kilometer) sind die Vulkane wie auf der Erde (Ø 12.576 Kilometer) offenbar noch immer aktiv. Die Wärme wurde und wird in jedem Planetarkörper mit einer Geschwindigkeit erzeugt, die sich proportional zum Volumen verhält, das heißt proportional zur dritten Potenz des Radius. Wenn alle Faktoren gleich wären, müßte beispielsweise der Mars, dessen Radius etwa das Zweifache des Mondradius beträgt, achtmal so viel innere Wärme erzeugen. Da Wärme durch die Oberfläche eines Planeten oder Mondes verlorengeht, sollte der Verlust ungefähr proportional zur Quadratzahl seines Radius sein. In diesem Beispiel müßte der Mars die Wärme viermal schneller verlieren als der Mond. Erzeugung und Verlust innerer Wärme nehmen mit der Größe zu, aber die Erzeugung von Wärme nimmt schneller zu als der Verlust. Planeten sind genau wie Lebewesen Wärmemaschinen, und die größeren bleiben länger heiß als die kleineren.

Die Explosivität von Vulkanen auf verschiedenen Planeten und Monden wird durch innere und äußere Faktoren gleichermaßen kontrolliert. Ein hoher Gasgehalt in zähflüssigem Magma fördert explosives Kochen, während dichte, schwere Atmosphären ein schnelles Kochen eher hemmen. Wenn der Mount St. Helens im Vakuum des Mondes oder in der Marsatmosphäre mit ihrer niedrigen Dichte (sie macht sieben Prozent der

Dichte der Erdatmosphäre aus) explodiert wäre, wäre die Zerstörung viel größer gewesen und hätte sich in alle Richtungen erstreckt. Die Tatsache, daß der größte Teil der Vulkanaktivität auf Mond und Mars zu Lavaplateaus oder Schildvulkanen geführt hat, was allgemein ein Zeichen für effusive Aktivität ist, weist stark darauf hin, daß das Magma dort einen niedrigen Gasgehalt und eine geringe Viskosität hatte. Das Felsgestein, das vom Mond zurückgebracht wurde, ist dicht und weist fast keine Blasen auf, was diesen Schluß bestätigt.

Hätte die Mount St. Helens-Explosion auf der Venus stattgefunden, wäre sie durch den verzögernden Effekt der dichten Venusatmosphäre viel weniger gewaltig gewesen. Daß Schwefelsäurewolken und Blitze trotz der behindernden Hochdruckatmosphäre mit einigen explosiven Vulkanausbrüchen auf der Venus in Zusammenhang gebracht werden, weist darauf hin, daß ein Teil des Magmas dort stark viskos ist und sehr gashaltig. Wenn die allgemeinen Prozesse erst einmal bekannt sind, kann das geistige Auge Orte erforschen, die durch direkte visuelle Beobachtung möglicherweise nie erreicht werden können.

Der Io hat uns die Augen geöffnet. Er verfügt über die Größe des Erdmondes, aber in bezug auf seine Größe weist er die zwanzigfache Vulkanaktivität der Erde auf. Er macht auf zwei wichtige neue Ideen über Vulkanprozesse im Sonnensystem aufmerksam: Die inneren Wärmemaschinen in Mehrfachmonden können durch die Gezeiten angetrieben werden, und neben Silikatgestein können andere Magmen ausbrechen und Vulkanlandschaften aufbauen.

Der Io entspricht jedoch dem allgemeinen Prinzip, daß explosive Eruptionen auf Planeten oder Monden mit Atmosphären niedriger Dichte äußerst gewalttätig sein können. Der Atmosphärendruck auf dem Io entspricht fast einem Vakuum, und die Explosionswolken erstrecken sich bis auf eine Höhe von 300 Kilometern über ihren Schloten. Susan Kieffer weist darauf hin, daß diese Eruptionswolken eher einem Geysirausbruch als einer vulkanischen Eruption entsprechen könnten. Sie hat berechnet, daß sich ein Ausbruch des Geysirs Old Faithful auf einem Mond mit niedriger Schwerkraft und niedrigem Atmosphärendruck wie beim Io 38 Kilometer hoch erheben würde, was die normale 30-Meter-Höhe auf der Erde um mehr als das Tausendfache übertreffen würde.

In Teil I wurden der physikalische Schauplatz und die Prozesse bei Vulkanausbrüchen auf der Erde und im Sonnensystem beleuchtet. Teil II beschäftigt sich näher mit dem Charakter und dem Ursprung von Vulkangestein und -gasen.

Teil II
Vulkangestein

Das Unbedeutende und das Außergewöhnliche
sind beide die Architekten der Natur.
Carl Sagan

6 Geschmolzenes Gestein

Johannesburg, Südafrika: 1950

Die Fotografin und Journalistin Margaret Bourke-White, die in Südafrika einen Auftrag für die Zeitschrift *Life* ausführte, beobachtete voller Vergnügen, wie eine Gruppe junger Minenarbeiter den freien Sonntag mit einer Vorstellung von Stammestänzen in der Nähe des Bergwerkeingangs feierte. Die Lebhaftigkeit und Grazie der Männer war so ansprechend, daß sie beschloß, zwei der Tänzer zum Thema eines Fotoessays zu machen, der mit dem Tanz begann und sie anschließend während eines normalen Arbeitstages beobachtete. Als sie mit dem Minenvorsteher sprach, um die Sache zu arrangieren, wies er sie darauf hin, daß die beiden schwarzen Minenarbeiter, die nicht durch Namen sondern durch eintätowierte Nummern identifiziert wurden, in einem besonders tiefen und gefährlichen Teil der Mine arbeiteten. Sie bestand jedoch auf ihrem Vorhaben und erhielt schließlich die Genehmigung, in den «verborgenen Bereich» hinabzusteigen, der Besuchern normalerweise nicht zugänglich ist.

Am nächsten Morgen meldete sie sich in Robinson Deep, einem der ältesten Bergwerke des Gebiets; es handelte sich um eine Mine, die unter der modernen Stadt Johannesburg eine Tiefe von zwei Meilen erreichte. Sie beschrieb das Ereignis folgendermaßen:

Man befahl mir,… richtige Bergarbeiterkleidung anzuziehen. Ich war überrascht, daß diese so schwer und warm war und hatte das Gefühl, daß ich mich für die kältesten Bergspitzen der Welt anzog statt für die heißen Tiefenregionen der Erde. Der Vorsteher erklärte mir, daß ein Besucher, dessen Körper nicht völlig an die abrupten Temperaturveränderungen unter der Erdkruste gewöhnt ist, durch die Hitze in den niedrigeren Tiefen ins Schwitzen geraten und sich eine Lungenentzündung zuziehen könnte, wenn er wieder langsam zu den normalen Temperaturen über der Erde zurückkehren würde. Mein Kostüm wurde schließlich durch einen Helm vervollständigt. Außerdem trug ich eine Pfeife um den Hals, falls ich irgendwo eingeschlossen werden würde.

Es war ein feierlicher Augenblick, als ich in den Fahrstuhl stieg und die langsame, zwei Meilen lange Abfahrt zu diesem versteckten Platz unternahm. Ich fühlte eine ähnliche Erregung wie damals, als ich zum erstenmal in tropischen Gewässern schnorchelte: mein erster Blick in eine neue Welt. Beim Schnorcheln leuchtete alles klar und hell; hier unten war alles düster und trostlos. Während der Fahrstuhl sich schwerfällig nach unten bewegte, wurde die Dunkelheit nur durch gelegentliche Lichtblitze durchbrochen, als wir die verschiedenen Stollen passierten.

Am Ende der ersten Meile, die die Mitte dieser senkrechten Reise markiert, steigt man in einen kleineren Wagen um, der den Abstieg schnell hinter sich bringt. Wenn man diese zweite Meile hinabfährt, wird man sich nüchtern der Tatsache bewußt, daß man sich jetzt unter dem Meeresspiegel befindet.

Als ich ausstieg, fühlte ich mich nicht unwohl, denn das System zur Luftzirkulation war in der Nähe der Aufzugsschächte ausreichend. Als wir aber die Seitengänge entlanggingen, wurde die Atmosphäre zunehmend heißer und feuchter. Und als wir die kleine abfallende Kammer erreichten, in der die beiden Männer arbeiteten, konnte ich meine Tänzer kaum wiedererkennen. Der Schweiß rann ihnen in Strömen über die Brust, und mit traurigen Augen und Gesichtern voller Schweißperlen schlugen sie auf die Kohle ein. Ich war gerade dabei, Fotos zu machen, als mich eine merkwürdige Depression und Mattigkeit überkam. Ich konnte kaum noch die Hände heben; ich hatte die Sprache verloren.

Der Vorsteher, der meine Probleme bemerkte, führte mich schnell zu einem offeneren Minengang, gab mir ein wenig Wasser, befahl mir, mir den Mund auszuwaschen, aber das Wasser nicht zu schlucken; dann brachte er mich zum Fuß des Schachtes, wo ich durch bessere Luft wiederbelebt wurde. Später erfuhr ich, daß hier ein Mann zwei Monate zuvor an einem Hitzschlag gestorben war.»

Die drückende Hitze in einem tiefen Bergwerk stellt immer ein ernstes Problem für einen Bergwerksbetreiber dar. Obwohl die Temperaturen in der von Margaret Bourke-White beschriebenen südafrikanischen Mine sehr heiß waren, sind einige Bergwerke – besonders in Gebieten mit noch nicht lang zurückliegendem Vulkanismus – noch heißer.

Die alten Silberminen von Comstock Lode in Nevada waren ungewöhnlich warm; in Tiefen von 1.500 bis 2.000 Fuß war das Gestein so heiß, daß man es nicht berühren konnte, und aus Spalten oder Bohrlöchern drang bisweilen kochendes Wasser. Der Einsatz von Luftröhren und Gebläsen war stark verbreitet, nicht nur, um die Minenarbeiter mit frischer Luft zu versorgen, sondern auch, um das Gestein abzukühlen und die Hitze niedrig zu halten. Dennoch arbeiteten die Arbeiter oft in Temperaturen von bis zu 43° C. Es war nichts Ungewöhnliches für einen Bergarbeiter – oder einen Besucher – nach mehreren Stunden in der intensiven Hitze beim Erreichen der kalten Luft an der Oberfläche in Ohnmacht zu fallen und aus dem Förderkorb in dem tiefen Schacht zu Tode zu stürzen.

Der Anstieg der Temperaturen mit zunehmender Erdtiefe wird als «geothermischer Gradient» bezeichnet. Neben den Beweisen aus Bergwerksstollen wurde durch Tiefenbohrungen und durch spezielle Temperatursonden, die in die weichen Sedimente auf dem Meeresgrund gestoßen wurden, festgestellt, daß es sich bei dem Gradienten um ein weltweites Phänomen handelt.

Der durchschnittliche geothermische Gradient beträgt etwa 2° bis 3° C pro 100 Meter Tiefe, was anzeigt, daß die Wärme aus der Erdmitte nach außen strömt. Der durchschnittliche Wärmestrom beträgt 0,06 Watt Energie pro Quadratmeter Erdoberfläche. Obwohl diese Menge im Vergleich zur Sonnenenergie gering ist, handelt es sich weltweit gesehen um eine ungeheuer große Wärmemenge. Der thermische Wärmeverlust der Erde beträgt mehr als das Doppelte der gesamten Energie, die zur Zeit durch die Verbrennung von Holz, Kohle, Öl und Gas produziert wird.

Der Ursprung der Wärme im Erdinnern war seit langem Thema von Untersuchungen. Ende des neunzehnten Jahrhunderts versuchte der britische Wissenschaftler Lord Kelvin das Alter der Erde anhand ihrer Abkühlungsrate zu berechnen. Er stellte die These auf, daß die Erde in 20 bis 40 Millionen Jahren zu ihrem jetzigen Zustand abgekühlt sein müßte, wenn man davon ausging, daß sie ursprünglich eine geschmolzene Kugel war. Er datierte das Alter der Erde auf mindestens 50 Millionen Jahre; dabei irrte er sich um mehr als 4 Milliarden Jahre. In seinen Berechnungen hatte er die Auswirkungen der Radioaktivität außer acht gelassen, die eine wichtige Komponente bei der Wärmeproduktion im Erdinnern darstellt.

Seit der Entdeckung der Radioaktivität im Jahr 1895 haben die Wissenschaftler herausgefunden, daß natürlich vertretene radioaktive Elemente in der Erde wie Uran, Thorium und Kalium langsam zerfallen und kleine, aber regelmäßige Wärmemengen produzieren. Gestein ist ein ausgezeichnetes Isolationsmittel, und auf diese Weise sammelt sich die Hitze langsam über viele Millionen Jahre an. Die daraus resultierenden Temperaturen sind hoch genug, um das Gestein, in dem die Wärme erzeugt wird, teilweise zum Schmelzen zu bringen.

Wenn der Temperaturanstieg mit zunehmender Erdtiefe eine gleichmäßige Rate beibehalten würde, wäre die Schmelztemperatur von Gestein, die 1.000° C beträgt, in Tiefen von etwa 40 Kilometern unter der Erdoberfläche erreicht. Der größte Teil der Wärme wird jedoch im Gestein nah der Oberfläche erzeugt, so daß die Rate des Temperaturanstiegs mit jedem weiteren Kilometer Tiefe abnimmt (Abb. 6.1).

Ein Teil der inneren Erdwärme mag auch ein Überbleibsel aus der Zeit der Erdentstehung durch Zusammenballung kosmischer Materie während der gewaltsamen Geburt unseres Sonnensystems sein. Der Aufprall kosmischen Materials, das von dem Erdanziehungsfeld der wachsenden Erde angezogen wurde und bei dem hohe Geschwindigkeiten eine Rolle spielten, hat wahrscheinlich enorme Wärmemengen freigesetzt. Abhängig von der Geschwindigkeit, bei der es zu dem Zusammenstoß kam, mag die Erde sich noch teilweise im geschmolzenen Zustand befunden haben. Es wurde außerdem berechnet, daß die Gravitationsenergie, die abgegeben wurde, als das uns vertraute schwere Element Eisen sich im Zentrum der Erde ansammelte, genug Energie erzeugte, um das meiste feste Gestein, das noch von der Kollision und dem Wachstumsstadium verblieben war, zu schmelzen.

Eine dritte mögliche Quelle für die fortgesetzte Wärmeerzeugung im Erdinnern ist die Gezeitenreibung. Die Kraft, die die Gezeiten im Meer erzeugt, wird durch die langsame Abnahme der ungeheuren Energiemenge geliefert, die in der Rotation der Systeme von Erde und Mond sowie Erde und Sonne gespeichert ist. Der größte Teil der Gezeitenenergie wird von der Bewegung des Meereswassers aufgebracht, aber ein Bruchteil kann Gesteinsschichten in der Erde biegen und geradestrecken, so daß Wärme freigesetzt wird.

Von Pompeji zum Pinatubo

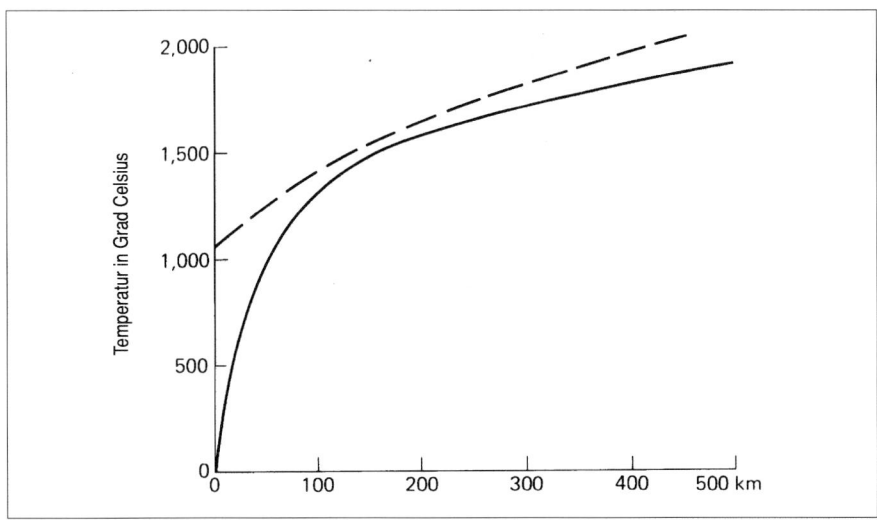

Abb. 6.1. *Das Diagramm zeigt den Temperaturanstieg im Innern der Erde (durchgehende Linie) und die Schmelztemperatur von Basalt (gestrichelte Linie) bei zunehmender Erdtiefe. Diese Daten sind Näherungsdaten, da der geothermische Gradient – der Abfall der Temperaturlinie – sich in unterschiedlichen geologischen Lagen unterscheidet. Dennoch zeigen die Linien einige wichtige Prinzipien: (1) Der geothermische Gradient wird mit zunehmender Tiefe geringer, da die radioaktiven Elemente – Uran, Thorium und Kalium –, die am stärksten zur Wärmeproduktion der Erde beitragen, in dem Gestein in den ersten Kilometern unter der Oberfläche verstärkt auftreten. (2) Die starke Annäherung und das teilweise Überschneiden der beiden Linien zwischen etwa 100 und 200 km Tiefe ist die Zone der partiellen Schmelze im oberen Mantelbereich der Erde.*

Magma und das Erdinnere

Untersuchungen von Erdbebenwellen und der Geschwindigkeit, mit der sie sich durch die Erde fortpflanzen, deuten darauf hin, daß ein fester innerer Metallkern, ein geschmolzener, äußerer Kern aus Metall, ein fester Gesteinsmantel, der wahrscheinlich im oberen Bereich eine zum Teil geschmolzene Zone enthält, und eine feste Gesteinskruste an der Oberfläche vorhanden sind (Abb. 6.2).

Temperaturen, die hoch genug sind, um Gestein zum Schmelzen zu bringen und Magma zu produzieren, treten im oberen Mantel in Tiefen von 70 bis 200 Kilometern auf. Dies ist die Wurzelzone von Vulkanen. Einige Mineralien schmelzen bei niedrigeren Temperaturen als andere, so daß das entstehende Magma eine weiche, heiße, zähflüssige Flüssigkeit ist, die zwischen heißen, aber immer noch festen Kristallen entsteht. Geologen bezeichnen diesen Bereich als «partiell geschmolzene Zone». Bis der geschmolzene Anteil mehr als die Hälfte ausmacht, verhält sich

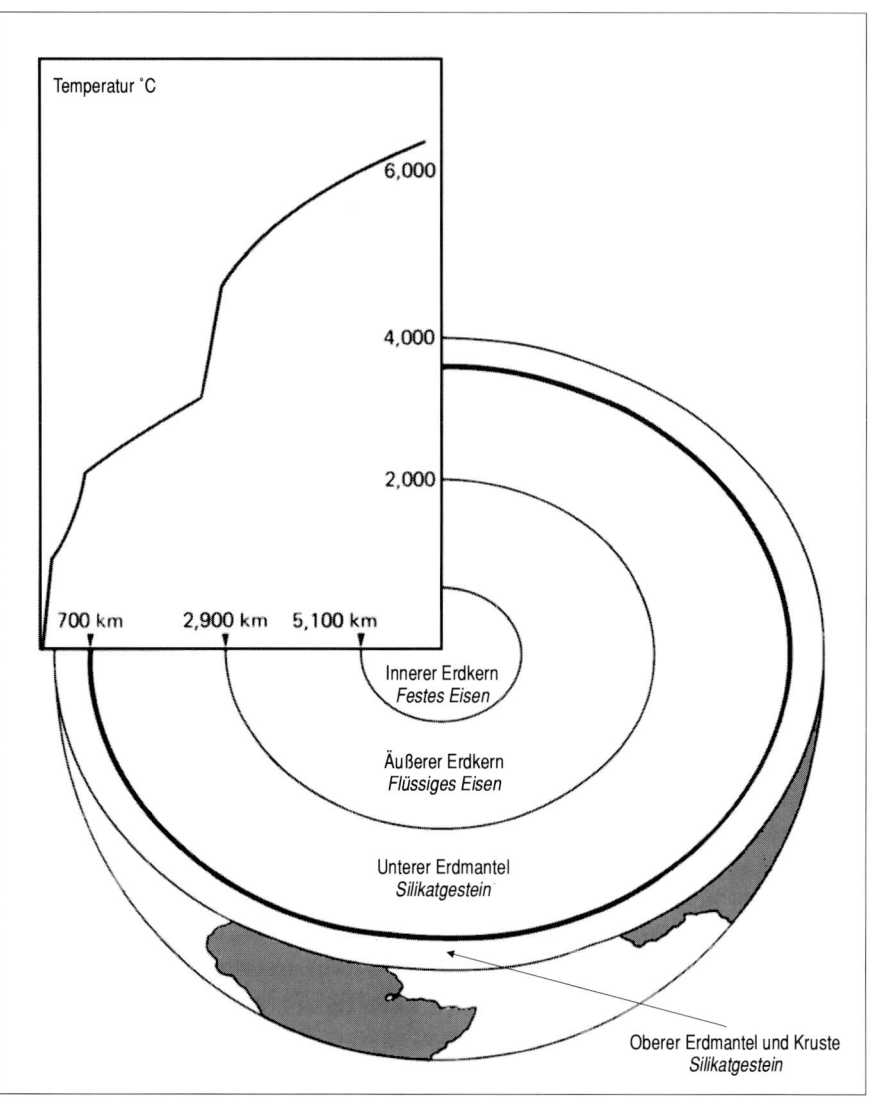

Abb. 6.2. Die Schätzungen der Temperaturen im Erdinnern wurden in letzter Zeit nach oben hin korrigiert. Die Schmelztemperatur des Eisens ist der Schlüssel für die tatsächliche Temperatur der Grenze zwischen dem inneren Kern und dem geschmolzenen äußeren Kern. Diese Grenze befindet sich, wie Analysen von Erdbebenwellen, die durch das Erdinnere reisen, gezeigt haben in einer Tiefe von 5.100 km. Nach neuen Bestimmungen des Schmelzpunktes von Eisen unter hohem Druck in dieser Tiefe beträgt dieser mehr als 6.000° C (ältere Schätzungen lagen bei etwa 4.000° C). (Nach Q. Williams u.a., Science 236, Nr. 4798 [1987]: 181)

die Mischung aus Kristallen und Geschmolzenem eher wie ein fester Stoff und weniger wie eine Flüssigkeit.

Das meiste Magma, das durch partielles Schmelzen in den Wurzelzonen von Vulkanen entsteht, ist von der Zusammensetzung her basaltisch. Es setzt sich aus 50 Prozent Kieselerde (SiO_2), 15 Prozent Tonerde (Al_2O_3) und geringeren Mengen von Eisen, Kalzium und Magnesium zusammen. Basaltmagma ist leichter als die Kristalle in der Zone der partiellen Schmelze, steigt aufgrund des Auftriebs nach oben und bildet große Reservoire von geschmolzenem Gestein, die als «Magmakammern» bezeichnet werden. Die Temperatur von Basaltmagma beträgt etwa 1.200° C, und wenn es wieder abkühlt, bilden sich Olivinkristalle aus der Schmelze. Das Mineral Olivin enthält viel Magnesium und Eisen und im Vergleich zum Basalt recht wenig Kieselerde. Wenn sich die schwereren Olivinkristalle auf dem Boden der Magmakammer absetzen, ist das noch verbliebene Magma reicher an Kieselerde und enthält weniger Magnesium und Eisen. Dies ist ein wichtiger Prozeß, bei dem sich die chemische Zusammensetzung des Magmas verändern kann.

Magma kann seine Zusammensetzung auch dadurch verändern, daß es das Nebengestein, durch das es aufsteigt, teilweise zum Schmelzen bringt. Basaltmagma enthält bei 1.200° C genug Wärme, um Gestein und Mineralien mit relativ niedrigen Schmelztemperaturen zu schmelzen, wenn es mit ihnen in Kontakt kommt. Da das Gestein in der Erdkruste unter den Kontinenten mehr Kieselerde, Natrium und Kalium enthält als Basaltmagma, verändert das teilweise Schmelzen und die Assimilation eines Teils dieses Nebengesteins die Zusammensetzung des primären Magmas. Dies trifft besonders dann zu, wenn sich das geschmolzene Nebengestein nicht gründlich mit dem Magma vermischt. Man könnte dies etwa mit dem Versuch vergleichen, Wachs mit heißem Wasser zum Schmelzen zu bringen. Dabei würden zwei separate Flüssigkeiten entstehen – heißes Wachs, das auf heißem Wasser schwimmt. Obwohl Magmamassen sich wahrscheinlich besser vermischen als Wasser und Wachs, gibt es Beweise, daß kieselerdereiches Magma unter manchen Vulkanen – besonders in kontinentalem Milieu – in der Magmakammer aus geschmolzenem Gestein auf dem Basaltmagma «schwimmen» kann.

Dies läßt sich anschaulich demonstrieren, wenn man Ablagerungen von alten Vulkanausbrüchen untersucht. Gute Beispiele findet man in den Aschestromablagerungen um den Mount Mazama in der Cascade Range im Nordwesten der USA, der vor 7.000 Jahren ausgebrochen ist und die Caldera gebildet hat, die jetzt den Crater Lake enthält. Diese Ablagerungen sind unten (also in dem Teil, der als erster aus dem oberen

Abb. 6.3. Die pyroklastischen Ströme der calderabildenden Eruption des Crater Lake, Oregon, die vor fast 7.000 Jahren stattfand, wurden entlang der Flußtäler zu Nadeln erodiert. Man beachte, daß der untere Teil der Ablagerung von heller Farbe (kieselerdehaltig) und der obere Teil von dunkler Farbe ist (enthält weniger Kieselerde). Da der obere Teil der Magmakammer als erster ausbrach, bietet dieses Tal ein umgekehrtes Bild der sich verändernden Zusammensetzung der Magmakammer.

Bereich der Magmakammer ausgebrochen ist) kieselerdereich und im oberen Bereich kieselerdearm (dabei handelt es sich um das Magma, das später aus dem tieferen Bereich der Magmakammer ausgebrochen ist) (Abb. 6.3).

Vulkangestein, das entsteht, wenn Magma an der Erdoberfläche ausbricht, wird in Hauptgruppen unterteilt – Basalt, Andesit, Dazit und Rhyolith. Der durchschnittliche Kieselerdegehalt des typischen Gesteins in allen Gruppen macht 50, 55, 65 bzw. 73 Prozent aus. Der Kieselerdegehalt ist nicht das einzige Merkmal, durch das der Typ des Vulkangesteins bestimmt wird, aber er ist einer der wichtigsten.

Die physikalischen Eigenschaften des Magmas stehen ebenfalls in Beziehung zu der Kieselerde, die es enthält. Basaltmagma ist flüssiger als Dazitmagma, das kieselerdereich ist. Die Viskosität hawaiianischen Basaltmagmas entspricht etwa der Konsistenz von Honig bei Zimmertem-

Von Pompeji zum Pinatubo

peratur, während Dazitmagma, wie es langsam aus dem Lavadom am Mount St. Helens ausbrach, eher an Teer erinnert.

Vulkanische Gase

In Magma sind unterschiedlich große Mengen Vulkangas gelöst, ähnlich wie Limonaden oder Champagner Kohlendioxidgas (CO_2) enthalten, das in ihnen unter großem Druck gelöst ist. Wenn das Magma die Erdoberfläche erreicht, wird ein großer Teil der gelösten Gase – Kohlendioxid, Wasserdampf und Schwefelgase – freigegeben. Dies kann ähnlich wie beim Entfernen des Korkens von einer Champagnerflasche explosionsartig geschehen, wenn der Druck plötzlich abnimmt, oder weniger gewaltig, wenn der Druck behutsam reduziert wird, so daß die Gase langsam ausströmen können.

Gase in Vulkanen hawaiianischen Typs machen etwa 0,5 Prozent des Gesamtgewichts des Magmas aus. Dies scheint eine geringe Menge zu sein, aber bei den Temperaturen des Magmas und dem niedrigen Druck an der Erdoberfläche erweitert sich das Gas, das aus hawaiianischem Magma auskocht, auf das mehrere Hundertfache des Volumens des geschmolzenen Gesteins, in dem es unter Druck gelöst war.

Die pyhsikalischen Eigenschaften von Magma

Magma gelangt durch den Auftrieb nach oben. Die Dichte von Basaltmagma beträgt etwa 2,7 Gramm pro Kubikzentimeter, während kieselerdereicheres Magma weniger dicht ist. Das Gestein in der unteren Kruste und im oberen Mantel hat eine mittlere Dichte von etwa 3,0 Gramm pro Kubikzentimeter. Dieser Unterschied in der Dichte führt dazu, daß das Magma nach oben steigt. Der Aufstieg des Magmas wird durch seine Viskosität, seine Haltespannung und durch die Stärke des Gesteins, das es auf seinem Weg an die Oberfläche durchdringen muß, verzögert.

Im allgemeinen erhöht sich die Viskosität des Magmas, wenn sich die Zusammensetzung von Basalt über Andesit und Dazit zu Rhyolith verändert. Aus diesem Grund sind Basaltvulkane eher effusiv und brechen im Vergleich zu den Magmen, die reicher an Kieselerde sind, recht häufig, aber dafür weniger heftig aus. Wie in Kapitel 3 erläutert wurde, brechen Vulkane mit kieselerdereichen Magmen explosiver und relativ selten aus.

Zähes Magma verhält sich eher wie ein plastischer Stoff und nicht wie eine Flüssigkeit, d.h., es besitzt eine Haltespannung, die überwunden werden muß, bevor es zu fließen beginnt. Beispiel für eine alltägliche

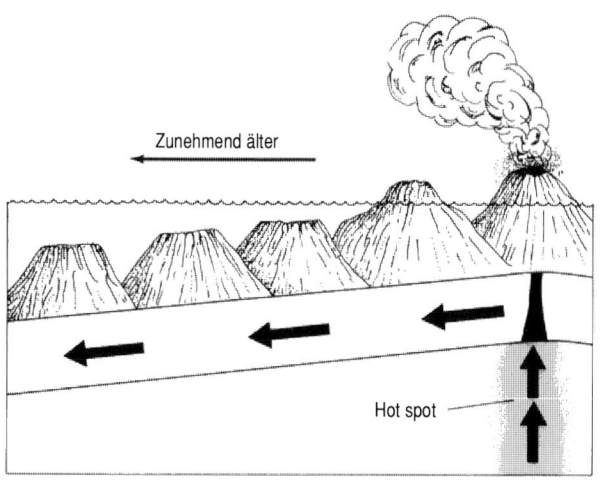

Abb. 6.4. Die Zeichnung zeigt einen Rücken von immer älteren Vulkanen (wie in der hawaiianischen Kette), die entstehen, wenn eine Platte sich über einen Hot spot bewegt. Die erloschenen Vulkane sind in Höhe des Meeresspiegels zu fast flachen Oberflächen erodiert und tauchen dann als Seamounts mit flachem Gipfel unter. Sie werden auch als «Guyots» bezeichnet. (Nach Charles Plummer und David McGeary)

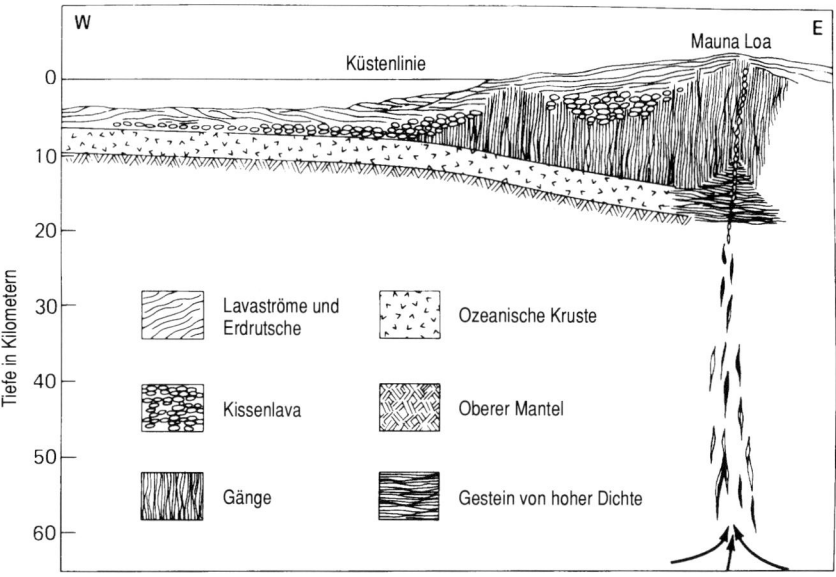

Abb. 6.5. Schematischer Querschnitt durch den Mauna Loa, Hawaii. Basaltische Lava aus einer Quelle in über 60 km Tiefe steigt ständig durch Vulkanschlote zu einer flachen Magmakammer, die sich 3 bis 6 km unter einer Gipfelcaldera befindet, herauf. (Nach Dave Hill, John Zucca und Jerry Eaton, U.S. Geological Survey)

Von Pompeji zum Pinatubo

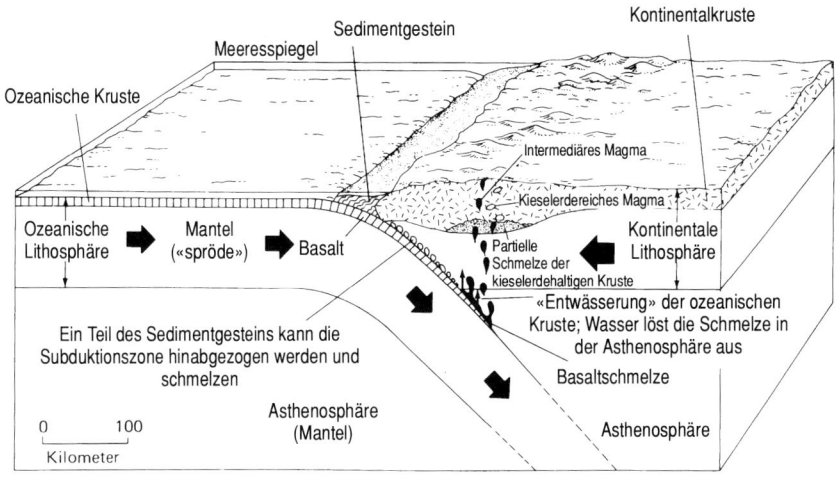

Abb. 6.6. Die Zeichnung zeigt die Entstehung von Vulkanen, die sich in Subduktionszonen bilden. Die Asthenosphäre ist die Zone im oberen Mantelbereich, die nah an die Schmelztemperatur von Basalt heranreicht oder diese ganz erreicht; sie verhält sich plastisch und weich. (Nach Charles Plummer und David McGeary)

Substanz mit einer Haltespannung ist Zahnpasta. Wenn man eine offene Tube mit der Öffnung nach unten hält, tritt keine Zahnpasta aus – die Haltespannung widersetzt sich der Schwerkraft; wenn man aber auf die Tube drückt, wird die Streckspannung leicht überwunden, und die Zahnpasta tritt aus.

Viskosität und Haltespannung des Magmas verändern sich mit der Temperatur. Eine Verringerung der Temperatur steigert beides; wenn Magma abkühlt, verliert es seine Plasitizität und wird fest. Wenn Magma unter der Erde fest wird, ohne an der Oberfläche auszubrechen, wird es als intrusives Gestein bezeichnet; aus Rhyolithmagma beispielsweise wird Granit. Wenn Magma im flüssigen Zustand ausbricht, wird es als Lava bezeichnet und bildet Lavaströme, wenn es aber während der Eruption schnell abkühlt und sich in heißen, festen Fragmenten verteilt, bildet es vulkanische Lockergesteine, sogenannte pyroklastische Ablagerungen.

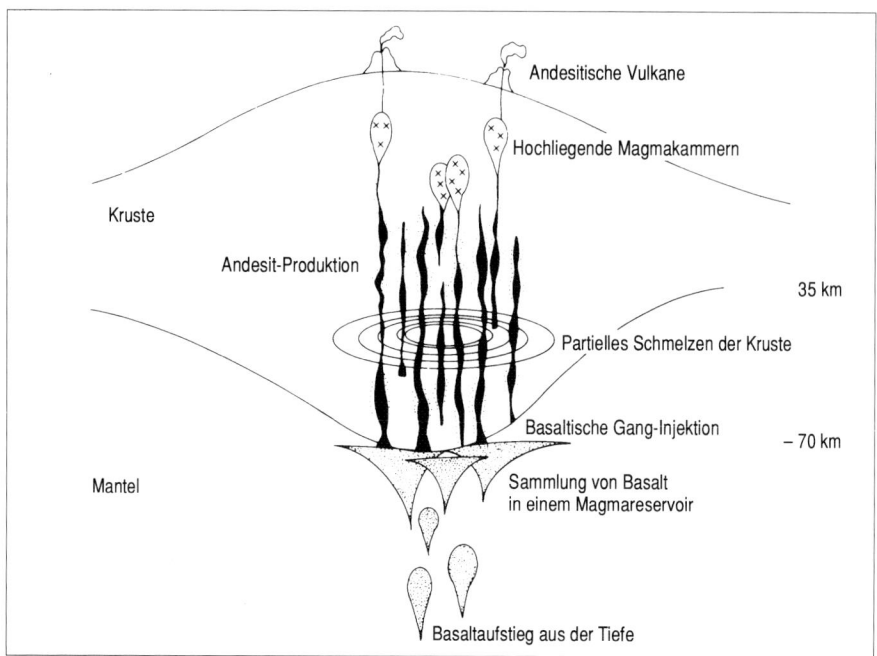

Abb. 6.7. Schematischer Querschnitt eines andesitischen Stratovulkans und seiner Wurzelzone. Basaltmagma steigt aus einer Zone über einer subduzierten Platte, die sich möglicherweise in 100 bis 150 km Tiefe befindet, auf. Wenn sie das Gestein der Erdkruste erreicht, steigt sie durch viele Gänge nach oben an die Oberfläche. Wenn das Magma durch die Kruste nach oben steigt, führt die Vermischung mit Krustengestein zu einer Zunahme des Kieselerdegehalts. Durch zusätzliche Kristallisation in den Magmakammern, die sich hoch oben befinden, kann der Kieselerdegehalt sogar noch weiter steigen. (Aus S.L. de Silva, «Antiplano-Puna volcanic Complex of the Central Andes», Geology 17 [1989]: 1105)

Tief im Vulkaninnern

Die Struktur von Vulkanen tief unter der Erde bleibt ein Geheimnis, aber ihre Erforschung wird auf verschiedene Weise angegangen. In einigen Teilen der Welt, beispielsweise in Schottland oder Nevada, wurde das Innere von Vulkanen, die bereits seit Millionen von Jahren tot sind, und deren Unterbau in niedriger Tiefe durch Erosion freigelegt. Die Untersuchung der Struktur derartiger ausgegrabener Vulkane hilft uns zu verstehen, wie das Magma die Oberfläche erreicht hat, auch wenn diese alten Vulkane nur die Endstadien ihrer Untergrundstruktur zeigen – nicht wie sie aussahen, als sie noch aktiv waren.

Die Untersuchung der Erdbebenmuster unter aktiven Vulkanen ist ebenfalls nützlich, um ihre tiefere Struktur zu verstehen. Die Lokalisie-

Von Pompeji zum Pinatubo

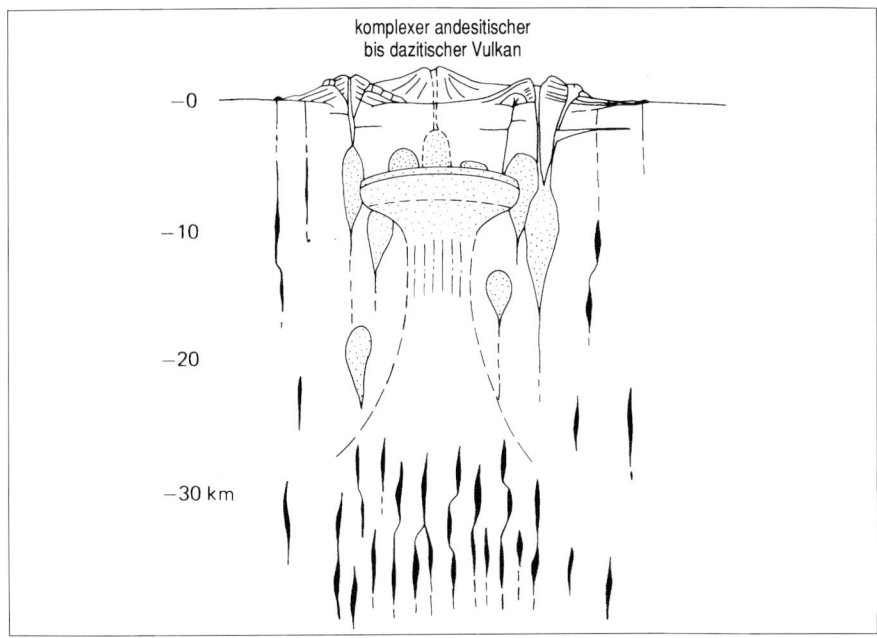

komplexer andesitischer
bis dazitischer Vulkan

−0

−10

−20

−30 km

Abb. 6.8. Schematischer Querschnitt eines komplexen andesitisch-dazitischen Vulkans. Mit dem Anwachsen der Lebensspanne eines andesitischen Stratovulkans (siehe Abb. 6.7.) nimmt die partielle Aufschmelzung des Nebengesteins im unteren Krustenbereich zu. Dieses kieselerdereiche Magma steigt in Blasen an die Oberfläche. Einige dieser nach oben gerichteten Intrusionen vereinigen sich zu einer schichtförmigen Magmakammer unter dem zentralen Kegel. Zu den Erscheinungen an der Oberfläche gehören dabei Stratovulkane und Lavadome. (Nach Wes Hildreth, «Gradients in Silicic Magma Chambers», Journal of Geophysical Research 86, B11 [1981]: 10179)

rung der Erdbeben und die Art und Weise, wie sich seismische Wellen durch das Gestein unter aktiven Vulkanen fortpflanzen, liefern ein undeutliches, aber dennoch nützliches Bild von ihrer Struktur unter der Oberfläche. Seismographen werden von Vulkanologen ähnlich wie ein Röntgengerät vom Arzt genutzt, aber das «Bild» unter den Vulkanen ist viel weniger klar.

Einige Geologen haben alle Hinweise, die sie finden konnten, genutzt und in schematischen Querschnitten aufgezeichnet, wie aktive Vulkane ihrer Meinung nach in der Tiefe aussehen. Die hier vorgestellten Modelle zeigen, wie das Magma hochsteigen und sich unter einem typischen hawaiianischen Schildvulkan sammeln kann (Abb. 6.4 und 6.5). Sie zeigen auch einen typischen andesitischen Stratovulkan und einen komplexeren Vulkan, aus dem Dazitmagma ausbricht (Abb. 6.6–6.8). Diese Mo-

Geschmolzenes Gestein

delle von der Tätigkeit von Vulkanen sind plausibel und bieten das beste Bild, das es zur Zeit gibt. Sollte man neue Tatsachen und Konzepte entdecken, werden derartige Modelle zweifellos abgeändert werden. Schon der Semantiker S.I. Hayawaka sagte: «Die Landkarte ist nicht das Territorium.»

7 Lavaströme

Catania, Sizilien: März 1669

Unheilvolle Erdbeben erschütterten den Ätna auf Sizilien drei Tage lang und warnten die Dorfbewohner, die an seinen Abhängen lebten, daß ihnen noch größere Schrecken bevorstanden. Die Geschichte des Ätna war lang und gewalttätig, aber die Serie von Eruptionen, die am 11. März begannen, waren die schlimmsten, die sie je erlebt hatten oder sich überhaupt vorstellen konnten.

Am 25. März konnten jene, die auf der Südseite des Berges lebten, unter einem Himmel, der noch von der Asche der Vulkanexplosionen schwarz war, das schreckliche Glühen reißender Lava sehen, die sich hangabwärts in ihre Richtung ergoß. Unbarmherzig drang sie vor; sie zerstörte auf ihrem Weg mehrere kleine Dörfer und floß auf die alte Stadt Catania zu, die 16 Kilometer vom Gipfel des Ätna entfernt lag.

Während die meisten Bewohner ihr Hab und Gut zusammenpackten, um vor dieser unerbittlichen Naturkraft zu fliehen, beschloß eine Gruppe zu bleiben und den Kampf aufzunehmen. Diego de Pappalardo sammelte fünfzig starke Männer um sich, und gemeinsam planten sie eine Strategie zur Rettung des Ortes. Als erstes weichten sie Kuhhäute in Wasser ein und wickelten sich diese, zum Schutz gegen die überwältigende Hitze der geschmolzenen Lava, um. Anschließend besorgten sie sich einige lange Eisenstangen und kletterten den Berg hinauf.

Als sie den wogenden Strom erreichten, hatte sich dieser einen zentralen Kanal gesucht; an den Rändern, an denen die Lava bereits abgekühlt war, hatte sie sich zu hohen Dämmen aufgebaut, zwischen denen das geschmolzene Magma floß. Geschützt durch die nassen

Kuhhäute, gelang es den Cataniern in einen der Dämme eine Öffnung zu graben, durch die sich die Lavazunge ergoß, so daß der Hauptstrom stark verlangsamt wurde. Ihr Problem bestand jetzt darin, diese Lücke offenzuhalten.

Während sie ihren Anfangserfolg feierten, bemerkten jedoch einige Bürger der nahegelegenen Stadt Paterno, daß dieser umgeleitete Strom sich jetzt direkt auf ihren Ort zubewegte. Die Paternaner mobilisierten ihrerseits die Bevölkerung, und fünfhundert erkletterten den Hügel und vertrieben die Catanier von den Lavadämmen. Die Öffnung füllte sich bald wieder. Der Strom nahm seine ursprüngliche Richtung wieder auf und überflutete schließlich einen großen Teil von Catania.

Die Bändigung von Lavaströmen

Über drei Jahrhunderte später sind die Versuche, Lavaströme zu kontrollieren, noch immer umstritten. Man hat es an verschiedenen Orten mit unterschiedlichem Erfolg versucht. Dazu wurden zwei Methoden eingesetzt: der Bau von Barrieren, um den Strom um ein bevölkertes Gebiet oder Gebäude herumzuleiten (Abb. 7.1), und die Veränderung der Strömungsrichtung oder ihre Verlangsamung, wobei die Ränder gestört wurden. Barrieren, die 1983 während einer Eruption des Ätnas errichtet wurden, waren zum Teil erfolgreich, obwohl einige von ihnen in späteren Phasen der Eruption begraben wurden. Barrieren zur Umleitung wurden oberhalb des Mauna Loa-Wetterobservatoriums auf Hawaii errichtet, aber ihre Effektivität wurde noch nicht auf die Probe gestellt. Dem Versuch, einen vordringenden Strom durch das Kühlen der Ränder zu verlangsamen, war einiger Erfolg beschieden. Am erfolgreichsten war man dabei in Vestmannaeyjar auf Island. Dort wurden 1973 ständig große Mengen Meereswasser auf die sich vorschiebende Front eines Stroms gesprüht, der drohte, den Hafen abzuschneiden. Dies verlangsamte den Strom offenbar, aber es ist nicht klar, ob dies seine endgültige Länge beeinflußte (Abb. 7.2).

Bei allen Versuchen zur Umleitung von Lavaströmen sind die politischen Fragen so dornig wie die technischen. Oft wird beispielsweise die Bombardierung des Versorgungskanals eines aktiven Stroms zur Veränderung seines Kurses vorgeschlagen. Diese Technik wurde auch 1935 auf Hawaii mit zweifelhaften Ergebnissen eingesetzt. Die Idee wird normalerweise von denjenigen, die im Weg des Stroms leben, begeistert unterstützt, aber verständlicherweise von den Landbesitzern zu beiden Seiten abgelehnt. Niemand möchte schließlich finanziell für den Schaden eines

Abb. 7.1. Dämme, die zur Umleitung der Lava errichtet wurden, um das Mauna Loa Atmospheric Observatory zu schützen. Die V-Form der Barriere, die hangaufwärts zeigt, soll die herabfließenden Ströme zu der einen oder anderen Seite des Observatoriums ablenken. (Foto: J.P. Lockwood, U.S. Geological Survey)

Lavastroms verantwortlich sein, der durch den Menschen beeinflußt wurde und daher nicht mehr als «höhere Gewalt» betrachtet werden kann.

Lavaströme

Abb. 7.2. 1973 drohte eine Block-Lava aus einer neuen Vulkanöffnung auf Heimaey, einer Insel vor der Südküste Islands, den Hafeneingang abzuschneiden. Da die Fischerei der wichtigste Industriezweig auf Heimaey ist, wurden große Anstrengungen unternommen, um dem Strom Einhalt zu gebieten; ungeheure Mengen Meerwasser wurden auf die Lava gepumpt, um sie abzukühlen und ihr Vordringen zu hemmen. Dies schien zu funktionieren, und zusammen mit einem glücklichen Zufall, der die Eruption zum Stoppen brachte, wurde der Hafen gerettet. (Foto: James G. Mooree, U.S. Geological Survey)

Aa- und Pahoehoe-Lava

Eine Antwort auf die Verringerung der Gefahr, die von Lavaströmen ausgeht, liegt darin, das Wesen der Ströme selbst besser zu verstehen: Dabei geht es unter anderem darum, wie sie sich voneinander unterscheiden, wie sie sich wahrscheinlich verhalten werden und aus welchem Material sie sich zusammensetzen. Nicht alle Vulkane produzieren Strö-

Von Pompeji zum Pinatubo

Abb. 7.3. Die an Seile erinnernde Oberfläche eines Pahoehoe-Lavastroms während des Mauna Ulu-Ausbruchs des Kilauea, Hawaii, im Jahr 1973. Der Strom bewegte sich von links nach rechts, und die Oberfläche faltete sich zu «Seilrollen» auf, als weitere Lava sich von links herabschob.

me flüssiger Lava; jene, die explosiv ausbrechen, produzieren möglicherweise größtenteils Asche, Bomben und heiße Fragmente, die bisweilen durch Gase fluidisiert sind. Unter den Vulkanen, die effusiv ausbrechen, werden die beiden Hauptarten von Lavaströmen als «Pahoehoe» und «Aa» bezeichnet. Es sind hawaiianische Worte, die weltweit übernommen wurden, um diese charakteristischen Typen zu beschreiben. Pahoehoe bezieht sich auf Lavaströme mit glatten bis wulstigen Oberflächen (Abb. 7.3), während der Begriff Aa-Lava sich auf Ströme bezieht, deren Oberflächen von dicken, wild durcheinandergeschobene Haufen lockerer, scharfer Lavablöcke bedeckt ist (Abb. 7.4). Alte hawaiianische Pfade auf trockenen Strömen wurden, wo immer möglich, auf erstarrter Pahoehoe-Lava angelegt.

Pahoehoe-Lava entsteht normalerweise bei Eruptionen mit hoher Temperatur (niedriger Viskosität), wobei es zu niedrigen Emissionsraten kommt. Hohe Lavafontänen, in denen die Lavafetzen abkühlen, bevor sie landen und wieder zu Strömen werden, sowie hohe Emissionsraten und

Lavaströme 103

Abb. 7.4. Pahoehoe- (links) und Aa- (rechts) Laven auf dem Kilauea, Hawaii. Diese Ströme, die sich 1972 während der Mauna Ulu-Eruption bildeten, ähneln sich in der Zusammensetzung, sind jedoch von ihren pyhsikalischen Eigenschaften und vom Erscheinungsbild her unterschiedlich.

steile Abhänge, die die Bewegung des Stroms schneller machen, produzieren eher Aa-Lava. Anhand von Fondant (weiche Zuckermasse zur Füllung von Pralinen und Bonbons) kann man diese beiden Arten von Lavaströmen gut erklären. Wenn Fondant heiß ausgeschüttet wird und zu einer glatten Tafel abkühlt, ähnelt es Pahoehoe-Lava; wenn es zu sehr

Von Pompeji zum Pinatubo

gerührt wird und vor dem Gießen abkühlt, kristallisiert es zu einer groben, zerbrochenen Tafel, die in Stücke zerfällt. Ein Pahoehoe-Strom wird bisweilen zu einem Aa-Strom, aber der umgekehrte Fall ist selten.

Wenn man einen Pahoehoe-Lavastrom beobachtet, wie er über den Rasen auf ein dem Untergang geweihtes Haus zukriecht und dabei zischt, hat man das Gefühl, eine riesige Schlange zu beobachten, die sich langsam und unbarmherzig ihrer Beute nähert. Der orangefarbene bis schwarze Strom ist etwa 30 Zentimeter dick und bewegt sich mit einer Geschwindigkeit von etwa einem Meter pro Minute in Form eines stumpfen Keils. Die abkühlende Haut auf der Oberseite des Stroms wird durch die geschmolzene Basaltlava gedehnt, die den vordringenden Lappen von innen aufbläht. Die zähe, glasartige Haut wird durch die Dehnung dünner, und orangefarbene Flecken von stärker hellerglühender Schmelze erscheinen auf der sich ausbreitenden Oberfläche.

Während der Strom sich Zentimeter für Zentimeter vorwärts bewegt, erinnert er an die Raupenspur eines Bulldozers. Die vordringende obere Oberfläche wird überrollt und gerät unter die Vorderseite des sich bewegenden Lappens. Einzelne Lappen kriechen ein paar Meter nach vorn und halten dann inne, wenn andere Lappen von der vordringenden Lappenfront sie einholen. Die gesamte Vorderseite mag mehrere hundert Meter breit sein, während einzelne Lappen, in denen sich die Fließbewegung konzentriert im allgemeinen nur ein paar Meter breit sind.

Natürlich gibt es Variationen in der Geschwindigkeit und im Charakter beim Vordringen von Pahoehoe-Lava. Obwohl die meisten Stromfronten mit Geschwindigkeiten von weniger als einem Meter pro Minute nach vorne kriechen, kann ein ungewöhnlicher Pahoehoe-Strom, der mit hohem Volumen an einem steilen Abhang produziert wird, sich mit Geschwindigkeiten von bis zu 400 Metern pro Minute fortbewegen, so daß ein Mensch kaum vor ihm davonlaufen könnte.

Stromaufwärts in einem aktiven Pahoehoe-Strom härtet ein großer Teil der Oberfläche zu glatten schwarzen Flecken aus, die unterbrochen sind von faltigen Bereichen, die wie Seilrollen wirken. Ein Haufen schwarzer Kerzentropfen würde in etwa hundertfacher Vergrößerung grob gesehen ein ähnliches Erscheinungsbild haben. Die individuellen Stromlappen von Pahoehoe-Lava sind im allgemeinen weniger als einen Meter dick, aber wenn sie sich aufeinanderschieben, kann der Gesamtfluß mehrere Meter dick werden. Unter der hartgewordenen Oberfläche eines Pahoehoe-Stroms fließt heiße Lava oft schnell in Tunneln weiter, die weiter unten die sich vorschiebende Front versorgen. Diese Lavaröhren bilden ein komplexes Netz, das geschmolzenes Gestein über Entfernun-

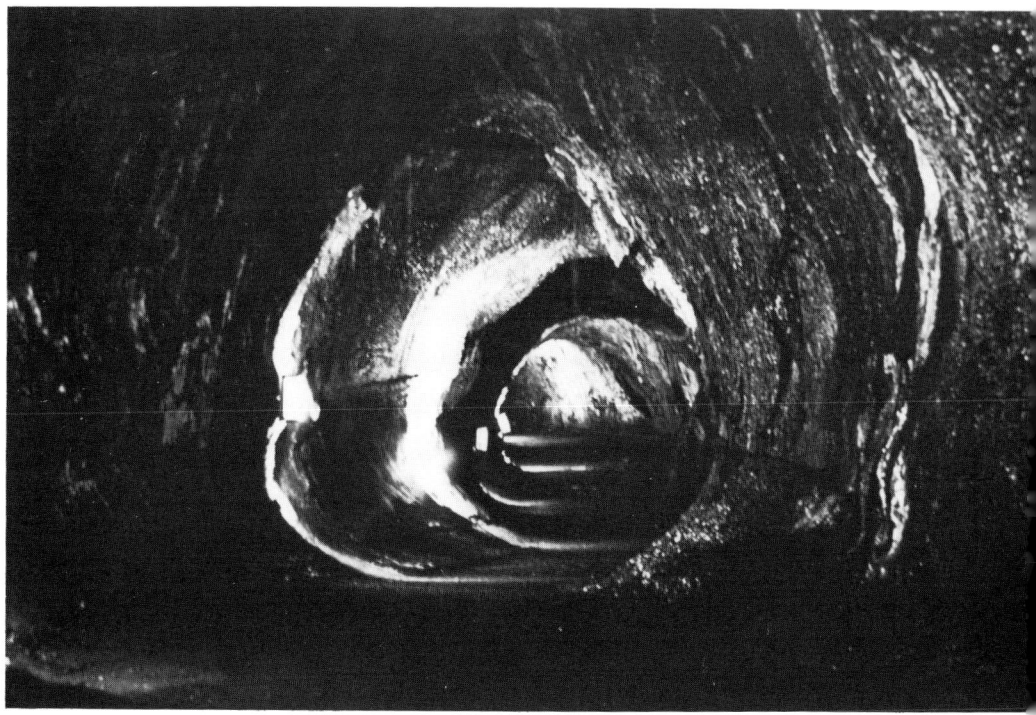

Abb. 7.5. Der Thurston-Lavatunnel auf Hawaii hat einen Durchmesser von 3 bis 5 Metern und ist über 100 Meter lang. Lavatunnel bilden sich, wenn Pahoehoe-Lava oben eine Kruste bildet, während geschmolzene Lava sich weiterhin unter der Kruste hangabwärts ergießt. Wenn die Eruption endet, läuft die geschmolzene Lava in dem Rohr ab, so daß ein leerer Tunnel zurückbleibt. (Foto: Jane Takahashi, U.S. Geological Survey)

gen von mehreren Kilometern aus dem Schlot zur Stromfront transportiert (Abb. 7.5).

Die Dächer dieser aktiven Lavatunnel brechen bisweilen ein, oder Klumpen von halb gehärteter Lava verstopfen einen Teil des Stromsystems. Diese Unterbrechungen im 'Lavazufuhrsystem' können die vordringende Front verlangsamen oder zum Stehen bringen, wenn Ausbrüche an den Seiten oder auf der Oberfläche der gehärteten Ströme stromaufwärts den Transport in das Tunnelnetz unterbrechen können. Wenn dies geschieht, verringert sich das Volumen der geschmolzenen Lava in den Röhren stromabwärts von der Verstopfung oder die Röhren entleeren sich sogar völlig. Tage oder Wochen später kann sich neues Schmelzgestein seinen Weg zurück in das alte, verstopfte Tunnelsystem bahnen, oder es entsteht ein neues Tunnelnetz, das den gesamten Verlauf des unteren Teils des Stromfeldes verändert.

Von Pompeji zum Pinatubo

Pahoehoe-Ströme aus langanhaltenden Eruptionen, die sich über Monate oder Jahre hinziehen, können viele Quadratkilometer Land mit übereinanderliegenden Decken von vielen Metern Höhe überziehen. Auf Hawaii erreichen diese Ströme oft das Meer und fügen der immer noch wachsenden Insel neues Land hinzu.

Obwohl Aa-Ströme dieselbe Zusammensetzung haben wie Pahoehoe-Ströme, sind ihre physikalischen Eigenschaften sehr verschieden. Es ist eine ganz andere Erfahrung, das Vordringen eines Aa-Stroms zu beobachten, im Vergleich zur ruhig dahinkriechenden Front eines Pahoehoe-Stroms. Eine Aa-Stromfront ist eine steilabfallende Wand aus mattroten Lavaklumpen, die sich wirr durcheinander durch einen Wald ergießen können und dabei große Bäume umstürzen, statt um sie herumzufließen. Ein individueller Aa-Strom ist etwa zwei bis fünf Meter dick und besteht aus einem Schmelzkern, auf dem sich etwa 0,5 bis 1 Meter hohe zerbrochene, aber immer noch heiße Lavablöcke hinschieben. Wenn dieses Geschiebe die Stromfront erreicht, fällt es die steile, sich vorschiebende Wand herab und wird von dem Strom überwälzt. Wenn man beim Straßenbau auf einen alten Aa-Strom stößt, entdeckt man drei Schichten: Steinschutt oben, einen massiven Kern aus festem Gestein und ein Gewirr von weiteren Lavablöcken darunter.

Die Front eines Aa-Stroms schiebt sich oft in Schüben voran, wobei die Stromfront langsam höher anwächst, bevor ein Schub entsteht. Die Stromfront bewegt sich pro Stunde möglicherweise nur ein paar Meter bergab, drängt aber dann in ein paar Minuten einhundert Meter nach vorn, um dann wieder auf ihre ursprüngliche Stärke zurückzugehen. Die vordringende Front eines typischen Aa-Stroms ist etwa 100 Meter breit, aber es bestehen große Variationen in der Geschwindigkeit und in den Abmessungen. Stromaufwärts werden diese Ströme von einem offenen Kanal rotglühender Lava versorgt, die sich mit Geschwindigkeiten von zehn bis zwanzig Kilometer pro Stunde bewegt. Dieser Lavafluß ist normalerweise etwa zehn Meter breit – recht schmal im Vergleich zu der Gesamtbreite des schwarzen, von Schutt bedeckten Aa-Stroms – und bricht in viele, sich langsamer bewegende, abzweigende Kanäle auf, wenn er sich der Stromfront nähert.

Ein Aa-Strom erstreckt sich normalerweise nicht so weit von seiner Öffnung wie ein Pahoehoe-Strom. Der Grund dafür liegt in der Natur des offenen Kanalsystems, das einen Aa-Strom versorgt; es verliert die Hitze schneller als die versiegelten Lavatunnel, die einen langlebigen Pahoehoe-Strom versorgen. Wenn ein Aa-Strom das Meer erreicht, kann er aufgrund seiner großen, groben Oberfläche und des allgemein hohen

Stromvolumens, das mit dem Meereswasser in Kontakt kommt, recht große Dampfexplosionen erzeugen; manchmal baut er einen kleinen Kegel aus Lavafragmenten an der Küste auf. Im Gegensatz dazu treten die kleineren und glatteren Pahoehoe-Ströme mit bemerkenswert geringer Bewegung ins Meer ein.

Etwa 99 Prozent der Insel Hawaii bestehen aus Aa- und Pahoehoe-Strömen; das restliche eine Prozent besteht aus Schlacke und Schweißschlacke in der Nähe der Schlote und aus Asche von seltenen explosiven Eruptionen. Die Ströme kühlen abhängig von der Stärke des jeweiligen Stroms in wenigen Wochen oder Monaten ab, und die kahle Oberfläche beginnt zu Erde zu verwittern. Die Geschwindigkeit des Verwitterungsvorgangs hängt stark vom Regenfall und von der Temperatur ab. Wo das Klima warm und naß ist, beginnen innerhalb weniger Jahre Pflanzen auf neuen Lavaströmen zu wachsen, und die Vegetation selbst hilft dabei, die Zersetzung des Gesteins zu beschleunigen. In feuchten tropischen Gebieten können Ströme innerhalb von fünfzig Jahren unter Bäumen und Gras verborgen sein. Im Gegensatz dazu scheinen Ströme in trockenen Gebieten, die 500 Jahre alt und älter sind, fast genauso kahl wie zu jener Zeit, als sie sich bildeten.

Zähflüssigere Ströme

Die meisten Laven von Vulkanen an aktiven Vulkanrändern sind kieselerdehaltiger und daher zähflüssiger, so daß ihre Ströme sich allgemein von den hawaiianischen Arten unterscheiden. Auf andesitischen Stratovulkanen bilden sich oft Blocklavaströme. Sie ähneln den Aa-Strömen, sind aber dicker, bewegen sich viel langsamer und haben meistens eine Schicht aus großen, teilweise abgekühlten Lavablöcken, die auf der Oberfläche des Stroms treiben und den rotglühenden inneren Schmelzkern, der sich langsam vorwärtsbewegt, zum größten Teil verstecken. Während der Strom sich Zentimeter für Zentimeter fast unmerklich vorwärtsbewegt, ergießen sich große Gesteinslawinen von seiner hohen, steilen Stirn und lassen wogende Staubwolken aufsteigen. Abgesehen von dieser Aktivität und der Tatsache, daß pro Tag ein Vorstoß von ein paar Metern gemessen werden kann, könnte ein Beobachter leicht glauben, daß der Strom tot sei. Blocklavaströme sind oft bis zu 30 Meter dick, Hunderte von Metern breit und viele Kilometer lang (Abb. 7.6). Ihre Seiten und Fronten bilden steile Abhänge, und ihre Oberfläche ist von eckigen Lavablöcken bedeckt, die unzählige Hügel und Senken bilden.

Von Pompeji zum Pinatubo

Abb. 7.6. *Luftansicht eines prähistorischen Blocklavastroms vom Mount Shasta, Kalifornien. Der U.S. Highway 95 zieht sich an einer Zunge des 25 Meter dicken Stroms im Vordergrund entlang. (Foto: U.S. Geological Survey)*

Lavaströme aus Dazit und Rhyolith sind sogar noch zähflüssiger und träger als andesitische Ströme. Sie entstehen normalerweise, nachdem eine explosive Eruption das zunächst gashaltigere Magma als Ascheregen und Aschestrom gefördert hat (beschrieben in Kapitel 8 und 9). Alte Rhyolithströme, die bis zu 250 Meter dick sind, wurden in Nevada kartographisch erfaßt und beschrieben.

Lavadome

In ihrer trägsten Form häuft sich stark zähflüssige Lava bisweilen über einen Schlot zu einem Lavadom auf. Hier ist wieder die Zahnpasta-Analogie nützlich: Stellen Sie sich vor, daß Sie die Tubenöffnung nach oben durch

Lavaströme   109

Abb. 7.7. Der Lavadom im Krater des Mount St. Helens im Juni 1984. Zu damaliger Zeit war der Dom etwa 230 Meter hoch und hatte einen Durchmesser von über 800 Metern. (Foto: Lyn Topinka, U.S. Geological Survey)

ein enganliegendes Loch in einem Stück Karton stecken. Der Karton sollte mit der Tube darunter eine Ebene bilden; wenn Sie jetzt auf die Tube drükken, entsteht das Miniaturmodell eines dazitischen Lavadoms. Drücken Sie mit Unterbrechungen, und die Modellkuppel wächst in Episoden, so entspricht das dem Wachstum des Lavadoms, das seit der explosiven Eruption am Mount St. Helens, im Jahr 1980, dort stattgefunden hat.

Ein echter Lavadom weist große Risse in der gehärteten Lava auf und eine Schürze aus Schuttblöcken, die sich oben und in seinem Umkreis befinden (Abb. 7.7). Wenn die zähflüssige Lava langsam ausgestoßen wird, kühlt sie zu riesigen, eckigen Blöcken ab, die die Oberfläche bedecken. Glühendes Gestein sieht man an einem aktiven Lavadom selten, es sei denn, daß tiefe Spalten vorhanden sind oder starker Felssturz das

Von Pompeji zum Pinatubo

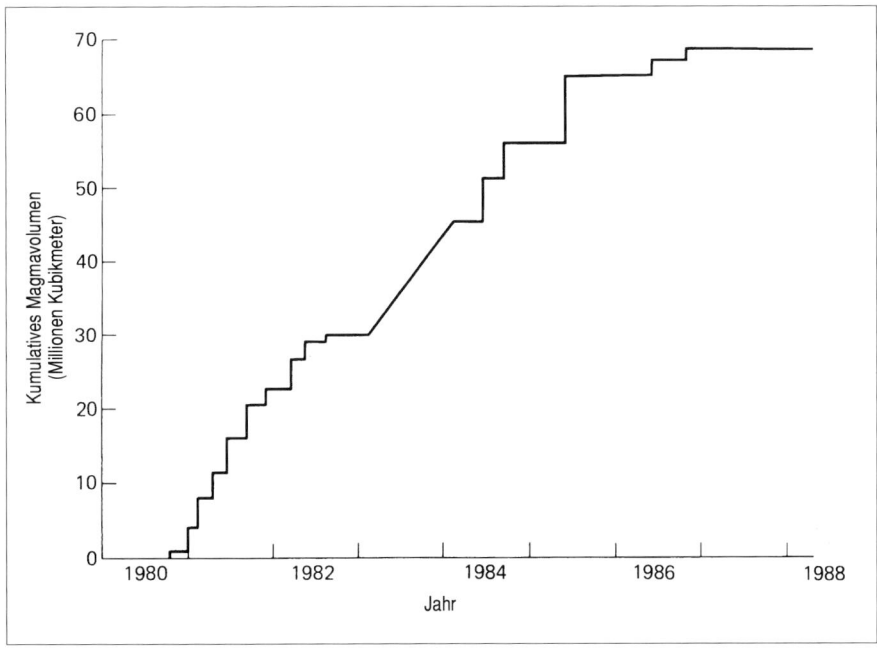

Abb. 7.8.   Die Wachstumsepisoden des Lavadoms am Mount St. Helens zeigen eine gleichmäßige Abnahme der Eruptionsrate seit 1980. Die meisten eruptiven Episoden dauerten nur ein paar Tage lang und erweiterten den Dom um 1 bis 7 Millionen Kubikmeter dazitischer Lava. 1983 setzte sich das Wachstum jedoch 12 Monate lang ständig fort und erreichte eine Gesamtmenge von 15 Millionen Kubikmetern. (Daten von D. Swanson u.a., Geological Society of America, Fachreferat 212 [1987]: 3, S. Brantley, Earthquakes and Volcanoes 18, Nr. 5 [1986] und Smithsonian Scientific Event Alerts Network Bulletins)

glühende Innere freilegt. Wenn die Lava das Innere weiter aufbläht, werden die Seiten des wachsenden Lavadoms steiler, und große Lavablöcke auf diesen zu steil gewordenen Abhängen fallen auf den Schuttfächer, der den Dom umgibt.

Die Eruptionen am Mount St. Helens nach der großen Explosion vom 18. Mai 1980 sind ein ausgezeichnetes Beispiel für die Landformen, Strukturen und die Dynamik von Lavadomen. Im Juni 1980 begann dazitische Lava in den neuen Innenkrater des Vulkans aufzusteigen und bildete eine breite, niedrige Kuppel von etwa 300 Meter Breite und 65 Metern Höhe. Dieser Dom wurde durch eine explosive Eruption am 22. Juli herausgesprengt. Eine weitere gashaltige Eruption fand am 7. August statt, gefolgt von dem Wachstum eines neuen Lavadoms am 8. und 9. August. Dieser Dom wurde durch fünf Ascheexplosionen am 16. und 18. Oktober zerstört und durch einen noch größeren Dom ersetzt, der am 18. und 19. Oktober 1980 in den inneren Krater ausgestoßen wurde.

Seit dieser Zeit ist der dazitische Lavadom am Mount St. Helens durch stoßweise Eruptionen, die als «Domwachstumsepisoden» bezeichnet werden, ständig größer geworden (Abb. 7.8). Die meisten dauerten von einem Tag bis zu einer Woche; eine setzte sich jedoch, 1983–84, fast ein Jahr lang fort. Bei diesen Episoden kam es zu dem Ausstoß zähflüssiger Lava an der Oberfläche des Doms und zu einem Aufblähen des Doms durch die Injektion von Magma aus der Tiefe.

1987 hatte der Lavadom am Mount St. Helens eine Höhe von 250 Metern und einen Durchmesser von 1.000 Metern erreicht. Er wirkte immer noch klein im Vergleich zu dem riesigen Krater, der bei der Katastrophe am 18. Mai 1980 entstanden war. Wenn man sich das 155 Meter hohe Washington Monument vorstellt, das im Innern des neuen Lavadoms völlig versteckt wäre, kann man seine ungeheure Größe begreifen.

Die starken Unterschiede zwischen Lavaströmen resultieren aus vielen Faktoren, aber die Zähflüssigkeit des geschmolzenen Gesteins ist die wichtigste. Wie in Kapitel 3 erklärt wurde, wird die Zähflüssigkeit der Lava stark von ihrer Zusammensetzung beeinflußt. Die meisten Pahoehoe-Ströme werden von Basalten mit niedriger Viskosität gebildet; und die meisten Lavadome bestehen aus Daziten mit hoher Viskosität (Abb. 7.9).

Die Zusammensetzung der Lava

Die genaue Zusammensetzung der Lava kann nur durch chemische Analyse und mikroskopische Identifizierung der Mineralkomponenten bestimmt werden, aber die Identifizierung typischer Lavagesteinstypen in der Natur ist ebenfalls nützlich. Farbe, Struktur und Art der Mineralkörner in einer Lavagesteinsprobe sind gute Hinweise für die versuchsweise Identifizierung. Im allgemeinen ist die Farbe einer frisch zerbrochenen Basaltoberfläche dunkelgrau, Andesit ist hellgrau, Dazit hellgrau bis hellbraun, und die Farbe von Rhyolith reicht von einem hellen Gelbbraun bis Rosa. Es gibt jedoch viele Ausnahmen, speziell wenn die Lava während des Abkühlens säurehaltigen vulkanischen Dämpfen ausgesetzt war.

Die Struktur von Lavagestein bezieht sich auf die Größe und Verteilung der Mineralien und Gasblasenlöcher innerhalb des Gesteins; sie wird im allgemeinen von der Magmazusammensetzung und der Abkühlungsrate der Lava kontrolliert.

Das Wort *Glas* bedarf, wie es hier verwendet wird, einiger Erklärung.

Abb. 7.9. Ein wachsender Lavadom im kochenden Kratersee des La Soufrière auf der Insel St. Vincent in der Karibik. Der See, der einen Durchmesser von etwa 1 km hat, erreichte in seinem Zentrum eine Tiefe von 175 Metern, bevor sich im Oktober 1971 der Dom bildete. (Das Foto wurde am 13. Dezember 1971 von Haraldur Sigurdsson aufgenommen.)

Im allgemeinen stellt man sich Glas als transparentes, sprödes Material vor, aus dem Fensterscheiben und Flaschen hergestellt werden. Tatsächlich handelt es sich um ein Material, das auch in der Natur häufig vorkommt. Per Definition wird Glas aus Schmelzen gebildet, die zu einem starren Zustand abgekühlt werden, ohne Kristalle zu bilden. Durch das Vorhandensein von gelösten Materialien oder feinst verteilten Substanzen kann es farbig oder farblos sein, lichtdurchlässig oder opak.

Wenn Magma oder geschmolzene Lava schnell abkühlt – in Sekunden oder Minuten im Vergleich zu Tagen oder Jahren –, besteht nicht genug Zeit für die Bildung neuer, winziger Kristalle aus Silikatmineralien, und das entstehende Gestein besteht vollständig oder teilweise aus Glas. Schnell abgekühlte Lava bildet festes Glas; glänzender schwarzer Obsidian ist ein gutes Beispiel. Im Gegensatz dazu kühlt Lava, die sich in dicken Strömen sammelt, langsam ab, und ihre Schmelze kristallisiert zu kleinen Mineralkörnern. Da natürliches Glas im Vergleich zu künstlichem einen hohen Eisengehalt hat, ist es im allgemeinen opak. Künstliches Glas enthält im Vergleich zum Lavaglas darüber hinaus viel Natriumoxid; Natriumoxid setzt die Schmelztemperatur herab und verzögert offensichtlich die Kristallisation des abkühlenden Glases zu winzigen Silikatmineralien.

Vulkangase sprudeln bei niedrigem Druck an der Erdoberfläche aus der geschmolzenen Lava heraus. Zusätzliches Gas wird aus der Schmelze freigegeben, wenn es zu kristallisieren beginnt. Manche Vulkangesteinsarten sind so sehr mit winzigen Gasblasen angefüllt, daß sie einen besonderen Namen erhalten haben – Bimsstein. In diesem Fall wird der Name des Gesteins, aus dem es sich zusammensetzt, zu einem Adjektiv: z.B. dazitischer Bimsstein.

Der Mineralgehalt ist der wahre Schlüssel zu den verschiedenen Vulkangesteinsarten. Bewaffnet mit einem kleinen Vergrößerungsglas und Kenntnissen in der Mineralogie, kann ein Geologe bei der praktischen Arbeit im Gelände die verschiedenen Gesteinsarten recht gut identifizieren. Die Bestätigung durch die chemische Analyse und die Identifizierung der Mineralien unter einem polarisierenden Mikroskop sind jedoch ebenfalls von wesentlicher Bedeutung.

Die Tabelle 7.1 zeigt die wichtigsten mineralischen und chemischen Zusammensetzungen der vier häufigsten Vulkangesteinstypen, die in diesem Kapitel behandelt wurden. Die Gesteinstypen – von Basalt bis Rhyolith – beziehen sich auf alle Formen von Vulkanprodukten, angefangen bei Lavaströmen bis hin zu Ascheregen und pyroklastischen Strömen. Diese stärker explosiven Produkte, die in den nächsten beiden Kapiteln behandelt werden, bilden sich eher aus kieselerdereicheren Magmen.

	Basalt (%)	Andesit (%)	Dazit (%)	Rhyolith (%)	braunes Flaschenglas (%)
Sio2	51	54	64	74	68
Al2O3	14	17	17	13	2
Fe3O4	6	4	2	0.3	2
MgO	10	8	6	1	9
CaO	2	4	4	3	14
K2O	0.8	1	2	5	0.4
Haupt-mineralien	Olivin Pyroxene Ca-Feldspat	Pyroxene Amphibole Ca, Na-Feldspat	Amphibole Biotite Quarz Na-Feldspat	Biotite Quarz K-Feldspat Na-Feldspat	keine (reines Glas)

Tafel 7.1. Die typische chemische und mineralische Zusammensetzung von häufigen vulkanischen Gesteinsgruppen und künstlichem Glas

Lavaströme

8 Vulkanische Fallablagerungen

Kodiak, Alaska: 6. Juni 1912

Der leuchtende Sonnenschein Anfang Juni reichte fast aus, um die Bewohner der abgelegenen Insel Kodiak die Kälte und Dunkelheit des alaskischen Winters, der gerade zu Ende gegangen war, vergessen zu lassen. Abgesehen von ein paar Erdbeben, die in einem vulkanischen Land nichts Ungewöhnliches sind, waren die «Sonnenhunde» (Sonnenringe) die einzigen Zeichen für die Inselbewohner, daß Unheil drohte. Im Verlauf des Tages schien die Helligkeit des Himmels abzunehmen, und obwohl der Juni eigentlich der Monat der Mitternachtssonne ist, verdunkelte der Himmel sich alarmierend.

Als die Menschen die Türen öffneten, um den Himmel zu betrachten, machte der Schwefelgeruch sowie der Niederschlag von sandiger Asche und eine stickige Luft deutlich, daß es irgendwo auf der Halbinsel von Alaska zu einem großen Vulkanausbruch gekommen war, obwohl man nichts gehört hatte.

W.F. Erskine, der lange Zeit auf Kodiak wohnte, erstellte 1962 einen Bericht über die Katastrophe nach Briefen und Tagebüchern, die ihm von seinen Eltern hinterlassen worden waren. Ein Fischer beispielsweise schrieb folgendes an seine Frau:

Meine liebe Tania,
… In der Nähe ist ein Berg aufgebrochen… Wir sind mit Asche bedeckt, die an einigen Stellen zehn oder sechs Fuß hoch liegt. Es begann am 6. Juni. Tag und Nacht zünden wir Laternen an. Wir können das Tageslicht nicht sehen… Wir erwarten jeden Augenblick den Tod, und wir haben kein Wasser. Alle Flüsse sind mit Asche bedeckt. Einfach Asche,

die mit Wasser vermischt ist. Dunkelheit und Hölle herrschen hier…
Und Lärm. Ich weiß nicht, ob es Tag oder Nacht ist… Daher küsse ich
euch beide und segne euch, auf Wiedersehen. Vergib mir. Vielleicht
werden wir uns wiedersehen. Gott ist gnädig. Bete für uns.
Dein Mann,
Ivan Orloff.
Die Erde zittert; der Himmel erhellt sich jede Minute. Es ist schrecklich.
Wir beten.

Der Hinweis auf den sich erhellenden Himmel bezieht sich wahrscheinlich auf Blitze. Statische Elektrizität auf Aschepartikeln in einer Eruptionswolke entlädt sich in starken, unzähligen Blitzschlägen.

Das Logbuch des Postdampfbootes *Dora*, das nach Kodiak unterwegs
war, enthält diese Eintragung:

(6. Juni) Um 18 Uhr Uzinka Narrows passiert, schöner und klarer
Himmel vor uns, Weiterfahrt in der Erwartung, Kodiak zu erreichen.
Um 18 Uhr 30, als wir bei Spruce Rock waren, das etwa 3 1/2 Meilen
von Mill Bay Rocks und der Zufahrt von Kodiak entfernt ist, begann
Asche niederzufallen, und innerhalb weniger Minuten waren wir von
völliger Dunkelheit umgeben, selbst das Wasser konnte man über die
Schiffseite nicht erkennen.
Ich setzte die Fahrt fort in der Hoffnung, daß ich die Einfahrt in den
Hafen von Kodiak finden würde, aber als das Schiff die Entfernung
nach dem Log zurückgelegt hatte, waren die Bedingungen immer
noch dieselben, daher beschloß ich aufs offene Meer zu fahren, um
allen Gefahren zu entgehen. Um 19 Uhr 22 stellte ich den Kurs NNO
ein (magnetisch). Der Wind wurde jetzt aus südwestlicher Richtung
schnell stärker, und das Schiff wurde durch ihn angetrieben. Schwere
Gewitter setzten am frühen Nachmittag ein und setzten sich die ganze
Nacht hindurch fort. Vögel aller Art fielen in hilflosem Zustand aufs
Deck. Die Temperatur stieg aufgrund der Hitze der Vulkanasche an,
die in alle Teile des Schiffes eindrang, selbst in den Maschinenraum.
Etwa um 4 Uhr 30 am nächsten Morgen ließ das Schiff den schwarzen
Rauch hinter sich und tauchte in einem feuerroten Nebel auf, der gelb
wurde. Um 6 Uhr fiel keine Asche mehr herab, und der Horizont war
von Westen nach Norden völlig klar…
Tagsüber gab der Katmai weitere Rauchsäulen ab und war in einer
Entfernung von über 100 Meilen sichtbar.
Das Schiff war von den Flaggenknöpfen bis zum Deck völlig mit Asche
bedeckt, wobei die Asche auf dem Deck 4 bis 6 Zoll hoch lag.

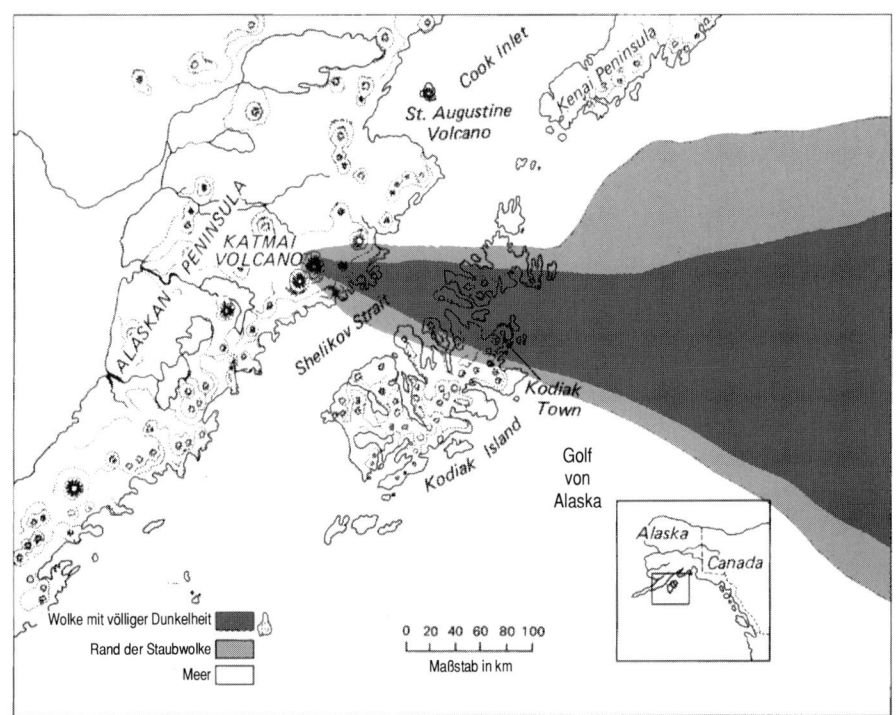

Abb. 8.1. *Weg der Aschewolke nach der Eruption des Katmai im Jahr 1912. Die Stadt Kodiak wurde von etwa 60 cm feiner Vulkanasche bedeckt, die sich stellenweise zu Verwehungen von 2 Meter Höhe aufgehäuft hatte. (Nach W.F. Erskine, Katmai [New York: Abelard Schuman, 1962], S. 10)*

Durch zwei starke Ascheregen wurde Kodiak am 6. und 7. Juni völlig bedeckt (Abb. 8.1). Die Menschen konnten eine Laterne, die auf Armeslänge gehalten wurde, zur Tageszeit nicht sehen, aber alle bewegten sich tastend umher, um Schutz zu suchen. Wunderbarerweise wurde niemand getötet, und als die Luft sich am 8. Juni wieder klärte, drängten sich alle Bewohner Kodiaks auf Dampfschiffe und Fischerboote und verließen die Stadt. Da es nicht zu weiteren Ascheregen kam, kehrten einige Schiffe zurück. Nellie Erskine beschrieb den Anblick in einem Brief an ihre Mutter:

Am nächsten Tag, dem zehnten, fuhr ich hinüber nach Kodiak, um mich umzusehen. Das arme alte Kodiak – es ist wirklich ein Trümmerhaufen. Ob die Menschen hier je wieder leben können, ist noch nicht geklärt. Natürlich wird es einige Zeit dauern und bedarf der Geduld. Es ist sicherlich äußerst entmutigend, aber wir machen uns keine Sorgen. Das Gefühl der Dankbarkeit, weil wir gerettet wurden, ist noch zu stark. Die Asche liegt überall etwa zwei Fuß hoch, aber an manchen Stellen reicht sie einem über den Kopf. Die Menschen sind wie benommen und schmutzig. Sie sind noch immer verzweifelt. Aber ich nehme an, daß wir es schaffen können, wenn wir uns alle Mühe geben.

Glücklicherweise bildete die Fischerei die Hauptindustrie der Insel und nicht die Landwirtschaft, so daß sie sich recht schnell wieder erholte. Die gelblich-grauen Ascheverwehungen gingen schließlich in der Erde auf, und die wildlebenden Tiere und wildwachsenden Pflanzen kehrten langsam zurück. Obwohl befürchtet worden war, daß das bimsteinhaltige Wasser die Laichgewohnheiten von Lachs und Heilbutt verändern würde, nahm die Fischerei praktisch keinen Schaden.

Asche, Blöcke und Bomben

Vulkanasche bedeutet gleichermaßen Vernichtung und Segen. Dicke Ablagerungen von herabfallender Asche haben Städte und Ackerland völlig verschüttet und ganze Bevölkerungen gezwungen, wegzuziehen oder zum Verhungern verurteilt; langfristig gesehen jedoch, ist die langsame Zersetzung dieser nährstoffreichen vulkanischen Fallablagerungen verantwortlich für einige der besten Böden der Welt. Die Ironie liegt darin, daß die Fruchtbarkeit der Felder, die aktive Vulkane umgeben, die Menschen anlockt, im Schatten der Zerstörung zu leben.

Obwohl der Name «Vulkanasche» so klingt, als ob sie ein Produkt der Verbrennung durch Feuer wäre, besteht sie tatsächlich aus feinen Vulkangesteinfragmenten (Glas und Mineralien), die bei explosiven Eruptionen herausgesprengt werden. Die winzigen Partikel, deren Durchmesser weniger als 1/16 Millimeter beträgt, werden als Vulkanstaub bezeichnet. Technisch gesehen, reicht die Größe der Partikel, die als Asche bezeichnet werden, von etwa 1/16 bis 2 Millimeter; sie haben die Struktur von normalem Sand.

Von dem anderen Schutt, der von Vulkanen in die Luft geschleudert wird, sind Schlacken (Scoria) die gröberen Fragmente (auch dieser Begriff

Von Pompeji zum Pinatubo

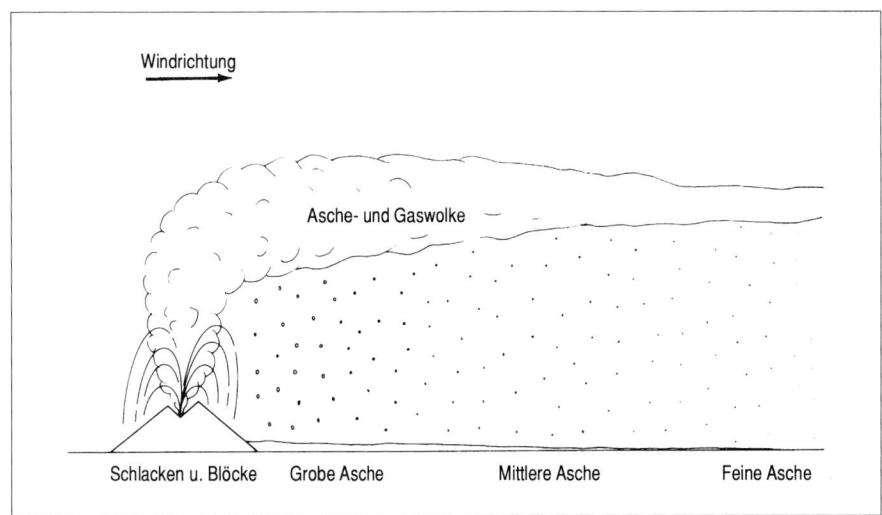

Windrichtung

Asche- und Gaswolke

Schlacken u. Blöcke   Grobe Asche   Mittlere Asche   Feine Asche

Abb. 8.2. Schlacken, die aus einem Vulkanschlot ausgestoßen werden, fallen nieder und bilden einen Kegel, der die Öffnung umgibt. Grobe Ascheteilchen gehen mit der Windrichtung in der Nähe der Öffnung nieder, während immer feiner werdende Ascheteilchen in größerer Entfernung niederfallen.

geht fälschlicherweise wieder auf die Rückstände nach einer Verbrennung zurück); wenn diese Lavafetzen bei ihrer Landung noch geschmolzen sind, werden sie als «Schweißschlacken » bezeichnet. Stücke, die größer – bisweilen viel größer – als ein Baseball sind, werden als Blöcke und Bomben bezeichnet. Blöcke sind im allgemeinen eckig und waren bereits fest, als sie ausgestoßen wurden; Vulkanbomben dagegen sind während des Fluges noch plastisch. Bei Blöcken handelt es sich normalerweise um älteres Gestein, das bei der explosiven Öffnung eines neuen Schlotes zerbrochen wird; Vulkanbomben dagegen sind Stücke neuen Magmas. Sie sind während des Flugs immer noch glühend und weich. Einige Bomben nehmen merkwürdig verdrehte Formen an, während sie durch die Luft rotieren.

Ablagerungen, die sich aus lockeren Fragmenten von Vulkangestein zusammensetzen, werden als «pyroklastische Ablagerungen» bezeichnet, und können zweierlei Ursprungs sein: Einmal werden sie in die Luft geschleudert und fallen wieder auf die Erde. Es kann sich jedoch auch um die schnelle Seitwärtsbewegung von pyroklastischem Material über die Bodenoberfläche in Form einer äußerst zerstörerischen *Nuée ardente* handeln. Kapitel 9 befaßt sich näher mit diesen pyroklastischen Strömen; dieses Kapitel konzentriert sich auf den Vulkanschutt, der vom Himmel fällt und als «Ascheregen» oder «Block-Breckzien-Ablagerung» bezeichnet wird.

Abb. 8.3. Nach der Eruption des Parícutin (Mexiko) in den Jahren 1943–52 wurde das Land so hoch mit Asche bedeckt, daß die Bäume abstarben. Durch die starken Regenfälle entstanden Rinnen in den Asche-schichten. (Foto: K. Segerstrom, U.S. Geological Survey)

Der wichtigste Prozeß bei der Bildung verschiedener Arten von vulkanischen Fallablagerungen besteht darin, wie die Partikel, die sich durch die Luft bewegen, auf natürliche Weise aussortiert werden. So wie die Bauern früher die Spreu vom Weizen trennten, indem sie das Getreide bei leichtem Wind hochwarfen, sortieren die Schwerkraft und der Luftwiderstand Vulkanschutt nach Größe und Dichte aus. Schlacke landet nah bei ihrem Ursprungsort, während leichte Vulkanasche vom Wind fortgetragen wird und viele hundert Kilometer von ihrem Ursprungsort entfernt landen kann (Abb. 8.2). Vulkanischer Staub und Aerosole (winzige Tropfen aus Vulkangas und Wasser) werden durch eine große Eruption bisweilen in die Stratosphäre injiziert und können sich in der Atmosphäre halten und den Globus monate- oder jahrelang umkreisen. Blöcke und Bomben widersetzen sich manchmal der allgemeinen Regel, daß

Abb. 8.4. Die Neigung dieser Ascheschichten des Oshima (Japan) spiegelt den Abfall der Bodenoberfläche wider, auf der sie sich ablagerten. Hier wurden sie beim Straßenbau offengelegt.

grobe Fragmente in der Nähe des Vulkans niedergehen und feineres Material über weitere Entfernungen hinwegtransportiert wird. Wenn die Blöcke und Bomben in einem Winkel vom Krater ausgestoßen werden – wie Kanonenkugeln aus einer Haubitze – überwindet ihre hohe Geschwindigkeit und ihr Gewicht den Luftwiderstand, so daß sie in mehreren Kilometern Entfernung von der Öffnung landen können.

Die Ablagerungen von Ascheregen bedecken den Boden oft wie Schnee, wobei Berge und Täler gleichermaßen von einer Materialschicht überzogen werden (Abb. 8.3, 8.4). Anhand der Kombination aus guter Sortierung und der deckenartigen Natur der fallenden Fragmente kann man am besten zwischen Ascheregenablagerungen und pyroklastischen Ablagerungen unterscheiden. Diese Unterscheidung ist für den Vulkanologen wichtig, wenn er versucht, die Eruptionsgewohnheiten eines Vulkans anhand der prähistorischen Ablagerungen zu rekonstruieren.

Der Vulkan Arenal

Einzelne Vulkanausbrüche bieten gute Beispiele für die verschiedenen Arten von Fallablagerungen, angefangen bei Blöcken bis hin zu Staub. Wir wollen mit den großen Fragmenten beginnen. 1968 wurde bei dem Ausbruch eines kleinen Stratovulkans in Costa Rica, dem Arenal, ein schrecklicher Hagel von riesigen vulkanischen Blöcken und Bomben produziert, die viele Menschen töteten und die umgebende Landschaft wie ein Schlachtfeld zurückließen. Vor den plötzlichen Explosionen im Juli 1968 waren Eruptionen des Arenal vorher noch nie verzeichnet worden. Zehn Stunden vor der Eruption kam es zu einem Erdbebenschwarm, aber keine anderen Anzeichen warnten vor der bevorstehenden Katastrophe.

Die ersten Explosionen produzierten pyroklastische Ströme und ungeheure Schauer von kleinen Blöcken und Bomben, die ein Gebiet von etwa 12 Quadratkilometern zerstörten. Viele Bomben waren rotglühend und zerfielen, als sie auf dem Boden aufschlugen. Dabei entstanden Krater, die bis zu fünfzig Meter Durchmesser hatten. Das Gebiet zwischen den beiden kleinen Städten Tabacon und Pueblo Nuevo wurde vollständig zerstört, und überall befanden sich Bombenkrater. Einige Bäume standen noch, aber ihre Blätter und kleinen Zweige waren abgerissen worden. Viertausend Menschen verließen in Panik die Region; viele wurden verletzt und 78 getötet. In den nächsten beiden Monaten kam es zu ein paar schwächeren Ascheexplosionen, und anschließend strömten aus dem unteren Explosionskrater dicke andesitische Blocklavaströme hervor. Die Eruptivaktivität, hauptsächlich Lavaströme und ein paar kleine Explosionen, haben sich am Arenal seit dem ersten spektakulären Ausbruch fortgesetzt.

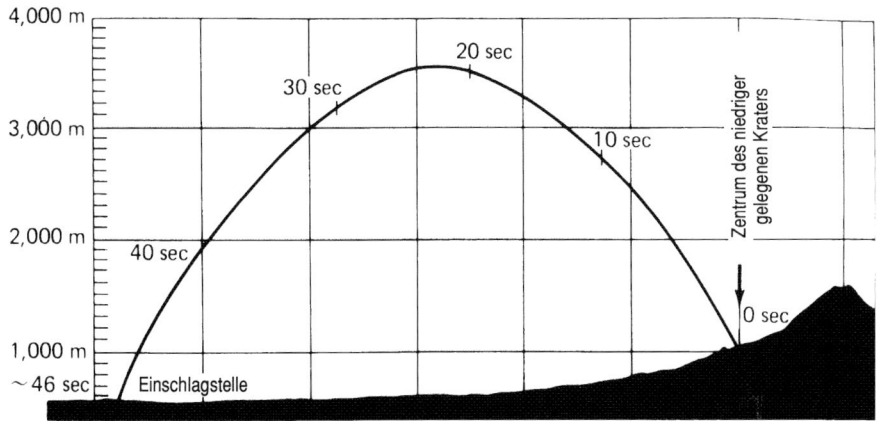

William Melson vom Smithsonian Institut untersuchte die Bomben und Blöcke, die bei den ersten Explosionen am Arenal ausgestoßen wurden. Viele wurden bis zu fünf Kilometer weit aus dem Schlot geschleudert und waren ursprünglich offenbar recht groß gewesen. Da sie aber beim Aufprall in Hunderte von kleineren Fragmenten zerbrachen, konnte man ihre ursprüngliche Größe nicht rekonstruieren. Damit diese Bomben und Blöcke derartige Entfernungen zurücklegen konnten, muß die ursprüngliche Geschwindigkeit bis zu 600 Meter pro Sekunde betragen haben – das entspricht mehr als 2.000 Kilometern pro Stunde. Die Flugbahnen zeigen, daß sie in steilen Winkeln wie Granaten nach oben getrieben wurden, Höhen von drei Kilometern über der Öffnung erreichten und vierzig bis fünfzig Sekunden weiterflogen, bevor sie auf dem Boden zerbarsten (Abb. 8.5). Bei der Landung gruben die größeren Vulkanbomben riesige Aufprallkrater, die viele Meter breit und drei bis vier Meter tief waren (Abb. 8.6). Viele kleinere Krater, die einen Durchmesser von ein bis zwei Meter hatten und in deren Innern der Impaktblock noch intakt war, kennzeichneten die zerstörte Region ebenfalls.

Der Cerro Negro

Manchmal produziert eine Eruption gleichzeitig mehrere Arten von Vulkangestein und lockeren Ablagerungen; die häufigen Eruptionen des

Abb. 8.6. Die Blöcke, die durch die explosive Eruption des Arenal in Costa Rica herausgeschleudert wurden, bildeten große Einschlagkrater. (Foto: La Nacíon, San Jose, Costa Rica)

Cerro Negro in Nicaragua in den sechziger und siebziger Jahren sind hierfür gute Beispiele. Der Schlackenkegel des Cerro Negro, der ein paar hundert Meter hoch ist und noch immer wächst, wurde 1850 geboren und hat seitdem mit Unterbrechungen basaltisches Material gefördert (siehe Abb. 1.6). 1968 stieß der Cerro Negro Schlacke, Asche, Blöcke und gleich-

Von Pompeji zum Pinatubo

zeitig einen Lavastrom aus. Bei eng aufeinanderfolgenden kleinen Explosionen aus dem zentralen Krater des Cerro Negro wurden dunkle Aschewolken und Schlacken eruptiert. Die Schlacke häufte sich auf dem Kegel um den Schlot herum auf, während feinere Asche vom Wind weitergetragen wurde und die tropischen grünen Berge mit einer grauen Decke überzog. Nachts war das Sprühen der glühenden Fragmente, die den Schlackenkegel aufbauten, im Innern der dunklen Explosionswolken sichtbar. Tagsüber verhüllten jedoch die dunkleren Aschewolken die Lavafontänen in dem zentralen Krater. Bisweilen wurden durch größere Explosionen Lavablöcke ausgestoßen, die hoch oben auf dem Schlackenkegel niedergingen und dann den steilen Abhang aus lockerer Schlacke hinabrollten und -hüpften und sich in der Nähe seines Fußes aufhäuften. Während diese pyroklastische Aktivität aus dem zentralen Krater kam, brach aus einer kleinen Öffnung am Fuß des Schlackenkegels ein Aa-Lavastrom aus.

Die komplexe Aktivität des Cerro Negro zeigt, wie schwierig es ist, Vulkanausbrüche nach spezifischen Typen einzuordnen. Sie zeigt jedoch, wie Eruptionsprozesse, immer abhängig vom Gasgehalt des ausbrechenden Magmas, sehr unterschiedliches Vulkanmaterial produzieren können. In diesem Fall brach der höhere Gasgehalt im zentralen Krater die ausbrechende Lava in viele Fragmente auf, die dann vom Wind und von der Schwerkraft zu getrennten Ablagerungen aus Asche, Schlacke und Blöcken verweht wurden. Nachdem die geschmolzene Lava einen Teil ihres Gasgehalts aus der zentralen Öffnung verloren hatte, entwich sie durch einen Spalt im Schlackenkegel, um als Strom aus einer Öffnung an der Kegelbasis herauszukommen.

Die Ascheregen des Cerro Negro sind normalerweise ein paar Zentimeter dick und werden mit dem Wind in schmalen Fächern über die Landschaft geweht. Obwohl sie für einige einzelne Farmer zerstörerisch waren, hatten sie wenig Auswirkungen auf die Gesamtwirtschaft der Region. Leider trifft dies nicht immer auf starke Ascheregen bei großen Vulkanausbrüchen zu, die ganze Bevölkerungen dazu zwingen können auszuwandern. Pyroklastische Ströme beim Ausbruch des Tambora in Indonesien im Jahr 1815 töteten über 10.000 Menschen. Der dicke Ascheregen begrub die Reisfelder unter sich, und weitere 80.000 Menschen starben in der nachfolgenden Hungersnot. Obwohl das Gebiet in der Nähe des Katmai in Alaska fast unbewohnt ist, ist die Verwüstung, die durch die dicken Vulkanascheablagerungen und durch die pyroklastischen Ströme im Jahr 1912 verursacht wurden, noch immer dramatisch sichtbar.

Der Katmai

Der Ausbruch des Katmai dauerte nur sechzig Stunden, aber in dieser Zeit spie er über dreißig Kubikkilometer rhyolithische und andesitische Gesteinsfragmente aus. Aus zwei Dritteln dieses Volumens wurden Ascheregen, während das übrige Drittel einen dicken pyroklastischen Strom des in Kapitel 9 beschriebenen Typs bildete. Durch die kartographische Erfassung der Ascheregen wurden acht oder neun getrennte Schichten nachgewiesen, von denen zwei sehr dick sind und sich mit der Windrichtung erstrecken. Bei dieser riesigen Eruption entstanden zwei Calderen; eine in der Nähe von Novarupta, aus der das meiste Magma stammte, die andere verschlang den alten Gipfel des Mount Katmai und schuf ein klippenwandiges Becken, das drei Kilometer breit und einen Kilometer tief ist.

Die Fallablagerungen bildeten dicke Decken aus weißem bis grauem Bimsstein und feinerer Asche, die von mäßig starken Winden hauptsächlich in östliche Richtung geblasen wurden (Abb. 8.7). Die Größe der Aschepartikel nimmt ab, und die Ablagerungen werden mit zunehmender Entfernung vom Ausbruchspunkt immer dünner. Die Abbildungen 8.1 und 8.8 zeigen die Verteilung der Asche bei dieser ungeheuren Eruption. Ein großer Teil landete im Ozean, und Spuren von Katmai-Asche wurden selbst in Eiskernen in Grönland gefunden. Das berechnete Gesamtvolumen der Katmai-Ascheregen beträgt etwa zwanzig Kubikkilometer. Es bildete sich aus ca. neun Kubikkilometern Magma, wobei die geringere Dichte des erweiterten Bimssteins und der Porenraum zwischen den Fragmenten den Unterschied im Volumen erklärt. Wenn der gesamte Ascheniederschlag von der riesigen Eruption des Katmai zu einer Pyramide aufgetürmt würde, wäre diese fast drei Kilometer hoch und damit zwanzigmal so hoch wie die größte Pyramide Ägyptens.

Wenn ein vulkanischer Ascheregen niedergeht, bedeckt er die Landschaft ziemlich gleichmäßig mit einer Decke aus Partikeln; es dauert jedoch nicht lange, bis Erdrutsche, starke Winde und schwere Regenfälle einen großen Teil dieses lockeren Materials umlagern und zu dickeren Ablagerungen in Talgründen und an Flußmündungen anhäufen. Viele Ströme und Flüsse östlich des Katmai sind noch immer so mit Vulkanasche überladen, daß sie tödliche Treibsandablagerungen gebildet haben und fast nicht überquert werden können.

Abb. 8.7. Auch heute noch bedeckt die Asche der großen Katmai-Eruption im Jahr 1912 das Land. Der rauchende Gipfel auf dieser Luftaufnahme ist der Vulkan Trident, der in den fünfziger und sechziger Jahren ausbrach und die graue Asche aus dem Jahr 1912 mit dunkler andesitischer Lava bedeckte.

Vulkanstaub umkreist die Erde

Der Staub aus großen Vulkanausbrüchen – speziell von plinianischen Ausbrüchen, die Staubwolken viele Stunden lang in große Höhen schleudern können – schwebt monate- oder jahrelang in der Stratosphäre. Neben diesem Staub, der sich aus winzigen Glas- und Mineralpartikeln zusammensetzt, werden durch einige große Eruptionen große Mengen Wasserdampf und Schwefelgase in die obere Atmosphäre freigesetzt. Diese Gase setzen sich zu einem Aerosol aus sehr kleinen Schwefelsäuretropfen zusammen. Über den Wolken in der Stratosphäre – die im allgemeinen etwa 15 Kilometer über dem Meeresspiegel beginnt – werden der Staub und die Aerosolpartikel nicht mit dem Regen herausgewaschen und können über lange Zeiträume dort bleiben. Winde, die mit

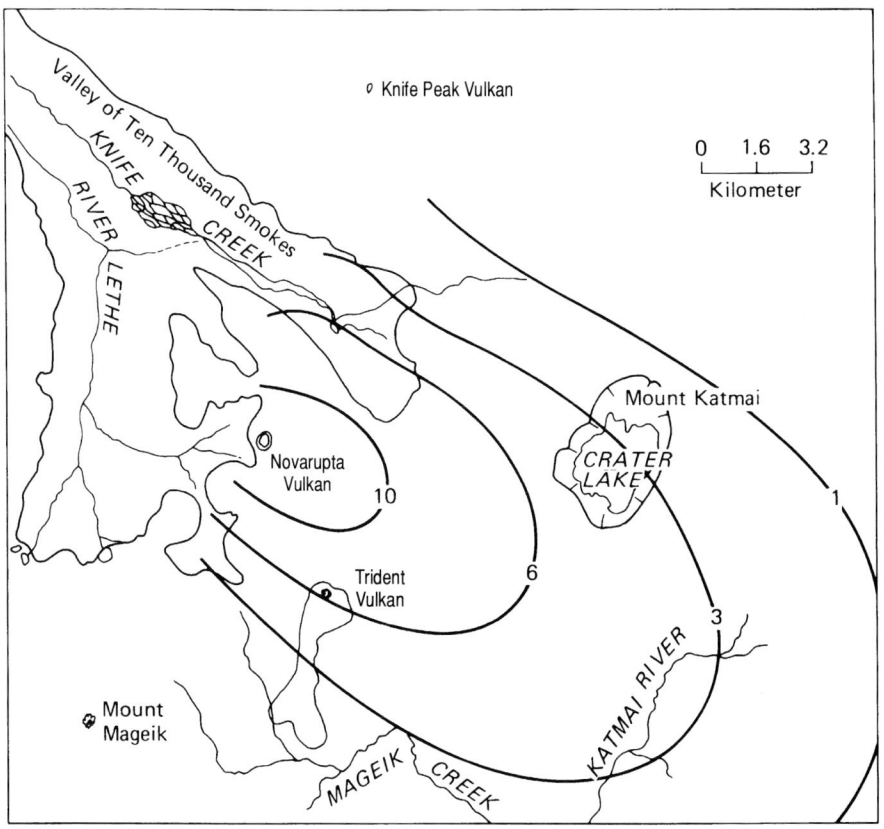

Abb. 8.8. Während seiner kurzen Eruption im Jahr 1912 wurden mehrere Schichten dicker Vulkanasche aus dem Novarupta-Krater an der Westflanke des Mount Katmai ausgestoßen. Die hier abgebildete Schicht C ist in der Nähe ihrer Quelle über 10 Meter hoch und verringert sich 20 km südöstlich von Novarupta auf eine Höhe von 1 Meter. (Nach G.H. Curtis, Studies in Volcanology, Geological Society of America Memoir 116: 177)

hoher Geschwindigkeit in der Stratosphäre wehen, breiten den Vulkanstaub und die Aerosole in Schichten aus, die die Erde umkreisen können; farbenfrohe Sonnenuntergänge und ein Hof um Mond und Sonne sind Anzeichen für das Vorhandensein dieser feinen Partikel und Aerosole hoch oben in der Atmosphäre.

Eine weitere wichtige Wirkung solch hoher Dunstschichten besteht in ihrer Fähigkeit, Energie aus dem einfallenden Sonnenlicht zu absorbieren. Dies führt zu einer Erwärmung der Stratosphäre und zu einer Abkühlung der Erdoberfläche. Inwiefern dies Veränderungen in Wetter und Klima hervorrufen kann, wird unter den Wissenschaftlern noch

Von Pompeji zum Pinatubo

diskutiert. Es gibt aber Hinweise darauf, daß nach großen Vulkanausbrüchen ein bis zwei Jahre lang weltweit eine Periode mit kühleren Temperaturen folgte. Der Ausbruch des El Chichón in Mexiko im Jahr 1982 ist ein interessantes Beispiel für eine gut untersuchte Eruption, bei der große Mengen Staub und Aerosole in die Stratosphäre gelangten. In Kapitel 12 wird der Ausbruch des El Chichón und seine möglichen Auswirkungen auf das Wetter und Klima detaillierter behandelt.

Vulkanische Fallablagerungen, die von feinem Staub bis zu großen Blöcken reichen, kombiniert mit den pyroklastischen Strömen, die in Kapitel 9 beschrieben werden, bilden weltweit den Hauptanteil an vulkanischen Eruptionsablagerungen. Obwohl allgemein die Meinung vorherrscht, daß Lavaströme die vulkanischen Hauptprodukte sind, übertrifft das Verhältnis von fragmentarischen vulkanischen Lockergesteinen zu Lavaströmen bei Subduktionszonenvulkanen im allgemeinen neunzig Prozent. Vulkane an Riftzonen, wie jene in Island und Ostafrika, haben im Durchschnitt vierzig Prozent fragmentarisches Material und jene in Hawaii nur etwa ein Prozent. Da jedoch Subduktionszonenvulkane der häufigste Typ sind, bestehen 80 Prozent der Vulkanprodukte an Land entweder aus Fallablagerungen oder pyroklastischen Strömen. Wenn man die unterseeischen Vulkane in großer Tiefe, deren Produkte wahrscheinlich Lavaströme sind, dazurechnete, würde das Verhältnis wahrscheinlich eher bei fünfzig Prozent liegen.

Aus der bisherigen Diskussion ist offensichtlich, daß die Vulkanologie kein begrenztes Forschungsgebiet ist. Vulkane haben ihre Wurzeln tief unter der Erdoberfläche, und einige Produkte gelangen bis in die Stratosphäre. Sie sind ein natürliches Labor, in dem Wissenschaftler aus vielen Bereichen – Geologen, Chemiker, Physiker, Botaniker und Meteorologen – gebraucht werden, um ihre komplexen Prozesse und Wirkungen zu untersuchen.

Legenden zu den folgenden Farbtafeln

Tafel 1 *Eine Fontäne geschmolzener Lava läßt einen Mann in einem hitzebeständigen Anzug wie einen Zwerg aussehen. Diese Eruption des Krafla auf Island ähnelt den Ausbrüchen hawaiianischer Vulkane. (Foto: Katia Krafft)*

Tafel 2 *Ein Fluß aus geschmolzener Lava ergießt sich bei einer Temperatur von 1.100° C aus dem Puu Oo-Krater an der Ostspalte des Kilauea in Hawaii. (Foto von Katia Krafft)*

Tafeln 3 und 4 *Die Lavaströme in Hawaii lassen sich nach zwei Haupttypen unterscheiden. Ein Pahoehoe-Strom (oben) ist im allgemeinen dünn und hat eine glatte oder seilartige Oberfläche. Ein Aa-Strom (unten) ist dicker und besitzt eine obere Schicht aus groben, zerbrochenen Fragmenten. Beide Ströme bestehen aus basaltischer Lava mit derselben Zusammensetzung. (Foto, oben: D.A. Swanson, U.S. Geological Survey; Foto, unten: J.D. Griggs, U.S. Geological Survey)*

Tafel 5 *Schweißschlacken gehen um einen eruptierenden Krater nieder und bilden hier, an der Ostspalte des Kilauea auf Hawaii, einen 200 Meter hohen Schlacken- und Schweißschlackenkegel, der als Puu Oo (Berg des Oo-Vogels) bezeichnet wird. (Foto: George Ulrich, U.S. Geological Survey)*

Tafel 6 *Während einer Gipfeleruption des Kilauea auf Hawaii bewegen sich Wellen über die Oberfläche eines aktiven Lavasees im Halemaumau-Krater. (Foto: Russ Applee, U.S. National Park Service)*

Tafeln 7 und 8 *Die Temperatur von geschmolzener Lava kann direkt mit einem elektrischen Thermometer gemessen werden, das in den Strom gestoßen wird (oben) oder durch ein optisches Pyrometer, das die Temperatur nach der Farbe des Stroms bestimmt, wie sie durch ein Loch im Dach eines aktiven Lavatunnels sichtbar ist (unten). Die Temperatur eruptierender Lava auf Hawaii reicht von etwa 1.100° bis zu 1.200° C. (Foto, oben: Robert Christiansen, U.S. Geological Survey; Foto, unten: Robin Holcomb, U.S. Geological Survey)*

Tafel 9 *Auf Hawaii wogt geschmolzene Lava mehrere Kilometer durch Lavatunnel unter der Oberfläche von Pahoehoe-Strömen, bevor sie sich ins Meer ergießt. (Foto: D.W. Peterson, U.S. Geological Survey)*

Tafel 10 *Zu Beginn vieler hawaiianischer Eruptionen schießt geschmolzene Lava aus den Lavaspalten, die bis zur Oberfläche hin aufbrechen und «Feuervorhänge» bilden. Ein Geologe, der Proben der neu eruptierten Lava nimmt, lenkt glühende Tropfen mit einem Metallschild ab, der im allgemeinen eingesetzt wird, um die ungeheure Wärmeabstrahlung zu reflektieren. (Foto: J.D. Griggs, U.S. Geological Survey)*

Tafel 11 *Wenn eine hawaiianische Eruption endet oder ihre Richtung ändert, läuft geschmolzene Lava aus Tunneln unter der Oberfläche der Ströme ab, so daß lange Höhlen entstehen, die mehrere Meter Durchmesser haben und Tausende von Metern lang sind. Man bezeichnet sie als «Lavatunnel». Der Thurston-Lavatunnel im Hawaii Volcanoes National Park ist ein beliebter Ausflugsort, an dem man heute durch eine erstarrte Lavahöhle laufen kann. (Foto: Jane Takahashi, U.S. Geological Survey)*

Tafel 12 *Während der Mauna Ulu (Wachsender Berg)-Eruption in Hawaii erhoben sich Lavafontänen mehrere hundert Meter in die Luft. Die Ströme dieser Fontänen überquerten zunächst fast ebenen Boden und stürzten dann in nahegelegene Krater herab, die sich bei früherer Aktivität gebildet hatten. (Foto: D.A. Swanson, U.S. Geological Survey)*

Tafel 13 *Gasblasen aus dem roten, heißen geschmolzenen Gestein am Ufer eines hawaiianischen Lavasees. (Foto: D.A. Swanson, U.S. Geological Survey)*

2

3

4

5

6

7

8

10

11

12

13

9 Pyroklastische Ströme, Lawinen und Schlammströme

Bucht von Neapel: 24. August, 79 n.Chr.

Der Vesuv erwachte wie ein zorniger Riese nach einem tausendjähri-
gen Schlaf brüllend zum Leben. Er überraschte die Bewohner von Pompeji und Herculaneum. Einige hatten wahrscheinlich Zeit zu fliehen, die
meisten waren sich jedoch nicht schlüssig, ob sie gehen oder bleiben
sollten. Riesige, glühende Lawinen gossen sich die Abhänge des Vulkans
hinab und verschlangen ihre Städte und sie selbst unter sich. Zufällig
wurden die beiden alten Städte 1709 durch einen Brunnengräber wieder-
entdeckt, und eine der weltweit größten archäologischen – und geologischen – Untersuchungen begann. Fast 2.000 Jahre nach dem Begräbnis
durch den Vulkan werden die Ausgrabungen immer noch weitergeführt,
und noch immer werden wichtige Entdeckungen gemacht.

Der lebhafteste Bericht von der Vesuv-Katastrophe – und wahrscheinlich die erste Aufzeichnung von einem Vulkanausbruch – wurde damals
von Plinius dem Jüngeren geschrieben. In seinem an Tacitus gerichteten
Brief berichtet er vom Ausbruch des Vulkans und vom Tod seines Onkels,
dem großen römischen Naturforscher Plinius dem Älteren. Dieser war
Befehlshaber der römischen Flotte gewesen und hatte beschlossen, den
Schauplatz des Vulkanausbruchs aufzusuchen, um das Phänomen zu
untersuchen.

Etwa um ein Uhr nachmittags bat meine Mutter ihn, eine Wolke von
ungewöhnlicher Größe und Form zu beobachten... sofort stand er von
seinen Büchern auf und begab sich auf eine Anhöhe, von wo aus er

eine bessere Aussicht auf diese sehr ungewöhnliche Erscheinung hatte. Eine Wolke erhob sich – es war aus der Ferne nicht genau zu unterscheiden, von welchem Berg –, die man ihrer ganzen Gestalt nach nur mit einem Baume, und zwar mit einer Pinie vergleichen konnte; gerade und glatt erhob sie sich wie ein Stamm empor und teilte sich dann in mehrere Äste; dies wurde, so glaube ich, verursacht durch einen plötzlichen Luftstoß, der sie antrieb, und dessen Kraft mit zunehmender Höhe nachließ, oder die Wolke selbst wurde durch ihr eigenes Gewicht wieder nach unten gedrückt… an einigen Stellen erschien sie glänzend weiß, an anderen wieder dunkel und gefleckt, je nachdem, ob sie Asche oder Erde mit sich führte.

Er ließ die Vierruder unter Segel gehen und begab sich selbst an Bord, um den vielen Städten, die dicht zerstreut an der schönen Küste lagen, zu helfen…

Er war dem Berg jetzt so nahe, daß Bimssteine und schwarzes, vom Feuer zerbröckeltes Gestein aufs Schiff fiel… Hier hielt er inne, um zu überlegen, ob er wenden sollte, aber der Kapitän, der ihn beriet, sagte: «Das Glück bevorzugt die Mutigen…»

Der Wind war günstig und trug meinen Onkel zu Pomponianus in Stabiae, den er in größter Sorge vorfand; er umarmte ihn, sprach ihm gut zu und drängte ihn, nicht den Mut zu verlieren. Um seine Ängste zu beruhigen, zeigte er sich selbst unerschrocken, ließ sich in ein Bad bringen, legte sich dann zur Ruhe nieder und speiste zu Abend mit der Miene eines Heiteren.

Indessen schossen aus dem Vesuv an mehreren Stellen weithin sich ausbreitende Flammen und hohe Feuersäulen empor, deren blendender Schein durch das Dunkel der Nacht noch erhöht wurde… Sie berieten, ob es klug sei, den Häusern zu vertrauen, die jetzt durch anhaltende und gewaltige Erdstöße von Seite zu Seite schwankten, als ob sie von den Grundmauern aus erzitterten; oder ob es klüger sei, sich aufs offene Feld zu flüchten, wo das kalzinierte Gestein und die Schlacken zwar leicht, aber in starken Niederschlägen niedergingen und mit Zerstörung drohten. Sie entschieden sich für die Felder… Sie gingen hinaus, nachdem sie mit Servietten Kissen auf ihren Köpfen festgebunden hatten; dies war ihr einziger Schutz gegen den Steinregen, der um sie herum niederging.

Überall war jetzt Tag, aber hier herrschte eine stärkere Dunkelheit als normalerweise in der tiefsten Nacht… mein Onkel, der sich auf ein Segel legte,… rief zweimal um etwas kaltes Wasser, das er trank, als sofort die Flammen, denen ein starker Schwefelgeruch vorausging,

Abb. 9.1. Die Ruinen von Pompeji (Italien) wurden unter ihrer Bedeckung aus 2 bis 3 Metern Bimsstein-niederschlag, auf den Ablagerungen von weiteren 2 Metern pyroklastischer Ströme folgten, ausgegraben. Die Eruption des Vesuv im Jahr 79 n.Chr., der im Hintergrund in 10 km Entfernung sichtbar ist, tötete etwa 2.000 Menschen.

den Rest der Gruppe zerstreuten und ihn zwangen, sich zu erheben. Mit Hilfe zweier Diener stand er auf und fiel auf der Stelle tot um; erstickt durch irgendeinen schweren und giftigen Dampf, wie ich annehme... Als es wieder hell war, was erst drei Tage nach diesem tragischen Unfall der Fall war, wurde sein Leichnam unversehrt aufgefunden, ohne irgendwelche Spuren von Gewalt, in der Kleidung, in der er umgefallen war. Er wirkte eher wie ein Schlafender denn als Toter... Während dieser Zeit waren meine Mutter und ich in Misenum – aber dies hat nichts mit deiner Geschichte zu tun... daher werde ich hier aufhören... Leb wohl.[*]

Die Eruption des Vesuv im Jahr 79 n.Chr. führte zu großen Bimsstein- und Ascheniederschlägen, denen pyroklastische Ströme folgten. Man weiß nicht, wie viele tausend Menschen getötet wurden. Pompeji wurde von

---

[*] Bosanquet, F.C.T., Herausgeber, *Briefe des Plinius'* (London: George Bell and Sons, 1903), S. 194–98

Abb. 9.2. Die meisten Menschen, die in Pompeji getötet wurden, hatten den Bimssteinniederschlag überlebt, wurden jedoch mehrere Stunden später von den pyroklastischen Strömen überwältigt. Ihre Leichen hinterließen Löcher in den Ablagerungen, die bei den Ausgrabungen mit Gips gefüllt wurden und ein dramatisches Bild des Schreckens widerspiegeln, der dort vor über 1.900 Jahren herrschte. (Foto: Katia Krafft)

dicken Ablagerungen aus Bimssteinniederschlägen verschüttet, die wiederum von pyroklastischen Strömen bedeckt wurden, so daß die gesamte Schichtfolge vier bis fünf Meter dick war (Abb. 9.1, 9.2). Herculaneum lag zwar auf der windabgewandten Seite des anfangs herabfallenden Schutts, wurde aber mehrfach von pyroklastischen Strömen überflutet, die eine Stärke von 10 bis 20 Metern erreichten. Stabiae (heute Castellammare) wurde von einer mehr als einem Meter dicken Fallablagerung aus Asche und Bimssteinklumpen bedeckt, aber nur der Rand des letzten pyroklastischen Stroms reichte bis hierher. Es war dieser heiße Windstoß (und vielleicht das schwache Herz eines übergewichtigen Mannes), der Plinius den Älteren tötete. Seine Diener überlebten und erzählten Plinius dem Jüngeren die Geschichte.

Die schrecklichsten und zerstörerischsten Vulkanausbrüche sind jene, bei denen pyroklastische Ströme, Lawinen und Schlammströme entstehen. Jedes einzelne dieser Phänomene, die sich sehr schnell voranbewegen, kann katastrophal sein, und jedes für sich ist, was die Art des Ausbruchs und die entstehenden Ablagerungen betrifft, recht unterschiedlich.

Pyroklastische Ströme

Wenn pyroklastische Ströme in Bewegung sind, handelt es sich um Mischungen aus heißen Vulkanfragmenten und herumwirbelnden Gasen. Diese Mischungen sind dichter als Luft und fließen über den Boden; sie werden von den turbulenten Gasen mobilisiert, die die festen Fragmente suspendiert halten. Es ist schwer, eine geläufige Analogie für einen solch verflüssigten Strom fester Partikel zu finden, aber das Resultat sieht so aus, daß diese turbulente Mischung aus Gasen und suspendierten festen Teilchen sich wie eine Flüssigkeit verhält, die eine geringere Viskosität als Wasser hat.

Die Energie, die einen pyroklastischen Strom antreibt, stammt aus den sich erweiternden Gasen und der Schwerkraft. Die Gase können sich in der schnell anwachsenden vulkanischen Explosionswolke befinden, und in diesem Fall kann der pyroklastische Strom durch die Kraft einer lateralen Explosion in jede beliebige Richtung gelenkt werden. Zusätzlich strömen sich erweiternde Gase aus den frischen, heißen, aber festen Vulkanfragmenten aus. Eine Gasausdehnung kann zusätzlich auch durch die Erhitzung der Luft, die sich bei der Vorwärtsbewegung mit dem Strom vermischt, erfolgen.

Nach dem ersten Ausstoß und der Gasausdehnung ist die Schwerkraft der Hauptfaktor, der dann dazu führt, daß diese Ströme, die schwerer als Luft sind, sich hangabwärts ergießen. Viele pyroklastische Ströme bilden sich auch durch den Kollaps von Vulkanaschewolken, die ursprünglich nach oben geschleudert wurden, aber so dicht waren, daß die Schwerkraft den ursprünglichen Schub nach oben überwunden hat, was dazu führte, daß sie wieder in sich zusammenfielen.

Nicht nur die Prozesse, die diese glühenden Lawinen mobilisieren, sind komplex, sondern auch ihre Ablagerungen sind sehr unterschiedlich. Ein großer Teil des fragmentarischen Materials hat die Größe von Asche, und viele Geologen bezeichnen pyroklastische Ströme daher auch als Ascheströme. Bei diesem Stromtypus werden jedoch oft Klumpen und Blöcke aus Bimsstein und festerem Gestein aus dem Schlot mitgerissen und aufgenommen, so daß die Ablagerungen wie Beton wirken. Bisweilen sind pyroklastische Ablagerungen, wenn sie zum Stillstand kommen,

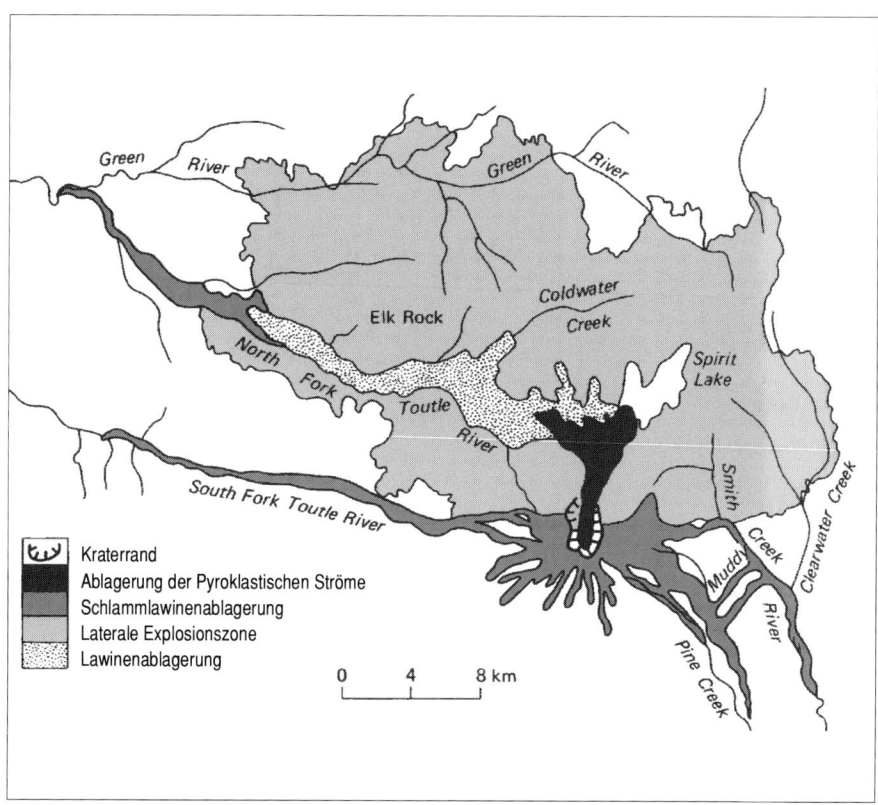

Abb. 9.3. Die Karte zeigt die Hauptablagerungen und die zerstörten Bereiche nach der Explosion des Mount St. Helens am 18. Mai 1980. Die Regionen, die von Ascheniederschlägen bedeckt waren, sind nicht aufgeführt. (Von Robert Tilling, Eruptions of Mount St. Helens: Past Present and Future, U.S. Geological Survey, 1984)

so dick und heiß, daß die Bimssteinklumpen zu flachen, glasigen Linsen zusammengedrückt werden und die gesamte Ablagerung zu festem Gestein zusammengeschweißt wird. Diese zusammengeschweißten Tuffe bilden sich häufig während großer Eruptionen, bei denen Calderen entstehen.

Aufgrund der Komplexität des Bildungsprozesses und der Vielfalt der Ablagerungen gibt es viele Namen für die verschiedenen Typen pyroklastischer Ströme: *Nuée ardente*, Glutwolke, Aschestrom und Bimssteinstrom. Aber auch die lockeren Ablagerungen oder die gesamte Gesteinseinheit, die sich durch die Prozesse bei pyroklastischen Strömen bilden, werden bisweilen als *Nuée ardente*-Ablagerungen bezeichnet. Tuff (ein weiches Material), geschweißter Tuff (hart) und Ignimbrit sind weitere

Von Pompeji zum Pinatubo

Begriffe für die Ablagerungen eines pyroklastischen Stroms. Hochgeschwindigkeitslawinen und schnelle, verdünnte Bodenströme werden in der Fachliteratur «surges» bzw. «base surges» genannt.

Teilweise ist die Vielfalt der Namensgebung darauf zurückzuführen, daß die Unterschiede zwischen den Eruptionstypen und den vulkanischen Produkten komplex und eher abgestuft als genau zu definieren sind. Dennoch sind einige Verallgemeinerungen möglich. Meistens sammeln sich die Ablagerungen von pyroklastischen Strömen in topographischen Senken, statt eine Decke auf Hügeln, Abhängen und Tälern zu bilden, wie es bei den Ablagerungen vulkanischer Ascheregen der Fall ist; außerdem sind die Ablagerungen pyroklastischer Ströme, was die Fragmentgröße betrifft, schlecht sortiert und nicht intern geschichtet.

Bei der Eruption des Mount St. Helens wurden zwei Arten von pyroklastischen Strömen erzeugt (Abb. 9.3). Die Explosion am Anfang bildete eine dunkle Wolke am Boden, die aus zersprengtem Gestein, heißen Fragmenten aus der explodierenden flachen Magmaintrusion und dem sie umgebenden hydrothermalen System sowie aus zersplitterten Bäumen bestand, die durch die herannahende Explosionswolke aus dem Weg geräumt wurden (Abb. 9.4). Auf den Hügeln und leichten Abhängen ist diese Ablagerung im allgemeinen weniger als einen Meter dick. An steilen Abhängen, an denen sie zunächst dick auflag, war sie aber noch mobil genug, um hinabzurutschen, und die unten liegenden Täler viel stärker aufzufüllen. Nachdem sich die hohe plinianische Eruptionswolke gebildet hatte, ergossen sich später an diesem Tag weitere pyroklastische Ströme aus dem Hauptkrater. Verstärkt durch den Kollaps der Eruptionswolke, ergossen sie sich über den zerklüfteten Nordabhang des Mount St. Helens. Diese Mischung aus heißer Asche und Bimssteinblöcken häufte sich am Fuß des Berges zu dicken Ablagerungen auf. An den Stellen, an denen diese Ablagerungen sich in den Spirit Lake ergossen oder nasse Gebiete bedeckten, vergrößerten sekundäre Dampfexplosionen das allgemeine Chaos.

Pyroklastische Ströme haben Temperaturen, die zwischen 100° und 800° C betragen. Die meisten sind trocken, wenn sie aber, während sie noch in Bewegung sind, auf 100° C abkühlen, beginnt der Dampf zu heißem Wasser zu kondensieren, und nasse Partikel können an Objekten, die in ihrem Weg liegen, kleben bleiben. Ein großer, heißer pyroklastischer Strom begräbt fast alles unter sich, was in seinem Weg liegt. Die Masse und die hohe Temperatur in Verbindung mit Geschwindigkeiten bis zu 200 Stundenkilometern bilden eine Kraft, der nichts widersteht.

Abb. 9.4. Millionen von Bäumen wurden am 18. Mai 1980 durch die seitlich gerichtete Explosion während der ersten wenigen Minuten der Eruption des Mount St. Helens umgerissen.

(Abb. 3.2 zeigt, was ein Strom dieses Typs in ein paar schicksalhaften Minuten in der Stadt Saint Pierre angerichtet hat.)

Etwa ein Drittel der 15 Kubikkilometer rhyolithischen bis dazitischen Magmas, das 1912 am Mount Katmai ausbrach, erzeugte einen großen Aschestrom, der sich zwanzig Kilometer weit in ein Gletschertal ergoß

Von Pompeji zum Pinatubo

Abb. 9.5. Das «Valley of Ten Thousand Smokes», wie es im Jahr 1916 aussah, als der dicke pyroklastische Strom noch heiß war. Ansicht vom Katmai Pass aus. (Foto: Robert Griggs, National Geographic Society)

und es mit heißer Asche und Bimsstein auf Tiefen von bis zu 200 Metern füllte. Das Wasser unter den pyroklastischen Stromablagerungen wurde zu Dampf erhitzt und wanderte durch die Asche und den Bimsstein nach oben. Dieser Dampf und andere Vulkangase, die aus der Ablagerung ausströmten, gelangten durch Tausende von Fumarolen auf der flachen, kahlen Oberfläche des neu gefüllten Tales an die Oberfläche. Als Forscher den noch rauchenden, abgelegenen Ort im Jahr 1916, vier Jahre nach der Eruption, erreichten, nannten sie ihn «Valley of Ten Thousand Smokes» (Tal der zehntausend Dämpfe). Heute ist der größte Teil der Ablagerung abgekühlt, und es sind nur noch wenige Fumarole übrig.

Die explosive Eruption am Katmai war die größte dieses Jahrhunderts, aber ihr Volumen – 15 Kubikkilometer Magma, die sich zu dreißig Ku-

Abb. 9.6. Der pyroklastische Strom, der sich bei der Explosion des Katmai im Jahr 1912 gebildet hatte, ist hier durch Flußerosion eingeschnitten. Dieser 25 Meter dicke Abschnitt befindet sich 20 km vom Krater entfernt in Richtung Tal. Man beachte die unregelmäßige Untergrenze des Stroms an den Stellen, an denen er Buckel von Ablagerungen aus der Eiszeit bedeckte, im Gegensatz zu den fast waagerechten Schichten innerhalb des Stroms. (Foto: Peter Ward)

bikkilometern von Fallablagerungen und Aschestromablagerungen erweiterten – ist im Vergleich zu einigen prähistorischen Eruptionen noch klein (Abb. 9.5 und 9.6). Drei gigantische Eruptionen im Yellowstone Nationalpark im Westen der Vereinigten Staaten haben ein hohes Plateau dicker pyroklastischer Ablagerungen aufgebaut. Eine dieser riesigen Eruptionen, bei denen sich auch eine Caldera gebildet hat, fand vor 2 Millionen Jahren statt. Bei dem Ausbruch wurden 3.000 Kubikkilometer rhyolithischen Magmas ausgestoßen, zweihundertmal mehr als beim Katmai.

Vulkanische Lawinen

Große Lawinen an den Abhängen von Vulkanen wurden erst 1980, nach dem Ausbruch des Mount St. Helens, untersucht. Wie in Kapitel 2 be-

Von Pompeji zum Pinatubo

Abb. 9.7. Die 3 Kubikkilometer-Lawine des Mount St. Helens stürzte das Tal des Toutle River in wenigen Minuten 23 km hinab. Man beachte die hügelige Oberfläche der Ablagerung, die für große Bergstürze charakteristisch ist. (Foto: Lyn Topinka, U.S. Geological Survey, 1985)

schrieben, drückte die Magmaintrusion in niedriger Tiefe unter dem Kegel des Mount St. Helens zwischen Ende März und Mitte Mai in jenem Jahr die Nordseite des Berges nach oben und außen. Dadurch wurde der Abhang so steil, daß es am 18. Mai zu einem riesigen Bergsturz aus Geröll, Eis, Schnee, Erde und Bäumen kam, der als «Schuttlawine» bezeichnet

Pyroklastische Ströme, Lawinen und Schlammströme

wird. Ein Teil des Erdrutsches ergoß sich in den Lake Spirit und verursachte Wellen von über 200 Metern Höhe; ein anderer setzte sich über einen 400 Meter hohen Kamm nördlich des Fußes des Hauptkegels des Mount St. Helens hinweg, während der Hauptteil des Erdrutsches das North-Fork-Toutle-Tal über eine Strecke von 23 Kilometern mit Geschwindigkeiten von 100 bis 200 Stundenkilometern hinabraste. Die Lawine, die Eis und heißes Gestein enthielt, hatte eine geschätzte Durchschnittstemperatur von fast 100° C. Wahrscheinlich hat sich ausdehnender Dampf zur Mobilisierung der Lawine beigetragen.

Die daraus resultierende Ablagerung ist eine chaotische Mischung aus Gestein und lockerem Schutt, die an manchen Stellen bis zu 200 Meter dick ist, im Durchschnitt aber etwa 45 Meter hoch liegt (Abb. 9.7). Die Oberfläche der Schuttlawine ist von Hunderten kleiner Hügel und Senken übersät, die ein Relief von etwa zwanzig Metern bilden. Das Volumen der Lawine beträgt fast drei Kubikkilometer und macht das meiste Material aus, das verlorenging, als der riesige hufeisenförmige Krater, der die Spitze des Mount St. Helens ersetzte, weggesprengt wurde. Die restliche Aushöhlung des Kraters ging auf unterschiedliche Weise vonstatten: durch die große Explosion, die verursacht wurde, als die Lawine sich löste und plötzlich Druck auf das flache Magma und das umgebende hydrothermale System freigesetzt wurde, durch das Herausschleudern von Asche und später durch die Ascheströme aus dem offengelegten Magmaschlot.

Die Lawine am Mount St. Helens zählt zu den größten, die je verzeichnet wurden, obwohl man in den letzten Jahren noch größere prähistorische Vulkanlawinen entdeckt hat. Der ausgedehnte Bereich von zerstreut daliegenden Hügeln nördlich von Mount Shasta in Kalifornien wird heute als Ablagerung einer ungeheuren vulkanischen Lawine interpretiert, die sich vor etwa 300.000 Jahren den Shasta hinabstürzte. Sie hatte ein Volumen von über 25 Kubikkilometern und legte eine Strecke von 43 Kilometern nordwestlich vom Fuß des Berges zurück.

Schlammströme

Schlammströme werden durch Überschwemmungen mobilisiert und treten häufig in Vulkangebieten auf, sind aber nicht auf diese Regionen beschränkt (Abb. 9.8). Sie können von ihrer Quelle aus lange Entfernungen zurücklegen, wobei sie oft Leben gefährden sowie Hab und Gut weit über den Ablagerungsbereich von pyroklastischen Strömen und Lawinen hinaus zerstören.

Abb. 9.8. Eine kleine Eruption des Lavadoms auf dem Besymjanny, Kamtschatka, läßt den Schnee schnell schmelzen und erzeugt Schlammlawinen. Die große explosive Eruption des Besymjanny im Jahr 1955, auf die das Domwachstum folgte, ähnelt der Aktivität des Mount St. Helens in letzter Zeit. (Foto: Institut der Vulkanologie, Kamtschatka, NO-Asien)

Schlammströme waren eine weitere wichtige Komponente beim Ausbruch des Mount St. Helens. Sie bestanden aus einer Mischung aus Asche und feinen Gesteinspartikeln mit Wasser und hatten die Konsistenz von nassem Zement. Die Aschedecke von der Eruption und das zerstoßene Gestein in der Lawinenablagerung lieferten das feste Material.

Abb. 9.9. Der große Schlammstrom, der sich nach der Eruption des Mount St. Helens den Toutle River hinabergoß, reichte viel höher als jede zuvor verzeichnete Überflutung des Flusses. Die Schlammarke an den Bäumen befindet sich fast 10 Meter über dem Boden. (Foto: U.S. Geological Survey)

Der größte Schlammstrom ergoß sich das North-Fork-Toutle-Bett hinab, und war zehn Stunden nach Beginn der Eruption am stärksten. Die hohen Schlammarken deuteten darauf hin, daß die historischen Flutmarkierungen um neun Meter übertroffen wurden (Abb. 9.9). Aus einem

Holzlager wurden hunderte von Baumstämmen mitgerissen und zerstörten flußabwärts gelegene Brücken, so daß nur noch Trümmer übrigblieben. Die Schlammüberschwemmung zerstörte auch viele Häuser in der Nähe des Flusses. Stromabwärts verstopften Ablagerungen des Schlammstroms den Navigationskanal im Columbia River und schnitten den Schiffen, die in Richtung Meer fuhren, für viele Wochen den Rückweg ab.

Wenn ein Schlammstrom sich in tiefe Täler ergießt, kann er Geschwindigkeiten von dreißig bis vierzig Stundenkilometer erreichen und in seinen dichten Strömungen riesige Findlinge mit sich führen. Alte Ablagerungen, die bei Straßenbauarbeiten und in Flußbänken freigelegt wurden, zeigen eine Mischung aus abgerundeten Blöcken in einer Grundmasse feiner Partikel. Obwohl die meisten vulkanischen Schlammströme während einer Eruption entstehen, hat es Fälle gegeben, in denen sie durch sintflutartigen Regen verursacht wurden, der auf lockeren Vulkanascheablagerungen früherer Eruptionen niederging.

Selbst wenn ein Vulkan nicht ausbricht, kann sich Vulkangestein durch hydrothermale Aktivität und Fumarolen zu Ton verwandeln. Wenn sich eine große Menge dieser weichen und rutschigen Tonablagerungen auf den Abhängen eines steilen Vulkankegels auftürmt, kann sie durch heftige Regenfälle oder ein Erdbeben gelöst werden, so daß Lawinen, Schlammströme oder beide Formen entstehen.

Die in Kapitel 1 beschriebene Zerstörung der 25.000 Einwohner zählenden kolumbianischen Stadt Armero (1985) ist ein tragisches Beispiel für eine Schlammstromkatastrophe. Mit den heutigen Technologien hätte diese Katastrophe durchaus verhindert werden können. Es dauerte fast zwei Stunden, bis der Schlammstrom, der durch das plötzliche Schmelzen eines Eisfeldes hoch auf dem Vulkan Ruiz entstanden war, Armero erreichte. Einfache Flut- und Schlammstromwarngeräte, wie sie überall in Japan eingesetzt werden, hätten in Armero über 20.000 Menschenleben retten können. Diese Geräte bestehen aus einer Art Stolperdrähten, die über Flußtäler gespannt werden und über Funk mit den stromabwärts gelegenen Polizeistationen verbunden sind.

Vulkanische Ablagerungen und Beurteilung vulkanischer Gefahren

Aus Vulkangestein und Ablagerungen vulkanischen Schutts läßt sich die Geschichte von Vulkanausbrüchen ablesen. Durch die kartographische Erfassung der Formationen und die Bestimmung von Charakter, Ausmaß und Alter kann ein Geologe die eruptiven Gewohnheiten eines Vulkans in der Vergangenheit bestimmen. Es ist äußerst hilfreich, das Gestein und die Ablagerungen von gut dokumentierten historischen Eruptionen zu untersuchen, da in diesen Fällen eine Beziehung von Ursache und Wirkung zwischen dem Prozeß und den daraus resultierenden Formationen festgelegt werden kann. Bei prähistorischen Eruptionen sind nur das Gestein und die Ablagerungen vorhanden, und bisweilen sind sie erodiert oder von jüngeren Ablagerungen bedeckt. Dennoch liefern die sorgfältige Erfassung und die Kenntnis vulkanischer Prozesse und Produkte ernstzunehmende Interpretationen der geologischen Geschichte eines Vulkans. Eine Maxime in der Geologie lautet, daß die Gegenwart der Schlüssel zur Vergangenheit ist. Was zukünftige Gefahren durch Vulkane betrifft, so könnte man auch sagen, daß die Vergangenheit der Schlüssel für die Zukunft ist. Teil III dieses Buches untersucht die Wirkung von Vulkanen auf die Geschichte der Menschheit.

Teil III
Risiken und Nutzen von Vulkanen

Die Zivilisation existiert durch die Zustim-
mung der Geologie, Änderungen vorbehalten.
Will Durant

10 Vulkankatastrophen

Lower Nyos, Kamerun: 21. August 1986

Die meisten Dorfbewohner von Lower Nyos schliefen und hörten die donnernde Explosion am Lake Nyos, der eine Meile das Tal hinauf lag, nicht. Jene, die noch wach waren und vielleicht nach einem geschäftigen Markttag noch spät abends etwas aßen, hörten sie, konnten aber nicht wissen, daß der Lärm die Freigabe einer riesigen, tödlichen Gaswolke aus dem See signalisierte. Die Giftwolke zog still durch das Tal und löschte das Leben von 1.700 Menschen aus, egal ob sie schliefen oder wach waren. Allein in dem Dorf Lower Nyos starben über 1.200 Menschen. Fünf oder sechs überlebten wie durch ein Wunder. Sie berichteten von Familienmitgliedern, die im einen Augenblick noch aßen und erzählten und im nächsten tot umfielen. Eine Frau wachte am nächsten Morgen auf und sah, daß ihre fünf Kinder tot in der Hütte lagen.

Die tödliche Wolke, die fünfzig Meter hoch war, bewegte sich über eine Entfernung von 16 Kilometern leise das Tal hinab und tötete weitere 500 Menschen in den benachbarten Dörfern, bevor sie sich auflöste. Die Tragödie wurde dadurch verschlimmert, daß der 21. August ein Markttag gewesen war und Hirten aus den Bergen mit ihrem Vieh in die Stadt gekommen waren, um mit den Bauern Handel zu treiben. Die meisten campierten nachts in der Nähe der Stadt und starben zusammen mit ihrem Vieh; am nächsten Morgen waren die Wiesen in der Nähe von Nyos mit 3.000 toten Tieren übersät (Abb. 10.1).

Rettungsmannschaften, die die Stadt ein paar Tage später erreichten, berichteten, daß es aussah, als hätte eine Neutronenbombe eingeschlagen. Häuser und Gärten waren nicht beschädigt, aber überall lagen

151

Abb. 10.1. Tausende von Rindern erstickten bei der Kohlendioxideruption im Lake Nyos in Kamerun, Afrika, am 21. August 1986. (Foto von Jack Lockwood, U.S. Geological Survey)

Leichen herum. Kein Vogel sang, und keine einzige Fliege schwärmte über die Toten – alles Leben war vollständig vernichtet.

Die Quelle der tödlichen Gase, die diese unglaubliche Katastrophe ausgelöst hatten, war Lake Nyos, ein kleiner, aber tiefer See, der einen Vulkankrater ausfüllt. Über mehrere hundert Jahre hinweg strömten giftige Gase – vorwiegend Kohlendioxid – aus dem Vulkan und sammel-

Von Pompeji zum Pinatubo

ten sich in den tiefen Schichten des Seewassers, das mit gelöstem Gas übersättigt wurde. Zu derartigen Gasansammlungen kommt es wahrscheinlich weltweit in Vulkanseen, aber die meisten Gewässer befinden sich in gemäßigten Zonen, in denen das Wasser durch jahreszeitliche Temperaturunterschiede oder stürmische Winde aufgewühlt und vermischt wird. In Kamerun bleibt das Oberflächenwasser, das durch die tropische Sonne ständig erwärmt wird und daher weniger dicht ist, stets oben, statt sich zu vermischen. Das kältere Wasser am Grund des Sees absorbiert so im Verlauf der Jahre immer mehr Gas.

In jener Augustnacht passierte irgend etwas, das die Abgabe der riesigen Gaswolke aus dem See auslöste, aber niemand ist sich sicher, was es war. Den ganzen Tag über war ein kühler Regen niedergegangen, und vielleicht hatte sich genug kaltes Regenwasser in den See ergossen, so daß er plötzlich umkippte. Möglicherweise haben die schweren Regenfälle auch einen Erdrutsch verursacht, der den See aufwühlte, oder ein Erdbeben hat das feine Gleichgewicht gestört. Obwohl man für diese Theorie keine Belege gefunden hat, sind einige Wissenschaftler der Meinung, daß das Gas aufgrund einer kleinen Vulkanexplosion unter dem Grund des Sees ausgeströmt ist.

Unabhängig von der unmittelbaren Ursache waren die Folgen vernichtend. Die tödliche Wolke, die schwerer als Luft war, schob sich am Boden entlang, vom See aus durch das Tal und erstickte, bis sie vom Wind und Regen zerstreut wurde, alle Lebewesen, die ihren Weg kreuzten. Diese Katastrophe tötete nicht nur fast 2.000 Menschen, sondern vertrieb auch viele tausend Bewohner, die Angst hatten, weiter in der Nähe des «Killersees» zu leben.

Heutzutage verwendet man den Begriff *Katastrophe,* um Probleme zu beschreiben, die vom Persönlichen bis zum Kosmischen reichen. Im geologischen Sinn ist das Wort enger gefaßt und bezieht sich auf eine plötzliche, gewalttätige Veränderung im physikalischen Zustand der Erdoberfläche, die ebenfalls die Bewohner betrifft. In diesem Kapitel bedeutet *vulkanische Katastrophe* eine Eruption, die soviel zerstört, daß die etablierte soziale Ordnung einer ganzen Region zerstört, oder die Art und Weise verändert wird, in der man Vulkanaktivität versteht.

Die Eruption von Thera, einer Insel in der Ägäis, die etwa 1600 v.Chr. stattfand, trug dazu bei, daß die Minoer auf Kreta an Macht verloren, während die Mykener auf dem griechischen Festland an Ansehen gewannen, so daß der gesamte frühe Verlauf der westlichen Zivilisation beeinflußt wurde. Ebenso gab eine starke Eruption in der Nähe der heutigen Stadt San Salvador (ca. 300 n.Chr.) dem Verlauf der Maya-Zivilisation

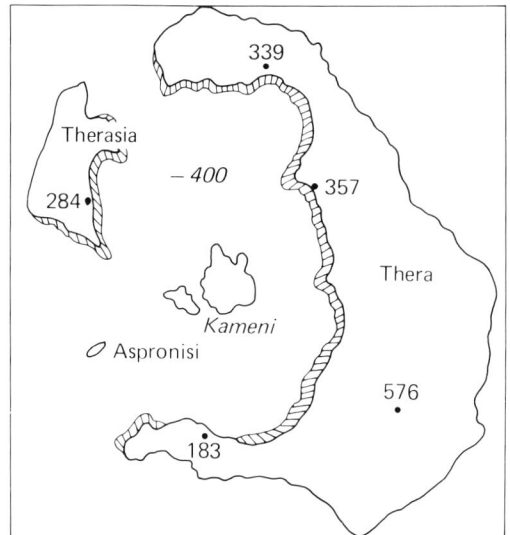

Abb. 10.2. Karte von Santorin, Griechenland. Die riesige explosive Eruption und der Calderaeinbruch, der sich etwa 1600 v.Chr. ereignete, ist möglicherweise die Grundlage der Atlantis-Legende. Die Kameni-Inseln sind Lavadome und dicke Lavaströme, die sich durch viele kleinere Eruptionen zwischen 197 v.Chr. und 1950 n.Chr. gebildet haben. (Abgeändert nach Bullard, Volcanoes of the Earth)

eine andere Richtung, während die Ausbrüche des Tambora und Krakatau in Indonesien im 19. Jahrhundert tausende von Menschen töteten und weltweit atmosphärische Auswirkungen zeigten. Aufgrund dieser Ausbrüche erkannten die Wissenschaftler, daß eine einzelne Vulkaneruption den gesamten Globus in Mitleidenschaft ziehen kann.

Thera

Die Insel Thera, die unter dem Namen Santorin bekannt ist, liegt 120 Kilometer nördlich von Kreta in der Ägäis (Abb. 10.2). Diese 15 Kilometer breite Vulkaninsel, die heute zu Griechenland gehört, spielte in der Mythologie und frühen Entwicklung der westlichen Zivilisation eine große Rolle. In der Zeit vor 1600 v.Chr. war Thera ein wichtiger Teil der minoischen Kultur. Die Minoer, deren Zentrum sich auf Kreta befand, waren eine mächtige Seefahrernation, die im gesamten östlichen Mittelmeerraum Handel trieb.

Sie gründeten auf Thera eine große Stadt mit Namen Akroteri, die um 1600 v.Chr. ein florierendes Handelszentrum war. Dann aber zerstörte ein starkes Erdbeben einige Häuser. Noch während der Schaden beseitigt wurde, veranlaßte ein erneuter Vorfall – vielleicht ein weiteres Erdbeben oder der Ascheregen einer kleineren Eruption – die Einwohner Akroteris, die Stadt zu verlassen. Bald nach der Evakuierung wurde die ganze Stadt unter einer enormen Vulkaneruption begraben und blieb verschüttet, bis 1967 Archäologen damit begannen, das Gebiet zu erforschen.

Abb. 10.3. Akroteri, eine wohlhabende minoische Stadt auf der ägäischen Insel Thera wurde etwa 1600 v.Chr. während einer explosiven Eruption unter Bimssteinregen und pyroklastischen Strömen begraben.

Bei den Ausgrabungen in Akroteri, die von griechischen Archäologen durchgeführt wurden, stieß man auf Häuser, die bis zu drei Stockwerke hoch waren, und in denen man wunderschöne Keramikgefäße fand sowie farbenfrohe Fresken an den Wänden (Abb. 10.3). Die Häuser standen an gepflasterten Straßen, unter denen mit Steinen ausgekleidete Abwasserkanäle verliefen. Alle bisher durchgeführten Ausgrabungen deuten darauf hin, daß Akroteri Heimat einer wohlhabenden und künstlerisch begabten Bevölkerung war. Die Evakuierung fand nicht in Panik statt; Edelmetalle, Waffen und Werkzeuge wurden mitgenommen, während Gefäße mit Getreidesamen zurückgelassen wurden, damit die Felder wieder bestellt werden konnten, falls die Menschen zurückkehrten.

Aber sie kamen nie wieder. Einige Zeit nach ihrer Flucht, die wahrscheinlich auf Schiffen vorgenommen wurde, brach der vulkanische Kern von Thora in einer gigantischen Explosion und mit dem Zusammenbruch einer sieben Kilometer breiten Caldera aus, so daß das hochgelegene Zentrum der Insel völlig zerstört wurde. Akroteri wurde unter mehr als fünf Metern Bimssteinniederschlag und Aschestromablagerungen begraben, und das Zentrum der Insel stürzte ein, so daß es heute 300 Meter unter dem Meeresspiegel liegt.

Etwa dreißig Kubikkilometer dazitischen bis rhyolithischen Magmas wurde in riesigen Aschewolken und pyroklastischen Strömen ausgestoßen. In Bohrproben, die aus einem großen Gebiet südöstlich von Thera vom Meeresboden geholt wurden, fand man Ascheschichten von der Eruption. Als die zusammengebrochene Caldera von der eindringenden See gefüllt wurde, müssen große Flutwellen über das östliche Mittelmeer gerast sein, die sich an den Küsten von Kreta, Griechenland, der Türkei und vielleicht sogar Ägypten und Syrien brachen.

Einige Wissenschaftler halten Thera für die untergegangene Insel Atlantis und meinen, daß ihr Untergang in einem Tag und einer Nacht durch Erdbeben und Überschwemmungen die wahre Grundlage für die Atlantis-Legende ist, die von Platon nach ägyptischen Quellen wiedergegeben wurde. Andere Forscher, die sich mit der Bibel und der Geschichte des Alten Ägypten beschäftigen, haben darauf hingewiesen, daß die Zehn Plagen von Ägypten durch die Ebbe und Flut der großen Flutwellen an der niedriggelegenen Küstenebene zwischen Ägypten und Sinai hervorgerufen worden sein mag. Es sollte natürlich darauf hingewiesen werden, daß nicht alle Historiker den Ausbruch auf Thera mit dem Atlantis-Mythos oder Moses 2 in Zusammenhang bringen, aber die Diskussion wird lebhaft geführt. Sollte es bei dieser interessanten Kontroverse überhaupt je zu einem Konsens kommen, wird dieser sicherlich stärker auf persönlichen Meinungen denn auf Tatsachen beruhen.

Heute ist Thera eine halbkreisförmige Insel; ein Felsenrand umgibt die riesige Caldera. Vulkandome, die während mehrerer Eruptionen in den letzten 2.000 Jahren gewachsen sind (die letzte fand 1950 statt), bilden kleinere Inseln, die sich in der Mitte der von Klippen umgebenen Caldera über den Meeresspiegel erheben. Gelegentlich entweichen Dampffetzen auf der mittleren Insel und erinnern daran, daß es sich hier einst um die gewalttätige Szene vulkanischer Aktivität handelte.

Die minoische Kultur verblaßte einige Zeit nach der Eruption von Thera, und die mykenische Kultur auf dem griechischen Festland erlebte ihren Aufstieg. Es folgte das «goldene Zeitalter» Griechenlands, das einen großen Teil des Gefüges für die westliche Zivilisation lieferte. Es ist interessant, darüber zu spekulieren, welche Sprache wir möglicherweise sprechen und schreiben würden, falls es nicht zu der Eruption von Thera gekommen wäre.

Einige Wissenschaftler sind der Meinung, daß diese Eruption nicht so bedeutungsvoll war, und weisen auf Kriege und Seuchen hin, die viele wichtige Verschiebungen in der Geschichte verursachten. Dennoch kann eine große Naturkatastrophe das feine Gleichgewicht der Mächte zwischen konkurrierenden Kulturen und Nationen ändern, und oft kommt es im Anschluß zur Verbreitung von Seuchen. Eines steht aber zweifelsfrei fest: Die explosive Eruption und der Zusammenbruch Theras war eine große Naturkatastrophe und einer der größten Vulkanausbrüche in den letzten 5.000 Jahren.

Ilopango

San Salvador, die Hauptstadt von El Salvador, liegt am Westrand eines großen Sees in den Bergen, dem Ilopango (Abb. 10.4). Ein großer Teil der Stadt wurde auf einer dicken Vulkanascheablagerung errichtet, die als *tierra blanca* (weiße Erde) bezeichnet wird. Bei neueren geologischen Untersuchungen wurde festgestellt, daß der Ilopango eine acht mal elf Kilometer große elliptische Caldera ausfüllt, aus der etwa 300 v.Chr. 15 Kubikkilometer von dazitischem Magma in dicken Ascheregen und Ascheströmen ausbrachen, die heute die *tierra blanca* bilden.

Der Archäologe Payson Sheets kam zu dem Schluß, daß diese Eruption eine Katastrophe für die Hochland-Mayas bedeutete, die im heutigen El Salvador lebten. Die daraus resultierende Verschiebung der Bevölkerungsstruktur und der Handelsrouten nutzte jedoch den Mayas, die im Flachland im Gebiet von Petén und Yucatán lebten, und beeinflußte die Maya-Zivilisation, die in diesen Regionen von 300 v.Chr. bis 900 n.Chr. ihre Blütezeit hatte.

Die Eruption erzeugte eine Kombination aus Schichten von Asche- und Bimssteinniederschlägen und dicke Ascheströme, die sich bis zu 45 Kilometer Entfernung von der Caldera ergossen. Ein Ascheregen von einem halben Meter Höhe bedeckte die Maya-Stadt Chalchuapa, die 75 Kilometer nordwestlich vom Ilopango liegt, und Ablagerungen von fast fünfzig Meter Stärke sind in der Nähe des Calderarandes vorhanden.

Verkohlte Bäume in den Ablagerungen des Aschestroms liefern Radiokarbon-Altersdaten von 260 v.Chr. plus/minus einhundert Jahre, und die archäologische Datierung von Gebrauchsgegenständen unter den Asche- und Bimssteinschichten weist ebenfalls auf ein Datum von etwa 300 v.Chr. hin. Wie die meisten Explosionen, die zu dem Einbruch einer Caldera führen, war die Eruption äußerst gewaltig, aber kurz. Sie dauerte nur ein paar Tage lang. Der Ascheregen am Anfang war für die meisten

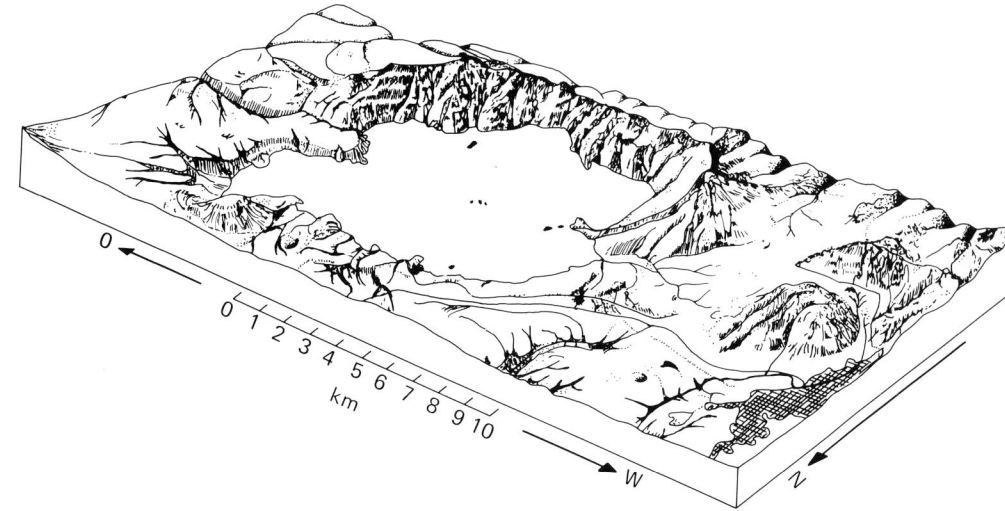

Abb. 10.4. Die Zeichnung zeigt die Luftansicht in südwestlicher Richtung vom Ilopango-See in El Salvador. Diese 8 mal 11 km große Caldera spie etwa 300 v.Chr. in einer großen Eruption 50 Kubikkilometer Ascheregen und pyroklastische Ströme aus. Die Auswanderung der Überlebenden aus dieser Region beeinflußte offensichtlich die klassische Maya-Zivilisation in Guatemala und Yucatán in den nachfolgenden Jahrhunderten. Die heutige Stadt ist in der nordwestlichen Ecke der Zeichnung abgebildet. Die kleinen Inseln in der Mitte des Sees sind Teil eines Lavadoms, der 1880 dort wuchs. (Nach H. Meyer-Abich in Catalogue of Active Volcanoes of Central America, International Volcanological Association, 1958)

Bewohner in der Nähe wahrscheinlich nicht tödlich, und wenn sie geflohen sind, bevor es zu den zerstörerischen Ascheströmen kam, mögen große Zahlen von Flüchtlingen überlebt haben. Darüber hinaus gab es wahrscheinlich Tausende, die außerhalb der Reichweite der Ascheströme lebten, deren Felder aber von einem Ascheregen, der über dem größten Teil El Salvadors und möglicherweise auch über Teilen von Guatemala und Honduras niederging, von über zwanzig Zentimeter Höhe bedeckt waren.

Die Schätzungen, wieviele Menschen getötet und für immer ihre Heimat verloren haben, gehen in die Tausende und Hunderttausende. Viele Flüchtlinge zogen nach Tikal und in andere Maya-Zentren im Flachland des nördlichen Guatemala, Belize und der Yucatán-Halbinsel von Mexiko, Gebiete, die 400 Kilometer und weiter nördlich von der zerstörten Region entfernt liegen. Die pazifischen Handelsrouten entlang der Küste von Mexiko wurden über Tikal umgangen. Dieser Zustrom von handeltreibenden Menschen scheint den Aufstieg der Maya-Zivilisation in den Flachlandgebieten von Mittelamerika ausgelöst zu haben.

158

Abb. 10.5. Vulkanische Ascheschichten unter und über diesem begrabenen Bauernhaus in El Salvador zeigen die wiederholte Zerstörung durch und Erholung von explosiven Eruptionen. Die Ilopango-Asche unter dem Haus breitete sich irgendwann während des 3. Jahrhunderts n.Chr. über ein großes Gebiet aus. Nach etwa 200 Jahren war die Asche ausreichend zu Erde verwittert, so daß die Bauern zurückkehrten. Im 6. Jahrhundert zerstörte und begrub eine kleinere, aber nähere Explosion der Laguna Caldera diese Stelle in Cerén, die 1978 ausgegraben wurde, unter sich. (Foto: Payson D. Sheets, Universität von Colorado)

El Salvador blieb über einhundert Jahre lang verlassen, aber langsam kehrten die Bauern zurück, um die dünne neue Erdschicht, die sich auf der Asche der *tierra blanca* gebildet hatte, zu bearbeiten. Etwa 600 n.Chr. begrub Asche aus einer kleineren, örtlich beschränkten Eruption einen Teil des Gebietes wieder völlig unter sich. Heute graben die Archäologen Herdstellen und Hauswände aus, die auf der Ilopango-Asche errichtet und von einer weiteren, vier Meter dicken Ascheschicht bedeckt worden waren (Abb. 10.5).

Tambora

Mehr als drei Jahre lang gingen kleine Explosionen der großen Eruption von Tambora im Jahr 1815 voraus, die zum großen Calderaeinbruch führte. Der Stratovulkan, der vor dem Ausbruch über 4.000 Meter hoch war, liegt auf Sumbawa, der zweiten Insel östlich von Bali, in Indonesien (Abb. 10.6). Sumbawa wurde so stark zerstört, daß die meisten Berichte von der Katastrophe von Augenzeugen stammen, die sich auf dem Meer oder auf anderen Inseln befanden.

Der katastrophale Höhepunkt der Explosionen, Ascheregen und Ascheströme ereignete sich am 10. und 11. April, wobei die Detonationen noch in 1.500 Kilometer Entfernung auf Sumatra und Ternate wahrnehmbar waren. Dunkelheit bei Tage und Wolken von niederfallender Asche erreichten Ostjava, 500 Kilometer westlich von Tambora, und Südcelebes, das 300 Kilometer nördlich gelegen ist. Kleine Flutwellen von ein bis zwei Meter Höhe erreichten benachbarte Inseln, und Decken aus «Schlacken», die bis zu sechzig Zentimeter dick waren, wurden auf dem Meer treibend gesichtet.

Die Aschefallablagerung auf Bali, 250 Kilometer westlich gelegen, war etwa dreißig Zentimeter dick und auf der Insel Lombok zwischen Bali und Sumbawa sogar noch dicker. Er erstickte die Ernte auf Lombok und Sumbawa, und eine große Hungersnot und Seuche fügte der Zahl der Toten viele weitere Todesopfer hinzu. Schätzungen zufolge forderte die Katastrophe 60.000 bis 90.000 Menschenleben; etwa 10.000 wurden durch die Eruption selbst getötet, die übrigen starben durch Hunger und Krankheit.

Sumbawa liegt abgelegen und wird nicht oft von Wissenschaftlern besucht. Aus diesem Grund haben nur ein paar Geologen die Ergebnisse der Eruption untersucht. Sie haben eine sechs Kilometer breite Caldera entdeckt, deren Rand etwa einen Kilometer niedriger liegt als der Gipfel vor 1815. Auf dem Boden der tiefen Caldera, etwa 700 Meter unterhalb

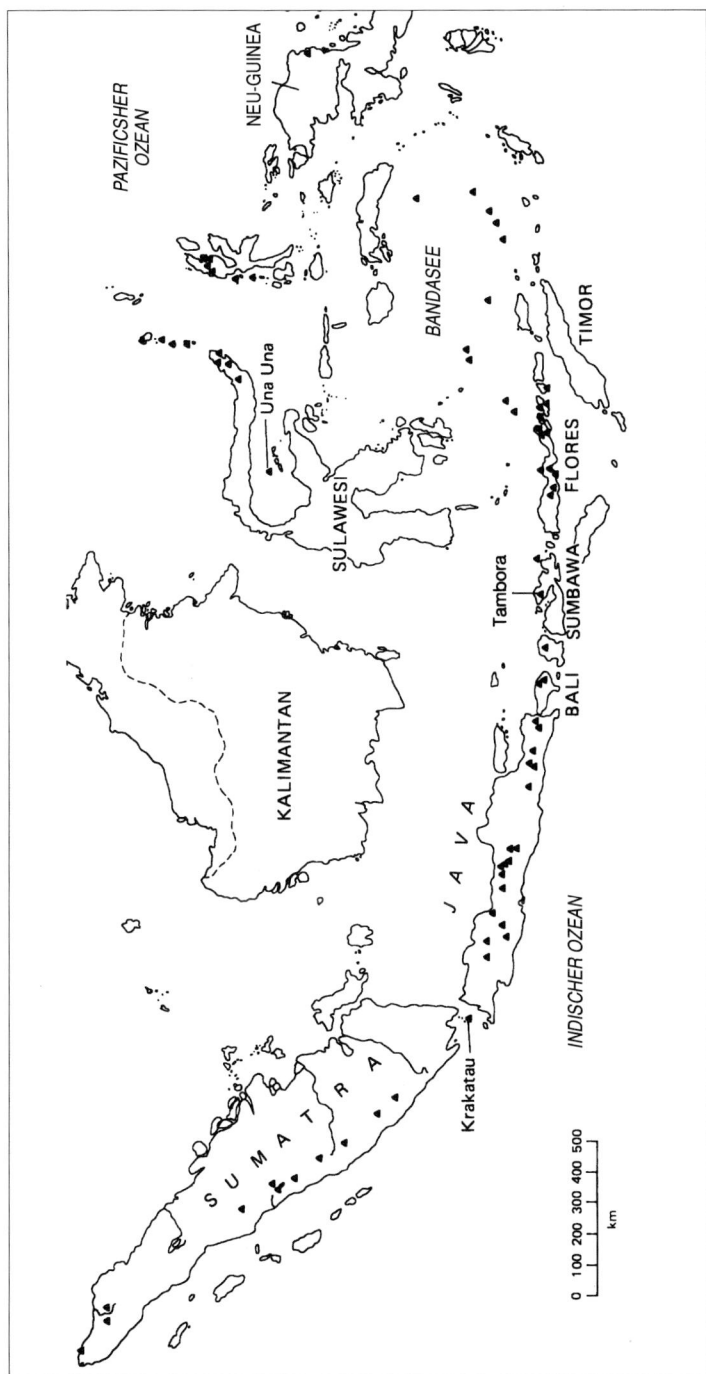

Abb. 10.6. Die Karte von Indonesien zeigt die Standorte von 80 Vulkanen, die in historischer Zeit ausgebrochen sind – ein Rekord unter allen Ländern. Der Ausbruch des Krakatau im Jahr 1883 tötete etwa 36.000 Menschen, der des Tambora kostete schätzungsweise 90.000 Menschenleben. (Abgeändert nach Neumann van Padang in Catalogue of Active Volcanoes of Indonesia, International Volcanological Association, 1951).

des Randes, liegt ein See. Die pyroklastischen Ablagerungen, die 1815 ausgestoßen wurden, haben im Vergleich zu den meisten Eruptionen, bei denen sich eine Caldera bildet, einen ungewöhnlich niedrigen Kieselerdegehalt, sind aber reich an Kalium, und ihr Volumen beträgt nach unterschiedlichen Schätzungen 30 bis 150 Kubikkilometer. Das Magmavolumen, das diesem Calderavolumen entspricht, beträgt etwa vierzig Kubikkilometer, und bis weitere Messungen an den Ablagerungen von 1815 bei Bohrungen an Land und im Meer vorgenommen werden, scheint diese Zahl eine vernünftige Schätzung zu sein. Dies macht die Eruption von Tambora zu einem der größten Ausbrüche in historischer Zeit – vielleicht zum größten überhaupt.

Krakatau

Die Eruption des Krakatau (1883), eines Inselvulkans in Indonesien, der auch als Krakatoa bezeichnet wird, gilt als eine der verheerendsten Naturkatastrophen weltweit. Nach ein paar Monaten kleiner Eruptionen, die mit Unterbrechung stattfanden, und einem Tag mit größeren Explosionen, entlud sich am Krakatau die bisher größte und bestdokumentierteste Explosion. Am 27. August hob sich die Aschewolke während des Höhepunktes der Eruption bis zu fünfzig Kilometer hoch. Die Explosion wurde selbst im 4.000 Kilometer entfernten Australien wahrgenommen und erzeugte eine Schockwelle, die von den Barographen auf der ganzen Welt aufgezeichnet wurde. Die Asche ging über ein Gebiet von 500.000 Quadratkilometern Größe nieder, und der Vulkanstaub, der in die Stratosphäre gelangte, umkreiste zwei Wochen die Erde.

Krakatau ist eine unbewohnte Inselgruppe in der Sunda-Straße zwischen Java und Sumatra, und niemand wurde durch die direkten Auswirkungen der Explosion getötet. Als jedoch sechs Kubikkilometer dazitischen Magmas ausgestoßen wurden, brach eine acht Kilometer breite Caldera auf Tiefen von mehr als 200 Metern unter dem Meeresspiegel zusammen (Abb. 10.7). Flutwellen, die durch diese plötzliche Verlagerung des Meeres entstanden, und die stellenweise eine Höhe von über dreißig Metern erreichten, überschwemmten die niedrig gelegenen Küstenebenen von Java und Sumatra, wobei 36.000 Menschen getötet wurden.

Oft hört man, daß der Krakatau seinen Gipfel «weggepustet» hat, aber das stimmt im Grunde nicht. Das ausgebrochene Material bestand zum größten Teil aus dazitischem Bimsstein, ein Gestein, das so voller Gasporen ist, daß es auf Wasser schwimmt. Riesige Decken dieses umhertrei-

Von Pompeji zum Pinatubo

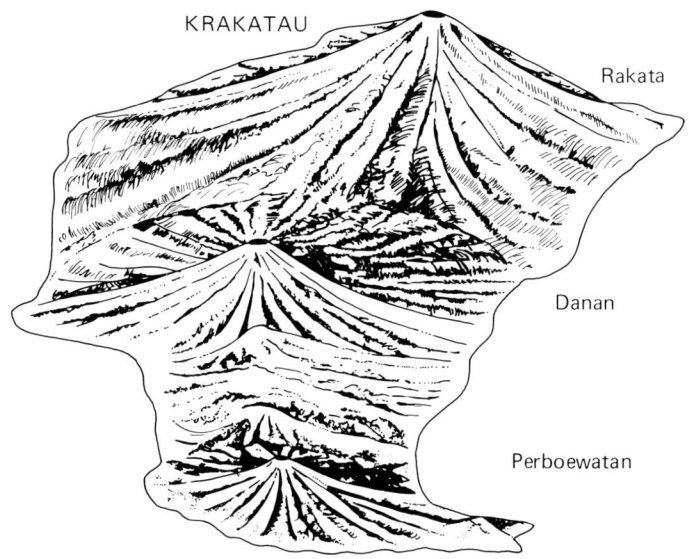

KRAKATAU

Rakata

Danan

Perboewatan

Abb. 10.7. Die Illustrationen zeigen den Krakatau (Indonesien) vor und nach der Eruption im Jahr 1883. Danan und Perboewatan wurden völlig zerstört. Das fehlende Gebiet war 23 Quadratkilometer groß. An der Stelle, an der der Danan sich einst 450 Meter hoch erhob, ist das Meer jetzt 275 Meter tief. Anak Krakatau (Kind des Krakatau), auf dem unteren Bild, tauchte etwa 1930 über dem Meeresspiegel auf und ist zu einer neuen Insel von etwa 2 km Durchmesser angewachsen. Der Rest der Insel Rakata ist links hinter Anak Krakatau sichtbar. (Skizze: Volcanological Survey of Indonesia)

benden Bimssteins verstopften noch Wochen nach der Eruption die Sunda-Straße. Das ältere Gestein, das einen großen Teil dieser fehlenden Insel bildete, war das festere Andesit, und man findet nur einen kleineren Prozentsatz dieses älteren Gesteins in den Ablagerungen der Eruption von 1883. Wenn bei dem Vulkan tatsächlich die Spitze weggeblasen worden wäre, würden sich die Ablagerungen zum größten Teil aus zerbrochenen Fragmenten dieses älteren Gesteins zusammensetzen. Wie bei den meisten calderabildenden Eruptionen entstand das Einbruchbecken hauptsächlich durch den Zusammenbruch in die entleerte Magmakammer und nicht durch eine explosive Aushöhlung.

Die globale Verteilung des Vulkanstaubs des Krakatau durch schnelle Winde in hohen Lagen gab den Meteorologen einen frühen Hinweis auf das Vorhandensein von Jetströmen, die sie aber weitere fünfzig Jahre lang nicht direkt messen konnten. Im Herbst und Winter des Jahres 1883 waren die Menschen weltweit Zeugen vieler seltsamer, aber auch schöner Effekte in der Atmosphäre. Die Sonnenuntergänge waren besonders spektakulär und inspirierten viktorianische Künstler und Dichter, einschließlich Tennyson, der schrieb:

Waren die glühenden Aschen eines feurigen Gipfels
so hoch geschleudert worden, daß sie sich um den Globus verteilten?
Denn Tag für Tag, an vielen blutroten Abenden,
leuchtete die grimmige Sonne grell.

Diese weltweiten Auswirkungen der großen Eruption des Krakatau – die Schockwellen, die von den Barographen gemessen wurden, und die dramatischen atmosphärischen Auswirkungen, die von Millionen von Menschen wahrgenommen wurden – führten dazu, daß Wissenschaftler in Europa und Amerika erkannten, daß die Auswirkungen eines großen Vulkanausbruchs weltweit spürbar sind.

Tod und Zerstörung

Man hat geschätzt, daß über eine Million Menschen in den letzten 2.000 Jahren durch Vulkanexplosionen ums Leben gekommen sind. Es ist unmöglich, diese Zahl genau zu dokumentieren, denn an den Orten, an denen die Zerstörung am schlimmsten ist, wurden häufig auch Aufzeichnungen und Beweise zerstört. Bessere Daten sind für die letzten einhundert Jahre vorhanden. Die Zahl der Todesopfer scheint sich auf etwa 100.000 zu belaufen und der Schaden auf $ 10 Milliarden (U.S. Dollar

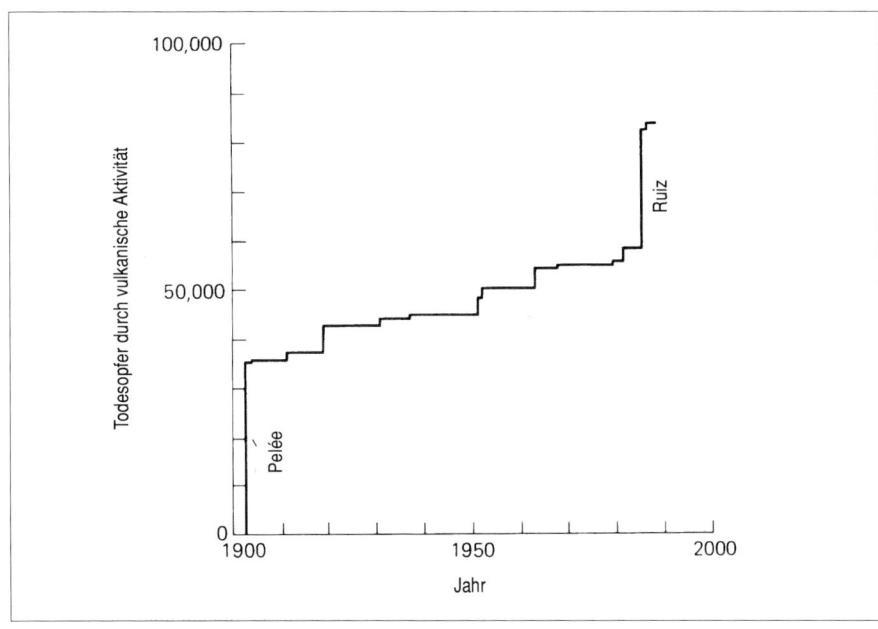

Abb. 10.8. Die weltweit anwachsende Zahl der Todesfälle durch Vulkaneruptionen seit 1900. Die zwei Hauptsprünge, in den Jahren 1902 und 1985, sind größtenteils auf die katastrophalen Eruptionen des Mont Pelée in der Karibik und des Nevado del Ruiz in Kolumbien zurückzuführen.

nach heutigem Wert) (Abb. 10.8). Im 20. Jahrhundert tötete die *Nuée ardente* des Mont Pelée im Jahr 1902 29.000 Menschen, und die Schlammlawinen des Ruiz im Jahr 1985 forderten weitere 25.000 Menschenleben. Die beiden großen Ausbrüche des Tambora und Krakatau in Indonesien in den Jahren 1815 und 1883, bei denen insgesamt 120.000 Menschen ums Leben kamen, machen den größten Teil der Todesfälle durch vulkanische Aktivität im 19. Jahrhundert aus.

Historische Aufzeichnungen bieten jedoch keine vernünftige Richtlinie für die Berechnung zukünftiger Risiken durch vulkanische Gefahren. Dafür gibt es zwei Hauptgründe: Erstens steigt die Erdbevölkerung immer schneller an, so daß immer mehr Menschen Gefahr laufen, selbst bei gemäßigten Eruptionen ihr Leben zu verlieren. Dies illustrierten die Schlammlawinen des Ruiz in Kolumbien, die allein in Armero 22.000 Menschen töteten, auf tragische Weise. Über einhundert Jahre zuvor töteten die Schlammlawinen des Ruiz in demselben Gebiet nur etwa 1.000 Menschen, da einfach weniger Menschen in der Gefahrenzone lebten.

Zweitens legen die Beweise nahe, daß viele Vulkanausbrüche in prähistorischer Zeit noch viel größer waren als die riesigen Eruptionen von

Vulkankatastrophen

Land	Caldera	Durchmesser (in km)	Volumen des eruptierten Magmas (in Kubikkilometer)	Zeitpunkt (vor ... Jahren)
Italien	Phlegräische Felder	13	50	35.000
Neuseeland	Rotorua	15	200	140.000
Indonesien	Toba	100 mal 35	2.800	75.000
Japan	Aira	20	110	22.000
USA	Yellowstone	60 mal 45	1.000	630.000
USA	Long Valley	32 mal 17	600	700.000
Guatemala	Atitlan	20 mal 17	250	84.000

Tafel 10.1. Beispiele großer prähistorischer Eruptionen, bei denen es zur Bildung von Calderen kam (nur eine kleine Auswahl von vielen Calderen auf der Erde, die über 10 km breit sind)

Thera und Tambora – ihr Volumen betrug nämlich das Zehn- bis Hundertfache. Tabelle 10.1 führt einige Beispiele für sehr große, explosive Eruptionen in verschiedenen Teilen der Welt während der letzten Million Jahre an, bei denen sich Calderen bildeten. Die Liste in dieser Tabelle ist keinesfalls vollständig; aktuelle Forschungen in Südamerika und anderen Gebieten offenbaren, daß es weitere, äußerst große prähistorische Eruptionen gegeben haben muß. Wenn man die gegenwärtigen Kenntnisse zugrundelegt, scheint man davon ausgehen zu können, daß Eruptionen von ca. 100 Kubikkilometern etwa alle 10.000 Jahre stattfinden, und Ausbrüche von ca. 1.000 Kubikkilometern etwa alle 100.000 Jahre. Falls dies zutrifft, dürften auch in der Zukunft seltene, aber äußerst große Vulkanausbrüche stattfinden.

Orte mit hohem Risiko vulkanischer Eruptionen sind Regionen mit potentiell aktiven explosiven Vulkanen, in denen gleichzeitig eine hohe Bevölkerungsdichte besteht. Italien, Indonesien, Neuseeland, Papua-Neuguinea, die Philippinen, Japan, die Vereinigten Staaten, Mexiko, Mittelamerika, Kulumbien, Ekuador, Peru und Chile sind die Länder, die primär betroffen sind. Das Problem ist aber nicht hoffnungslos; einige Dinge, die unternommen werden können, um vulkanische Risiken zu reduzieren, werden in Kapitel 11 diskutiert.

11 Vorhersage von Vulkanausbrüchen

Mauna Loa, Hawaii: 25. März 1984

Ein rotes Glühen erleuchtete den Nachthimmel über der Gipfelcaldera des Mauna Loa, als dieser riesige Vulkan nach seinem neunjährigen Schlaf erwachte. Um 1 Uhr 30 brachen die ersten Lavafontänen entlang einer Spalte an die Oberfläche und schufen einen «Feuervorhang» quer über die Caldera. Als sich der Spalt erweiterte und weitere Feuerfontänen ausbrachen, waren die vulkanischen Erdbeben und Erschütterungen so stark, daß die astronomischen Teleskope auf dem benachbarten Vulkan Mauna Kea in fünfzig Kilometer Entfernung nicht mehr stabil gehalten werden konnten.

Während der ersten Stunden war die Eruption zu neuen Schloten am Rand der Caldera gewandert und verlagerte sich weiter nach unten zur nordöstlichen Spaltenzone. Während sich weiter unten an der Flanke Eruptionskanäle auftaten, schlossen sich jene, die sich weiter oben befanden – einschließlich der in der Caldera –, langsam wieder. Der Hauptschlot etablierte sich bald in einer etwa einen Kilometer langen Zone in 2.900 Meter Höhe (der Berg selbst ist 4.169 Meter hoch). Aus den Lavafontänen, die über zwanzig Meter hoch waren, ergossen sich voluminöse und schnell fließende Ströme.

Der Hauptstrom ergoß sich nach Nordosten in Richtung Hilo, einer Hafenstadt in fünfzig Kilometer Entfernung. Schnell und unablässig legte er am ersten Tag 15 Kilometer zurück. Wände von abkühlender Lava bauten sich am Rand des Stroms zu Dämmen auf, und das geschmolzene Gestein floß bei 1.130° C durch den dazwischenliegenden Kanal. Als der Strom sich während der nächsten paar Tage weiter vorschob, ließ seine Geschwindigkeit nach, aber er war noch immer auf eine schmale Zunge beschränkt, die sich in Richtung Hilo ergoß.

Nachts leuchteten der glühende, rote Strom und die Rauchwolken darüber orangefarben und das reflektierte Licht schien von der Stadt aus gesehen sogar noch näher und bedrohlicher als es in Wirklichkeit war. Der Strom bewegte sich langsam den Abhang in Richtung Hilo hinab, wobei hunderttausend Quadratmeter des örtlichen Regenwaldes niedergewalzt wurden und abbrannten. Schwefelrauch hing in der Luft, und alle paar Minuten waren an den Rändern des Stroms Methangasexplosionen hörbar. Die Zivilschutzorganisationen und die Bewohner des Ortes begannen sich auf das Schlimmste vorzubereiten, falls eine Veränderung der Stromrichtung oder eine Steigerung der Geschwindigkeit eine plötzliche Evakuierung notwendig machen sollte.

Am 29. März war der sich vorschiebende Strom bis auf acht Kilometer an die Außenbezirke der Stadt vorgedrungen, aber dann kam es zu einem glücklichen Zufall. Etwa 15 Kilometer stromaufwärts brach einer der Dämme, der den Kanal begrenzte, und die Lava wurde in einen zweiten, parallel verlaufenden Kanal umgeleitet. Einige Tage später, als der zweite Strom gerade den ersten errreichte, kam es zu einem weiteren Dammbruch. Gleichzeitig verlangsamte sich die Lavaproduktion des Schlotes, und die Lava wurde zähflüssiger. In den folgenden Tagen kam es im oberen Teil des Abhangs zu weiteren Umleitungen, so daß die Ströme sich relativ harmlos über unbewohntes Land ausbreiteten, statt sich unablässig stromabwärts zu ergießen. Am 15. April war der Ausbruch zu Ende, und Hilo war nicht weiter bedroht.

Obwohl der genaue Zeitpunkt der Eruption nicht vorhergesehen werden konnte, kam der Ausbruch an sich nicht unerwartet. Der Mauna Loa war zum letztenmal 1975 ausgebrochen und davor 1950. Während der letzten zehn Jahre hatten die Wissenschaftler des Hawaiian Volcano Observatory die zunehmende Erdbebenaktivität des Mauna Loa sorgfältig überwacht und die Ausdehnung des Berges gemessen, als die Magmakammer unter dem Gipfel anschwoll. Beide Entwicklungen schienen 1983 schneller zu verlaufen, was die Wissenschaftler des Observatoriums zu dem ungewöhnlichen Schritt veranlaßte, eine wahrscheinliche Eruption während der nächsten ein bis zwei Jahre vorauszusagen.

Natürliche Gefahren wie Erdbeben, Vulkanausbrüche, Erdrutsche, Stürme, Überschwemmungen und Klimaveränderungen voraussagen zu können, ist eines der Hauptziele der Erdwissenschaftler. Wettervoraussagen gelten als nützlich, obwohl sie ungenau sind, und für die Vorhersage von Vulkanausbrüchen gilt dasselbe.

Die Reduzierung der Gefahren durch Vulkanausbrüche kann auf drei sich ergänzende, aber unterschiedliche Verfahrensweisen angegangen werden:

1. durch die Untersuchung von historischen Eruptionsberichten und prähistorischen Ablagerungen auf den einzelnen Vulkanen,
2. durch die Überwachung der wichtigen Lebenszeichen eines potentiell aktiven Vulkans und
3. durch die Information der in der Nähe lebenden Bevölkerung, zu welchen Ereignissen es bei zukünftigen Ausbrüchen kommen kann und wie potentielle Gefahren reduziert werden können.

In einer Anekdote über die Vorhersage von Eruptionen wird dem Geologen empfohlen, herauszufinden, was *geschehen ist*, dem Geophysiker, was *geschieht*, und dem Politiker, die Öffentlichkeit darüber zu informieren, was geschehen *könnte*.

Aufzeichnungen von Eruptionen

Einige Vulkane zeigen recht beständige Aktivitätsmuster, während andere viel unregelmäßiger sind. Bei dem Versuch, die zukünftige Aktivität auf der Grundlage des vergangenen Verhaltens eines Vulkans abzuschätzen, sind Vorhersagen bei den beständigeren Vulkanen viel leichter. Dennoch verändern sich Bedingungen und Muster, und alle Voraussagen, die auf der in der Vergangenheit beobachteten Aktivität beruhen, sind einer gewissen Unsicherheit unterworfen. Die historischen Aufzeichnungen von Vulkaneruptionen sind in einigen Gebieten der Welt viel besser als in anderen. In Italien und Griechenland wurden Daten seit Tausenden von Jahren gesammelt, während die Aufzeichnungen in Hawaii erst etwa 200 Jahre alt sind.

In Abb. 11.1 ist die Anzahl aller bekannten Vulkanausbrüche auf der Erde während der letzten sechs Jahrhunderte aufgeführt. Auf den ersten Blick scheint es zu einer alarmierenden Steigerung von Vulkanausbrüchen gekommen zu sein; bei einer genauen Interpretation kommt man jedoch zu dem Schluß, daß sich lediglich das globale Kommunikationssystem verbessert hat, und damit einhergehend die Berichte über Vulkanausbrüche.

Geologen können bei den Berichten über vulkanische Aktivitäten in prähistorische Zeiten zurückgehen, indem sie den Charakter, die Reihenfolge und das Alter vulkanischer Produkte aus den einzelnen Vulkanausbrüchen untersuchen. Diese Methode ähnelt archäologischen Ausgrabungen, anhand derer man die prähistorische Geschichte menschlichen

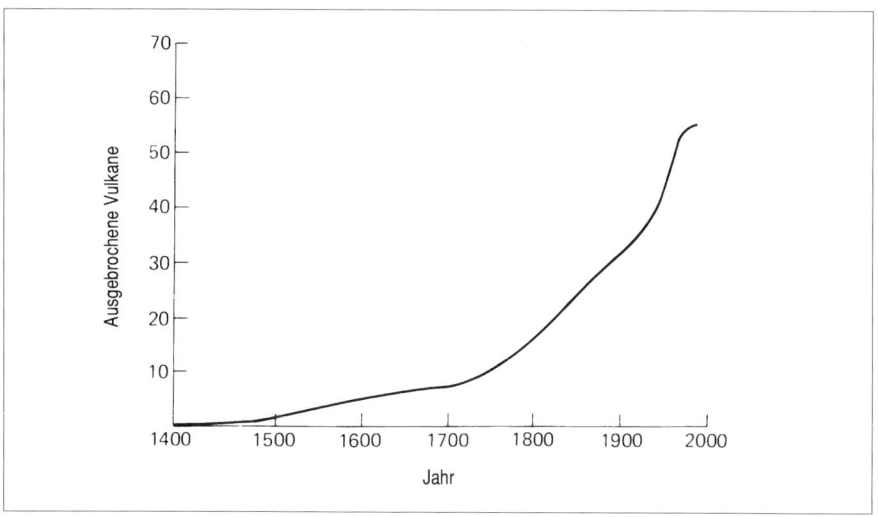

Abb. 11.1. Anzahl der Vulkane, von denen seit 1400 pro Jahr von einer Eruption berichtet wurde. Die Kurve wurde mittels eines 30jährigen fortlaufenden Durchschnitts geglättet. Der Eindruck, daß die Zahl der Vulkanausbrüche gestiegen ist, ist irreführend. Das Anwachsen der Bevölkerung und die Verbesserung der weltweiten Kommunikation und der Aufzeichnungen sind wahrscheinlich für den größten Teil der Steigerung verantwortlich. Im letzten Jahrzehnt lag die Anzahl der Vulkane, die auf der Erde ausgebrochen sind, zwischen 50 bis 60 pro Jahr. (Daten von Simkin u.a., Volcanoes of the World, 1981, und Scientific Event Alert Network, Smithsonian Institution)

Verhaltens nachweisen kann. Durch die Erfassung von Typ und Ausmaß der Lavaströme, Ascheschichten, Schlammlawinen oder anderer vulkanischer Ablagerungen und durch die Festsetzung ihres Alters mit der Radiokarbonmethode oder anderen Datierungstechniken können Geologen prähistorische Aufzeichnungen von großen Eruptionen über viele Tausend, bisweilen Millionen von Jahren entziffern. Das Problem bei dieser Methode liegt darin, daß eine kleine Eruption möglicherweise keine Ablagerungen produziert, die sich leicht erfassen lassen. Außerdem können alle Aufzeichnungen oder zumindest ein Teil von ihnen durch große Erosionsvorgänge, wie sie beispielsweise in den Eiszeiten stattgefunden haben, ausgelöscht werden. Eine sorgfältige geologische Bestandsaufnahme kann daher nur die größeren Muster der vergangenen Aktivität eines Vulkans andeuten, dennoch ist dies von größtem Wert. Die niedergeschriebene Geschichte ist im Vergleich zu den langen Ausblicken der geologischen Zeit so kurzsichtig, daß sie nur die Bäume sieht, aber nicht den Wald.

Die meisten der über 1.300 potentiell aktiven Vulkane auf der Erde wurden nicht erfaßt, um ihre prähistorischen Eruptionsaufzeichnungen

Von Pompeji zum Pinatubo

festzustellen. Weniger als zehn Prozent wurden in bezug auf zukünftige vulkanische Gefahren untersucht, und nur für etwa dreißig Vulkane bestehen umfassende Gefahrenkarten und -berichte.

Ein Problem bei der Erfassung von Gefahren zukünftiger Eruptionen besteht darin, daß viele äußerst gefährliche Vulkane in historischer Zeit nicht aktiv waren; einige der zerstörerischsten Eruptionen in historischer Zeit sind bei Vulkanen aufgetreten, die über Hunderte oder Tausende von Jahren ruhig gewesen waren (Abb. 11.2). Viele dieser potentiell gewalttätigen Vulkane gelten bei den Menschen, die in ihrer Nähe leben, als erloschen, und da sie relativ unbekannt sind, wurden sie im Vergleich zu den bekannteren Vulkanen, die häufig ausbrechen, nur schlecht erforscht. Selbst Vulkane mit einer gut belegten Geschichte, in der viele Eruptionen in historischer Zeit aufgezeichnet wurden, können in der Ruhezeit – der ruhigen Zeit zwischen Perioden der Aktivität – und im Charakter dieser Eruptionen große Unterschiede aufweisen. Der Asama in Japan ist beispielsweise mehrere tausendmal ausgebrochen, seit man im 6. Jahrhundert mit der Aufzeichnung seiner Aktivität begonnen hat. Seit 1900 betrugen die kürzesten Ruhezeiten des Asama weniger als einen Tag und die längste über fünf Jahre. Bei den Eruptionen neuerer Zeit kam es zu bescheidenen Ascheeruptionen, aber ein zerstörerischer Ausbruch im Jahr 1783 produzierte große Niederschläge von Asche und Bimsstein sowie pyroklastische Ströme und Schlammströme.

Trotz dieser Probleme waren einige Vorhersagen, die auf historischen Aufzeichnungen und geologischen Erfassungen beruhten, bemerkenswert akkurat, wie sich beim Mount St. Helens zeigte. 1978 veröffentlichten Dwight Crandell und Donald Mullineaux vom U.S. Geological Survey eine Gefahreneinschätzung, in der sie zu dem Schluß kamen, daß dieser Stratovulkan in den vorhergehenden 4.500 Jahren aktiver und explosiver war als jeder andere auf dem nordamerikanischen Festland außer Alaska. In dieser Zeit produzierte der Mount St. Helens Lavadome und -ströme, Asche- und Bimssteinniederschläge, pyroklastische Ströme und Schlammströme mit einer durchschnittlichen Ruheperiode von nur 225 Jahren. Auf der Grundlage der Untersuchung dieses Verhaltens in der Vergangenheit hieß es darum in ihrem Bericht, daß der Mount St. Helens «möglicherweise vor Ende dieses Jahrhunderts» wieder ausbrechen würde. Nur zwei Jahre später wurde diese Vorhersage Realität (Kapitel 2).

Die Analyse der Dauer von Ruhezeiten bei einem Vulkan mit vielen dokumentierten Eruptionen kann Muster offenbaren, die bei der Vorher-

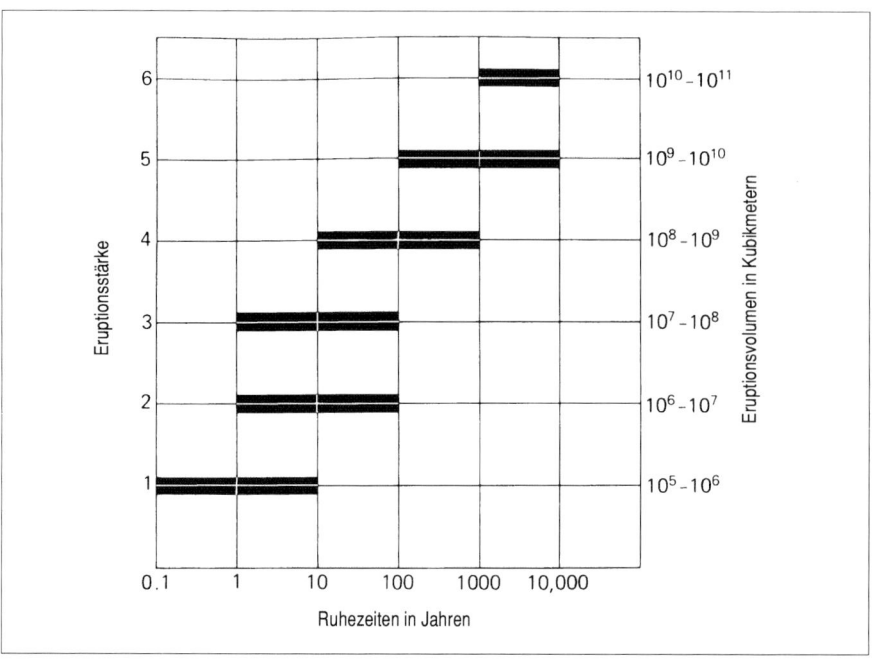

Abb. 11.2. Die Ruhezeiten – die Zeitabstände zwischen den Eruptionen – dauern im allgemeinen vor großen Eruptionen viel länger. Die Balken repräsentieren die Dauer der Ruhezeiten typischer historischer Eruptionen. Die Eruptionsmagnitude zeigt jeweils eine zehnfache Steigerung des Fördervolumens. Eine explosive Eruption der Größe 5 beispielsweise speit 1 Kubikkilometer aus, während bei der Größe 6 das Zehnfache, also 10 Kubikkilometer ausgestoßen werden. Größere Eruptionen finden weniger häufig statt als kleinere. Nur acht Eruptionen der Größe 6 bis 7 haben in historischer Zeit stattgefunden, während fast siebenhundert Eruptionen der Größe 3 bis 4 stattgefunden haben. (Daten des Smithsonian Instituts)

sage zukünftiger Ausbrüche helfen können. Die durchschnittliche Ruhezeit des Kilauea beispielsweise beträgt ein bis zwei Jahre, wobei nach dem bisher bekannten Muster immer Gruppen von Eruptionen zeitlich zusammenfallen. Aufgrund dieses Musters dauert die erwartete Ruhezeit vor einer Eruption während der Aktivitätsphasen im Durchschnitt weniger lang als zwischen Perioden, in denen es über mehrere Jahre hinweg zu keinem Ausbruch gekommen ist. Eine Verlängerung der Ruhezeit während einer Aktivitätsphase deutet also darauf hin, daß sich der Kilauea wahrscheinlich von einer Zeit mit angehäuften Eruptionen wegbewegt. Der Vulkan Hekla auf Island zeigt das genau entgegengesetzte Muster; seine durchschnittliche Ruhezeit beträgt etwa fünfzig Jahre, wobei die Wahrscheinlichkeit einer Eruption mit jedem vergangenen Jahr steigt. Beim Hekla setzt sich während der Ruhezeit offenbar die Ansammlung von Magma für die nächste Eruption fort.

Von Pompeji zum Pinatubo

Damit ein Vulkan ausbricht, muß Magma an die Oberfläche gelangen. Diese Bewegungen unter der Erdoberfläche oder Veränderungen im Volumen von geschmolzenem Gestein produzieren im allgemeinen Signale, die durch geologische, geophysikalische und geochemische Beobachtungen entdeckt werden können, bevor es zu einer Eruption kommt. In manchen Fällen können die Veränderungen für die Menschen in der Nähe des Vulkans direkt spürbar sein, da sie beispielsweise einen Erdbebenschwarm wahrnehmen oder eine stärkere Rauchentwicklung aus dem Krater beobachten. Häufiger jedoch sind die Veränderungen im Erdbebenmuster, die Deformationen an der Erdoberfläche und die Zusammensetzung der Gasabgaben gering und subtil und können nur durch die ständige Überwachung mit empfindlichen Geräten festgestellt werden. Das ist die Aufgabe eines Vulkanobservatoriums.

Die Einrichtung und der Betrieb eines solchen Beobachtungspostens ist im Vergleich zur Bestimmung der eruptiven Geschichte und der Gefahren eines Vulkans durch die geologische Bestandsaufnahme sehr teuer; die Methoden bei der Vorhersage von Eruptionen ergänzen sich jedoch. Bei den wenigen Vulkanen, die gründlich erfaßt wurden und ständig überwacht werden, waren die Voraussagen am erfolgreichsten (Abb. 11.3).

Bei der Überwachung aktiver Vulkane werden recht häufig Erdbeben, die Verformung der Erdoberfläche, Temperatur und Zusammensetzung der Fumarole oder Kraterseen und visuelle Veränderungen beobachtet. Während einer Eruption ist es wichtig, die Zusammensetzung sowie Masse und Geschwindigkeit ihrer Emissionen zu überwachen. Andere Techniken, wie z.B. elektrische und magnetische Messungen und Schwerkraftmessungen, können auch Veränderungen in der Struktur unter der Oberfläche oder die Dynamik des beobachteten Vulkans verdeutlichen. Veränderungen dieser Daten – beispielsweise Erdbebenmuster, die Geschwindigkeit der Bodenerhebung oder das Verhältnis von Chlor zu Schwefel im Gas, das aus den Fumarolen strömt – geben Informationen, die wichtig sind, um die Prozesse im Inneren eines Vulkans zu verstehen, und um vorauszusagen, was als nächstes passieren wird.

Eine Zunahme von Erdbeben in niedrigen Tiefen unter einem Vulkan deutet im allgemeinen auf eine bedeutsame Veränderung hin, vielleicht auf ein Anwachsen des Magmavolumens in der Magmakammer (Abb. 11.4). Manche Erdbebenschwärme können durch Veränderungen des regionalen Spannungsfeldes verursacht werden und konzentrieren sich unter einem potentiell aktiven Vulkan, da das heiße Gestein dort schwä-

Abb. 11.3. Das hawaiianische Vulkanobservatorium und das Jaggar Museum am Rand der Kilauea-Caldera. Der Halemaumau-Krater liegt bei dieser Luftansicht im Hintergrund in süd-südöstlicher Richtung. (Foto: J.D. Griggs, U.S. Geological Survey)

cher ist und eher dazu neigt zu brechen als das kältere Gestein in der es umgebenden Region. In der Tat sind einige Magmakammern unter Vulkanen so plastisch, daß sie sich ohne die Brüche, die zu Erdbeben führen, verformen. In diesem Fall liefert die Lokalisierung der Hülle von winzi-

Von Pompeji zum Pinatubo

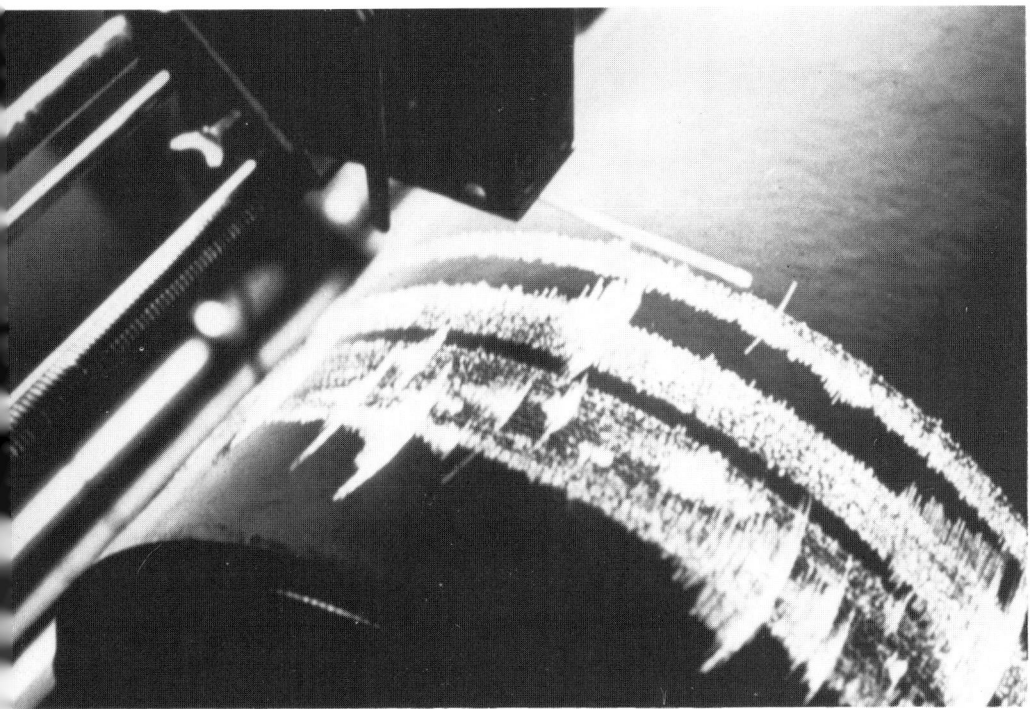

Abb. 11.4. Seismographische Aufzeichnungen von vulkanischen Beben (die durchgezogene geschlängelte Linie) und Erdbebenschwärmen (regenschirmförmige Signale), die unter dem Kilauea in Hawaii stattfinden. Die Trommel dreht sich um 1 mm pro Sekunde, so daß einige der größeren Erdbebensignale (etwa Größe 3) langsam über eine Zeitdauer von zwei bis drei Minuten allmählich aufhören.

>
Abb. 11.5. A: Luftansicht der Kilauea-Caldera, Hawaii, in nördlicher Richtung. Der innere Krater Mitte links ist der Halemaumau. Der Mauna Kea ist in der Ferne sichtbar. B: Die Stellen, an denen Erdbeben stattgefunden haben (schwarze Punkte) und die von 1970 bis 1983 unter der Caldera-Region aufgezeichnet wurden, umgeben das eingeschlossene Magmareservoir – das gestrichelte Oval. (Foto: U.S. Geological Survey, Erdbebendaten von Fred Klein, U.S. Geological Survey)

gen Erdbebenzentren in dem schwachen, aber immer noch zerbrechlichen Gestein, das die Magmakammer umgibt, ein unterirdisches Bild der Lage und Größe dieses Reservoirs (Abb. 11.5).

Neben der Aufzeichnung einzelner Erdbeben nehmen die Seismometer in der Nähe eines aktiven Vulkans oft andauernde Bodenschwingungen wahr, die als vulkanisches Beben bezeichnet werden. Diese Beben finden fast immer während eines Vulkanausbruchs statt, und sie werden oft aufgezeichnet, bevor eine Eruption beginnt. Ein vulkanisches Beben wird entweder durch Magma verursacht, das sich in der Tiefe durch

Vorhersage von Vulkanausbrüchen

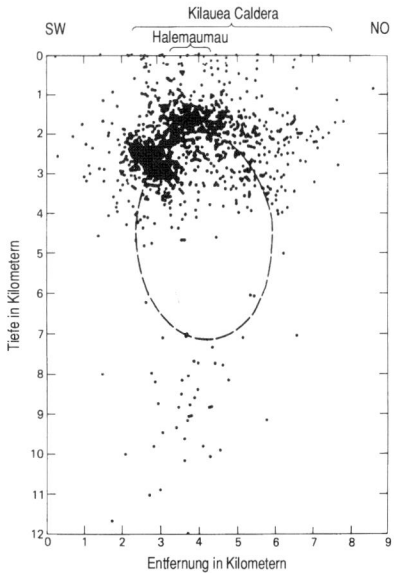

Von Pompeji zum Pinatubo

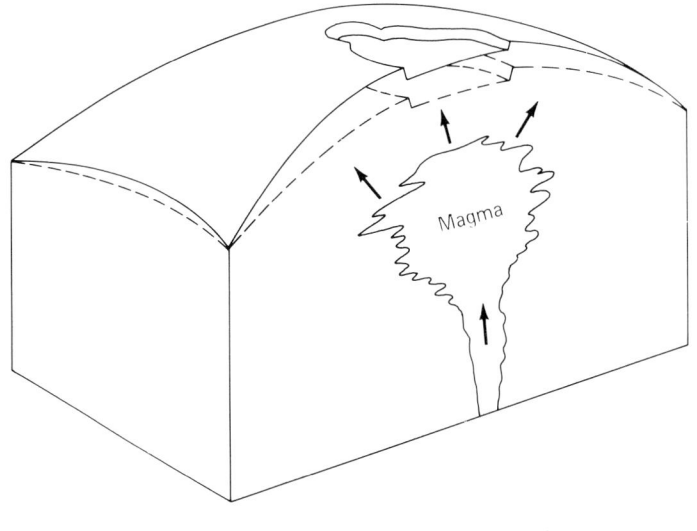

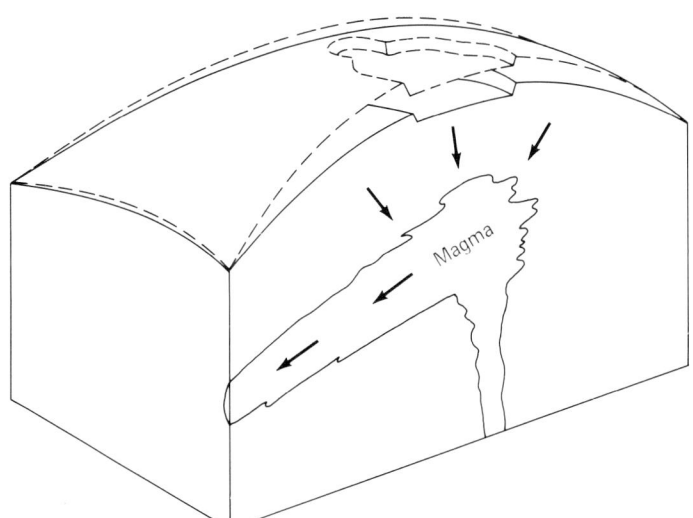

Abb. 11.6. Die Zeichnungen zeigen die Inflation (Kippung nach außen) und die schnelle Deflation des Gipfelbereichs von Vulkanen des hawaiianischen Typs, wenn sich das Magma sammelt und dann aus dem Magmareservoir im Gipfel entweicht. Die Spalte, die mit aufsteigendem Magma angefüllt ist (untere Zeichnung), erreicht die Oberfläche oft an einer tieferen Stelle des Vulkans und bildet eine Flankeneruption. Der tatsächliche Betrag der Hebung und Senkung im Zentrum der Deformation variiert im allgemeinen zwischen ein paar Zentimetern und ein paar Metern. (Nach Robert Tilling, U.S. Geological Survey, und Jean-Louis Cheminee, Institut de Physique du Globe de Paris)

Vorhersage von Vulkanausbrüchen

Förderkanäle bewegt, und/oder durch Gase, die aus dem Magma oder Grundwasser herauskochen oder aber durch eine dichte Folge kleiner Erdbeben. Da manche Vulkanbeben durch das Eindringen von Magma in niedriger Tiefe verursacht werden, sind sie bei der seismischen Überwachung aktiver Vulkane von großer Bedeutung.

Die Verformung der Erdoberfläche gibt ebenfalls Hinweise auf unterirdische vulkanische Aktivität. Wenn wir wieder die hawaiianischen Vulkane als Beispiel nehmen, bewegt sich das Magma fast ständig nach oben und sammelt sich in den flachen Magmareservoirs unter dem Kilauea und dem Mauna Loa, wo es eine Aufblähung und Ausdehnung der Gipfelregionen verursacht (Abb. 11.6). Diese Verformung erstreckt sich über große Gebiete und kann nur mit empfindlichen Neigungsmessern oder durch Landvermessungen wahrgenommen werden. Das Verformungsmuster hängt von der Tiefe der anschwellenden Magmakammer ab; je tiefer die Quelle liegt, desto kleiner aber auch ausgedehnter ist die Oberflächenverformung. In Hawaii stimmen die Tiefenwerte mit den unabhängigen Hinweisen aus den Erdbeben, die für flache Magmareservoirs unter den Calderen von Kilauea und Mauna Loa in Tiefen von drei bis vier Kilometern sprechen, überein.

Neben diesen unterirdischen Informationen ist das Ausmaß der Oberflächenschwellung ein wichtiger Faktor bei der Einschätzung, wann eine neue Eruption einsetzen wird. Eine starke Bodenerhebung über kurze Zeit erhöht die Wahrscheinlichkeit eines Ausbruchs des Kilauea und des Mauna Loa beträchtlich.

Im Magma gelöste Gase beginnen, abhängig von ihrer Menge und der Gesamtzusammensetzung, in verschiedenen Tiefen Blasen zu bilden. Kohlendioxid (CO_2) beispielsweise ist meistens das erste Gas, das auskocht, während die Gase von Schwefeldioxid (SO_2) und Chlorwasserstoff (HCl) in geringeren Tiefen bei niedrigerem Druck herauskochen. Ein Anstieg des Mengenverhältnisses von Kohlenstoff zu Schwefel in einer Fumarole kann darauf hinweisen, daß ein neuer Magmaschub in flache Tiefen vorgedrungen ist und CO_2 vorzugsweise aus diesem Magma an die Oberfläche strömt. Andere Faktoren, etwa Veränderungen der Grundwasserchemie, können auch zu Veränderungen des Gasverhältnisses führen. Obwohl die Interpretation der Gasemissionsdaten an sich kein sicherer Hinweis auf vulkanische Aktivität ist, kann sie doch bei der Bestätigung anderer Hinweise äußerst nützlich sein.

Auf Island und den Philippinen wurde vor Vulkanausbrüchen ein Temperaturanstieg in Fumarolen und Kraterseen beobachtet, und dennoch ist dies wieder kein schlüssiger Beweis, denn eine Abnahme der

Regenfälle kann die Temperatur des Grundwassers in Vulkangebieten ebenfalls ansteigen lassen. Keine Überwachungstechnik allein kann feststellen, was unter einem Vulkan vor sich geht, oder wie er sich in Zukunft verhalten wird. Die Situation ähnelt einer medizinischen Diagnose: Je mehr Tests durchgeführt werden, desto klarer sind Ursache und Prognose, aber die Sicherheit beträgt selten 100 Prozent. Ein paar Schlüsseltests jedoch, die von einem erfahrenen Arzt beurteilt werden, sind oft besser als eine ganze Reihe von Untersuchungen, die nicht sorgfältig interpretiert werden.

Die Überwachungstechniken, die in einem Vulkanobservatorium entwickelt wurden, sind auch an anderen Orten nützlich, obwohl sie für den speziellen Vulkan, der beobachtet wird, maßgeschneidert wurden. Die Analysetechniken von Erdbeben, Bodenverformungen und Gasen, die von Vulkanologen in Hawaii entwickelt wurden, waren während der Krise am Mount St. Helens sofort nützlich und zeigten, daß eine flache Magmamasse unter der Nordflanke des Berges intrudierte. Der Zeitpunkt und die Größenordnung der riesigen Eruption wurden nicht vorhergesagt, aber der intensive und anhaltende Erdbebenschwarm bildete zusammen mit der großen Geschwindigkeit, mit der die Anschwellung an der Nordseite vor der großen Eruption wuchs, die Grundlage für die Empfehlung, den Zugang zum Vulkan einzuschränken. Leider gab es dennoch Tote, doch die Zahl der Opfer hätte viel höher sein können, wenn der Vulkan nicht überwacht worden wäre.

Die ideale Vorhersage vulkanischer Aktivität sollte den Ort, die zeitliche Berechung, den Charakter und die Größe der potentiellen Eruption und eine genaue Einschätzung der Unsicherheit jedes einzelnen Faktors umfassen. Bei der zeitlichen Vorhersage sollte es nicht nur um das Einsetzen des Ausbruchs gehen, sondern auch um die Zeit der höchsten Aktivität und um das Ende der Eruption. Dies ist eine schwierige Aufgabe, und zur Zeit ist die Wissenschaft noch weit von diesem Ziel entfernt. Dennoch können Voraussagen, die auf Wahrscheinlichkeit beruhen, durch den gezielten Einsatz des bereits vorhandenen Wissens, der Techniken und der Instrumente stark verbessert werden.

Unsicherheit und Rechtsordnung

Eine genaue Vorhersage der zukünftigen Aktivität solch komplexer Zusammenhänge, wie sie bei Vulkanen vorhanden sind, wird wahrscheinlich nie möglich sein, da sich mit jedem neuen Ausbruch die Regeln ändern. Beim Kilauea beispielsweise können die Druckbedingungen in der flachen Magmakammerdurch Messungen der Bodenverformung ziemlich genau abgeschätzt werden, so daß der aktuelle Magmadruck und das Druckniveau, bei dem es zuletzt zu einer Störung und Eruption kam, verglichen werden können. Mit jedem neuen Ausbruch verändert der Vulkan seine Spannkraft. Doch diese neue Spannkraft kann nur nach dem nächsten Ausbruch anhand des Druckes gemessen werden, der diesen ausgelöst hat. Demnach gibt es zwar einen Magmadruck, bei dem eine Eruption wahrscheinlich aber nicht sicher ist. Anders ausgedrückt: Die sich verändernde Spannkraft des Kilauea kann zwar *nach* aber nicht *vor* einem Ausbruch bestimmt werden.

Wenn das Gestein um eine langsam anschwellende Magmakammer herum nachgibt und reißt, weisen Erdbeben, vulkanische Beben und die schnelle Injektion von Magma aus der Magmakammer nach oben oder nach außen auf die unterirdische Spalte hin. Dieses Warnzeichen kann ein paar Minuten oder ein paar Tage vor einem Ausbruch auftreten. In einigen Fällen erreicht die Magmainjektion in eine unterirdische Spalte jedoch nicht die Oberfläche, und es erfolgt keine Eruption. Dies ist kein «falscher Alarm», sondern eher ein «Feueralarm», der ein kleines Feuer gemeldet hat, das schon wieder unter Kontrolle ist, bevor die Feuerwehr an der Brandstelle eintrifft.

Die für Risikogebiete zuständigen Beamten haben zu Eruptionsvorhersagen ein eher ambivalentes Verhältnis. Man stelle sich das Dilemma eines Bürgermeisters vor, dem mitgeteilt wurde, daß seiner Stadt innerhalb des kommenden Monats mit zehnprozentiger Wahrscheinlichkeit ein Vulkanausbruch unbekannten Ausmaßes droht. Soll er die Stadt evakuieren lassen oder die Warnung ignorieren? Dieses Beispiel verdeutlicht, daß in der Realität die Gewichtung der sozialen Aspekte die Wissenschaftlichkeit oft in den Hintergrund drängt.

Bei der Katastrophe des Ruiz in Kolumbien (1985) waren die Regierungsbeamten darauf aufmerksam gemacht worden, daß die Stadt Armero auf einer Schlammstromablagerung errichtet worden war, die das Gebiet im Jahr 1845 überschwemmt und etwa 1.000 Menschen in den Tod gerissen hatte, und daß neue Erdbeben und kleine Eruptionen des Ruiz dieselbe Bedrohung darstellen würden. Es gab aber leider keine koordi-

>
Abb. 11.7. A: Foto einer Gefahrenkarte, die, Vorhersagen folgend, das Ausmaß von Schlammströmen in der Nähe von Armero im Fall eines Ausbruchs des Nevado del Riuz in Kolumbien zeigen. Diese Karte wurde vor der Eruption am 13. November 1985 vorbereitet und veröffentlicht. B: Das tatsächliche Ausmaß der Schlammlawinen, die Armero während der Eruption vom 13. November 1985 zerstörten (siehe Kapitel 1). (Observatorio Vulcanologico de Colombia)

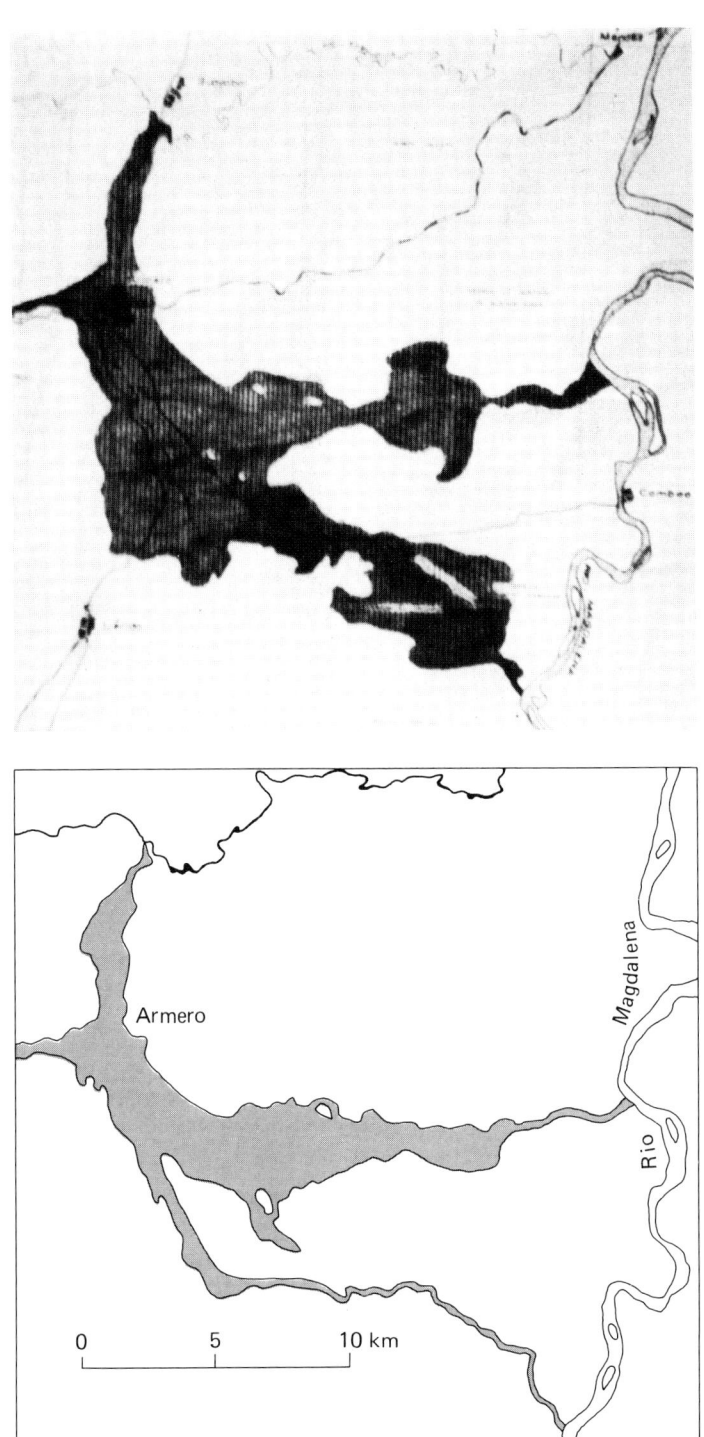

Abb. 11.8. Pyroklastische Ströme des Colo auf der Insel Una Una, Sulawesi (Indonesien) zerstörten die großen Kokosnußplantagen, die die Grundlage der Wirtschaft auf der Insel bildeten. Die 7.000 Bewohner von Una Una waren jedoch kurz vor den Explosionen im Juli und August 1983 evakuiert worden, und niemand wurde getötet. (Foto: Katia Krafft)

nierten Pläne, und dementsprechend wurden auch keine Vorsichtsmaßnahmen ergriffen, so daß durch den Schlammstrom am 13. November 22.000 Menschen getötet wurden (Abb. 11.7).

Zur entgegengesetzten Situation kam es 1975 auf der Insel Guadeloupe in der Karibik, als der Vulkan La Soufrière mit Erdbeben und kleinen Eruptionen erwachte. Man erinnerte sich an die Katastrophe am Mont Pelée im Jahr 1902 auf der nahegelegenen Insel Martinique, bei der 29.000 Menschen getötet wurden, und die Behörden ließen die 72.000 Bewohner der Stadt Basse-Terre und der anderen Orte an den Abhängen des La Soufrière evakuieren. Die Evakuierung dauerte drei Monate, während denen die Vulkanaktivität ohne große Eruption wieder nachließ. Die Kosten der Evakuierung und die Meinungsverschiedenheiten unter den betroffenen Wissenschaftlern, die La Soufrière überwachten, wurden noch viele Monate danach heftig debattiert.

Abb. 11.9. Die Zugangsstraßen zum Mount St. Helens im US-Staat Washington wurden vor der Eruption am 18. Mai 1980 gesperrt, was beträchtliche Kontroversen auslöste. Ohne diese Sperrungen wäre die Zahl der Todesopfer, die 57 betrug, viel höher gewesen. (Foto: U.S. Geological Survey)

Erfolgreicher war die Vorhersage bei dem Vulkan Colo, der auf einer kleinen Insel in Indonesien liegt. Im Juli 1983 wurde er von einem Erdbebenschwarm und kleinen, explosiven Eruptionen erschüttert. Aufgrund seines Verhaltens und dem ähnlicher Vulkane in der Vergangenheit, empfahlen die Geologen des vulkanologischen Dienstes von Indonesien den örtlichen Regierungsbeamten, die Insel zu evakuieren. Die Beamten stimmten zu, und alle 7.000 Einwohner wurden per Schiff von der Insel gebracht. Am 23. Juli kam es zu einer Gipfeleruption, die die Insel mit heißen pyroklastischen Strömen überschüttete, die die gesamten Kokosnuß-Plantagen zerstörten (Abb. 11.8). Es wird Jahre dauern, bis die Insel wieder bewohnbar sein wird, aber alle Menschen haben überlebt.

Die wechselvolle Geschichte von Erfolg und Versagen bei der Vorhersage von Vulkanausbrüchen in der Vergangenheit und die Reaktionen auf diese Vorhersagen weisen auf einige Überlegungen hin, was Risiken und soziale Unruhen bei möglichen zukünftigen Krisen betrifft. Es wird auch in der Zukunft Vulkankatastrophen geben, die schlimmer als jene in der Vergangenheit sind. Seit den Anfängen der Zivilisation vor etwa 5.000 Jahren hat es weltweit keine wirklich großen Vulkaneruptionen gegeben, wie sie in prähistorischer Zeit stattgefunden haben. Die letzte Eruption, bei der über 1.000 Kubikkilometer Magma ausgestoßen wurden, fand an der Toba Caldera in Indonesien vor 75.000 Jahren statt. In der Zukunft wird es irgendwo auf der Welt wahrscheinlich wieder zu einer Eruption dieser Größenordnung kommen.

Die Technologien, die vor zukünftigen Vulkanausbrüchen langfristig (Dekaden bis Jahrhunderte) und kurzfristig (Minuten bis Monate) warnen können, sind vorhanden, auch wenn sie nicht perfekt sind. Diese Warnungen sind von geringem Wert oder führen nicht zum richtigen Ziel, wenn ihre Auswirkungen und Grenzen von den Behörden und den Nachrichtenmedien nicht klar verstanden werden. Es ist wichtig, daß dieses Verständnis vorhanden ist, bevor es zur nächsten Krise kommt. Vulkanische Risiken können reduziert werden. Zur Zeit besteht das Hauptproblem darin, die Zusammenarbeit zwischen den Wissenschaftlern, den Regierungsbeamten und den Medien herzustellen, denn sie müssen bei einer Eruptionskrise optimal zusammenarbeiten. Darüber hinaus muß die gefährdete Öffentlichkeit über die verschiedenen Risiken von Eruptionen und darüber, wie diese Gefahren verringert werden können, informiert werden. Niemand, der im Schatten eines großen Vulkans lebt, möchte ständig über die Gefahren nachdenken, aber es ist vernünftig, auf das Schlimmste gefaßt zu sein und auf das Beste zu hoffen (Abb. 11.9).

12 Vulkane und Klima

El Chichón, Mexiko, 28. März 1982
Kurz vor Mitternacht stieß der Vulkan El Chichón in einem abgelegenen Gebiet Süd-Mexikos plötzlich eine riesige Gas- und Aschesäule zwanzig Kilometer hoch in die Luft. Diese dramatische plinianische Eruption hielt fast sechs Stunden lang an. Wie sich herausstellte, war dies nur der Anfang der Aktivität. Während der nächsten Tage dampfte und grollte der Vulkan, während Hunderte von Erdbeben die Region erschütterten. Dann, während einer weiteren starken Eruption am 3. April, wurde eine zweite Wolke ausgestoßen, die fast so hoch wie die erste war. Etwa zehn Stunden später kam es zur dritten und größten Eruption, die eine riesige Wolke aus Vulkangasen und Asche über 25 Kilometer hoch in die Stratosphäre stieß (Abb. 12.1).

Die stratosphärische Wolke bewegte sich in westlicher Richtung und wurde von Satelliten und Instrumenten am Boden überwacht. Nach sechs Tagen befand sie sich über Hawaii, wo das Mauna Loa-Observatorium feststellte, daß sie 140mal dichter war als die Wolke, die bei der Eruption des Mount St. Helens zwei Jahre zuvor erzeugt worden war. Die Wolke erreichte Japan am 15. April und hatte am 26. April die Erde ganz umkreist (Abb. 12.2).

Obwohl die Eruption des Mount St. Helens ein größeres Gebiet zerstörte, waren die atmosphärischen Auswirkungen des El- Chichón-Ausbruchs viel größer. Der größte Unterschied lag darin, daß der Mount St. Helens mit einer seitlichen Explosion ausbrach, so daß ein großer Teil der Energie in einem niedrigen Winkel zur Erdoberfläche verbraucht wurde, während die Explosion des El Chichón senkrecht nach oben erfolgte. Das Magma des mexikanischen Vulkans war außerdem ungewöhnlich

Abb. 12.1. Das Dorf El Naranjo (Mexiko) 9 km vom El Chichón entfernt, wurde durch pyroklastische Ströme zerstört. Der Vulkan brach zwischen dem 28. März und dem 4. April 1982 dreimal heftig aus, und kostete 2.000 Menschen das Leben: Es war die schlimmste Vulkankatastrophe in der Geschichte Mexikos. (Foto: Katia Krafft)

schwefelhaltig und produzierte daher winzige Tropfen (Aerosole) von Schwefelsäure. Diese vergrößerten die Wolke aus feiner Asche in der Stratosphäre.

Die Vulkanwolke des El Chichón ist die geschichtlich bestuntersuchte. Sie wurde vom Boden aus und per Radar vermessen, und von hochfliegenden Flugzeugen, Ballons und Satelliten aus wurden Proben genommen. Die gewonnenen Daten werden noch immer interpretiert und diskutiert. Wenn alle Resultate vorliegen, können wahrscheinlich einige seit langem bestehende Fragen, was die Wechselbeziehung von Erde und Atmosphäre betrifft, zumindest teilweise beantwortet werden.

Wetter und Klima

Die Vorstellung, daß Vulkanstaub und -gase das Wetter und Klima beeinflussen können, ist alt, aber noch immer Gegenstand geologischer und

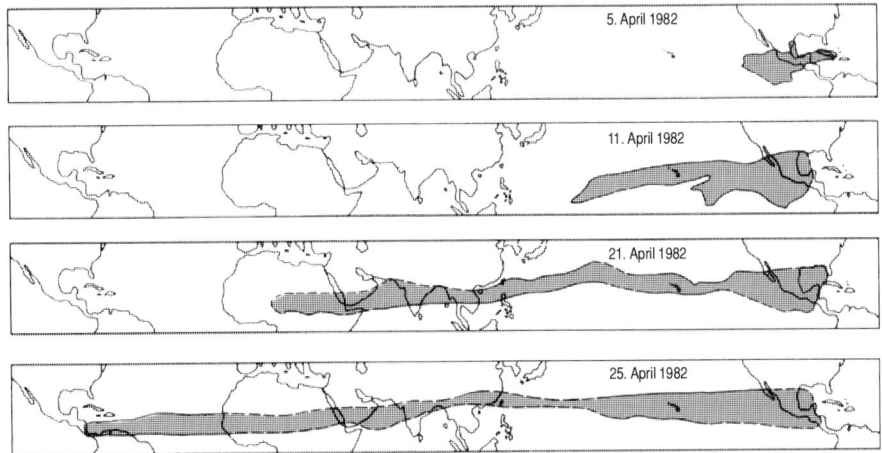

Abb. 12.2. Die stratosphärische Wolke aus Vulkanstaub und Gas breitete sich vom El Chichón in westlicher Richtung aus und umkreiste die Erde in drei Wochen. (Nach Rampino und Self, Scientific American 250, Nr. 1, [1984]: 54)

meteorologischer Untersuchungen. Benjamin Franklin war einer der ersten, der darauf hinwies, daß der Dunst und die Kaltwetterlage in Europa in den Jahren 1783–84 möglicherweise das Ergebnis der großen Eruption des Laki auf Island war. Zu Anfang des Jahres 1783 hatte der Laki zwölf Kubikkilometer Basalt überwiegend in effusiven Lavaströmen ausgestoßen. In Japan kam es in demselben Jahr zu einer großen explosiven Eruption des Asama. Wahrscheinlich war sie groß genug, um das Klima weltweit zu beeinflussen, aber zu der damaligen Zeit blieb das Ereignis fast unbemerkt, denn Japan war im 18. Jahrhundert ein verschlossenes Kaiserreich, das kaum Kontakt mit der Außenwelt hatte. Erst im letzten Jahrhundert reichten die weltweiten Wetteraufzeichnungen und Kommunikationsmöglichkeiten aus, um das Klima auf der gesamten Erde zu erfassen.

Die Begriffe *Klima* und *Wetter* werden bisweilen synonym gebraucht, haben jedoch eine völlig unterschiedliche Bedeutung. Das Wetter ist der momentane Zustand der Atmosphäre und wird als heiß oder kalt, naß oder trocken, ruhig oder windig beschrieben. Das Klima ist die Summe aller meteorologischen Elemente, die durchschnittlicher oder extremer Art sein können, die die Atmosphäre an irgendeinem Ort über mehrere Jahre hinweg charakterisieren. Die Vulkanaktivität ist nur ein Faktor unter vielen, der Wetter und Klima verändern kann, so daß es schwierig ist, eine genaue Rolle zu präzisieren. Andere Variablen wie Meeresströmungen, das weltweite Windmuster, Kohlendioxid und weitere Spurengase in der Atmosphäre, Sonnenflecken, riesige Meteoriteneinschläge und systematische Veränderungen in der Position der Sonne und der Erde haben ebenfalls Auswirkungen auf Wetter und Klima. Die Gesamtsumme dieser und vermutlich noch anderer Faktoren machen die Wetterveränderungen und die kurzfristigen Variationen im Klima zu einem beliebten Gesprächsthema.

Wenn ein Vulkan explosionsartig ausbricht und eine große Aschewolke in die Atmosphäre schickt, ist die sofortige Auswirkung auf das Wetter klar und dramatisch: eine alles umhüllende Dunkelheit, unterbrochen von Blitzen, blockiert die wärmenden Strahlen der Sonne. Der schnelle Aufstieg der Wolke führt zu gewaltigen und ziellosen Winden, und die Feuchtigkeit, die in der aufsteigenden Asche, in dem Staub, den Gasen und der umgebenden Luft enthalten ist, kondensiert zu Regen. Bisweilen ist der Regen einer Vulkanwolke so mit Asche- und Staubteilchen beladen, daß winzige Schlammkugeln anstelle von Regentropfen niedergehen. Die meisten dieser örtlichen Wirkungen treten in der Nähe eines Vulkans auf, aber bei einem sehr großen Ausbruch können sich dunkle Aschewolken Hunderte von Kilometern mit dem Wind ausbreiten. Wenn die Winde in verschiedenen Höhen variabel sind, können sich die Wolken auch in mehr als eine Richtung ausdehnen. Diese örtlichen bis regionalen Auswirkungen auf das Wetter können gewaltig und störend sein, aber im allgemeinen dauern sie nicht lange genug an, um bedeutsame Auswirkungen auf das Klima zu haben.

Stratosphärischer Staub und Aerosole

Subtiler, aber auch weitreichender sind die Auswirkungen von Vulkanstaub und Gasen aus großen explosiven Eruptionen, deren Wolken in hohe Lagen gelangen. Von der Erdoberfläche bis auf eine Höhe von etwa 15 Kilometern wird die Luft mit zunehmender Höhe kälter, bis die Temperatur etwa −50° C beträgt. In dieser Höhe, die als Tropopause bezeichnet wird, kehrt sich die Temperaturabnahme um, so daß die Temperaturen über der Tropopause mit zunehmender Höhe langsam wieder ansteigen (Abb. 12.3). Diese Fläche, die als Inversion bezeichnet wird, bildet eine Art Barriere für alles, mit Ausnahme von besonders schnell nach oben steigenden Gewitterwolken oder vulkanischen Eruptionswolken. Die Inversion bildet eine Art Deckel auf dem «Wetter» der Erde, was Bewölkung und Niederschlag betrifft.

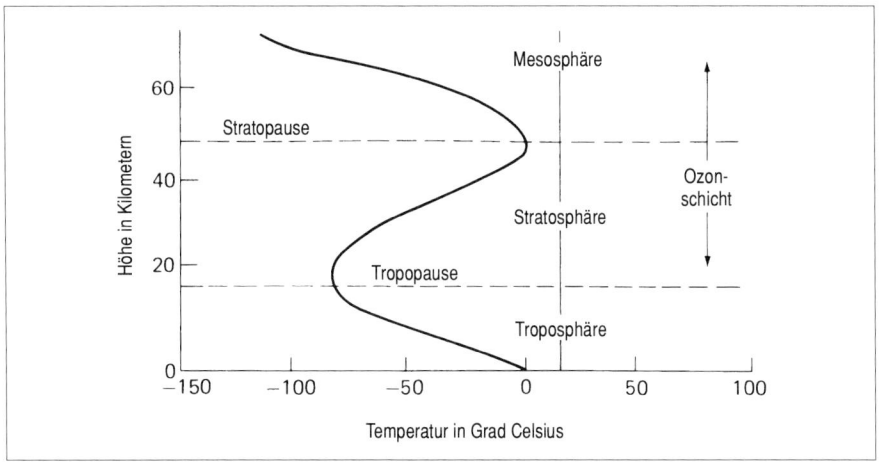

Abb. 12.3. *Querschnitt durch den unteren Bereich der Erdatmosphäre. Die Umkehrung der Temperaturen in der Tropopause wirkt auf den Wolkensystemen der Erde wie ein Deckel.*

Über der Tropopause, deren genaue Lage je nach Jahreszeit und Breitengrad ein paar Kilometer in der Höhe variiert, erstreckt sich die «Stratosphäre» – eine kalte, trockene, immer sonnige Zone dünner Luft, die von Hochgeschwindigkeitswinden, den «Jetstreams», durcheinandergewirbelt wird. Vulkanstaub und Gase, die durch hohe Eruptionswolken in die Stratosphäre injiziert werden – und einige Wolken, beispielsweise die Wolke der Krakatau-Eruption im Jahr 1883, können eine Höhe von fünfzig Kilometern erreichen –, bestehen aus derart winzigen Teilchen, daß sie monate- oder jahrelang feinverteilt in der Stratosphäre bleiben. Da es dort keinen Regen gibt, der sie wieder auf die Erde wäscht, treiben sie die stratosphärischen Winde zu Schleiern zusammen, die eine Erdhalbkugel oder den gesamten Globus bedecken können. Wassertropfen und andere Gase wie Kohlendioxid in einer hohen Eruptionswolke verdampfen oder zerstäuben in der dünnen Luft. Große Staubpartikel siedeln sich unter der Tropopause an und werden dann vom Regen ausgewaschen. Schwefeldioxid (SO_2) jedoch macht eine interessante Veränderung durch. Es nimmt Sauerstoff und Wasser auf und bildet ein Schwefelsäure-Aerosol. Diese Tropfen und feine Vulkanstaubpartikel, von denen die meisten etwa ein Mikron (0,001 Millimeter) im Durchmesser messen, bilden dünne Dunstschichten in der Stratosphäre, die mehrere Jahre lang bestehen können. Diese Dunstschichten erzeugen nicht nur ungewöhnliche visuelle Effekte, wie z.B. farbenfrohe Sonnenuntergänge oder einen Hof um Sonne und

Vulkane und Klima

189

Mond, sondern stören auch das Gleichgewicht der täglichen Wärmeeinstrahlung durch die Sonne auf die Erde und den kalten Nachthimmel.

Visuelle Effekte

Lange bevor die Möglichkeit bestand, mit stratosphärischen Ballons und speziellen Flugzeugen Proben aus der oberen Atmosphäre zu entnehmen, konnten aufmerksame Beobachter, die in den Monaten nach der Krakatau-Eruption des Jahres 1883 das lange Abendrot nach Sonnenuntergang beobachteten, zu dem Schluß kommen, daß Dunstschichten in großer Höhe den Globus umkreist hatten. Eine der besten Beschreibungen dieser spektakulären Sonnenuntergänge, die noch viele Monate nach der Eruption sichtbar waren, wurde von einem Beobachter auf Hawaii, dem Missionar Sereno Bishop, niedergeschrieben:

> … der Horizont, an dem die Sonne gerade untergegangen ist, ist von einem hellen, silbernen Glanz überzogen. Darüber erfüllt ein gelblicher Dunst den westlichen Himmel… Dieser Dunst wechselt schnell Farbe und Ausmaß, wobei er von einem grünlichen Gelb und Oliv bis zu Orange und Tiefrot reicht. Wenn die Dämmerung fortschreitet, überfluten orange- und olivefarbene Töne alle Seiten des Himmels, besonders den Osten. Die Hauptmasse der Farbe sammelt und vertieft sich über dem Sonnenuntergang, und ein tiefes Scharlachrot hat alle anderen Töne überwältigt… Über dem Rot befindet sich ein dunkler Bereich. Langsam werden die Sterne sichtbar. Während die Farbflammen niedriger werden, erscheint über dem dunklen Raum eine Wiederholung der orangefarbenen und olivgrünen Töne. … Wieder verändern sich die Farben und werden zu einem tiefen Rot, und wenn alle Sterne aufgegangen sind und die Flamme unter dem Horizont versunken ist, bedeckt eine riesige blutrote Fläche den Westen… Ich habe gesehen, wie sich unsere normalen dreißig Minuten Zwielicht auf neunzig Minuten verlängert haben, bevor das letzte Glühen verschwunden ist.[*]

Reverend Bishop war auch der erste, der die breite, schillernde Corona beschrieb, die sich nach der Krakatau-Eruption um die Sonne herum bildete. Das Phänomen, das noch immer als «Bishop-Ring» bezeichnet

---

[*] T. Simkin und R.S. Fiske, *Krakatau* (Washington, D.C.: Smithsonian Institution Press, 1983)

wird, wurde seitdem nach großen Eruptionen, wie jener des Mont Pelée im Jahr 1902, des Agung im Jahr 1963 und des El Chichón im Jahr 1982 beobachtet.

Kühlende Effekte

Die Absorption der kurzwelligen Lichtstrahlen der Sonne durch Dunst-schichten erhitzt die Stratosphäre und verringert den wärmenden Effekt der Sonneneinstrahlung auf die Erdoberfläche. Nachts wird die Wärme-abgabe der Erdoberfläche an den dunklen Himmel durch die infrarote Strahlung, die eine längere Wellenlänge hat, nicht durch die Dunstschich-ten behindert. Um diesen von der Wellenlänge abhängigen Effekt zu erklären, stelle man sich einen See vor, auf dem Holzstücke treiben. Wasserwellen, deren Wellenlänge kleiner ist als die Holzscheite, werden schnell gedämpft, da ihre Energie durch das Aufschlagen auf die treiben-den Objekte absorbiert wird, während Wasserwellen von längerer Wel-lenlänge die Holzscheite dazu bringen, gemeinsam zu steigen und zu fallen, wobei die Wellen sich ungedämpft weiter über die Seeoberfläche bewegen.

Die meisten Meteorologen, die die Auswirkungen des Vulkanstaubs und der Aerosole in der Stratosphäre untersuchen, stimmen darin über-ein, daß durch sie das normale Gleichgewicht der Wärmestrahlungsbi-lanz gestört werden kann. Der explosive Ausbruch des Tambora in Indo-nesien im April 1815 (Kapitel 10) war einer der größten in historischer Zeit (Abb. 12.4), und im Jahr 1816 erlebte der Nordosten der Vereinigten Staaten das ganze Jahr hindurch einen derart kalten Winter, daß das Jahr 1816 häufig als «das Jahr ohne Sommer bezeichnet wurde». Die Forscher von Woods Hole, Henry und Elizabeth Stommel, haben die mögliche Beziehung der Tambora-Eruption mit dem kalten Wetter von 1816 sorg-fältig untersucht und sind zu dem Schluß gekommen, daß die Eruption weltweit die Temperaturen herabgesetzt hat. Dieses Phänomen traf mit einer allgemein kühleren Periode bei den Temperaturen zusammen. Diese begann etwa 1780 und dauerte mehrere Jahrzehnte. Die beiden merkten an, daß in vielen Orten, in denen seit langem Temperaturauf-zeichnungen vorgenommen wurden, das 'unnormale' Wetter des Jahres 1816 als das kälteste galt, das je verzeichnet wurde.

Wie aus Abb. 12.5 ersichtlich ist, beträgt der Durchschnittswert der Abkühlung nach einigen großen Vulkanausbrüchen – einschließlich der Tambora-Explosion von 1815 – etwa 0,3 °C. Eruptionen, die offensichtlich die größte Wirkung auf das Weltklima haben, besitzen folgende Merk-

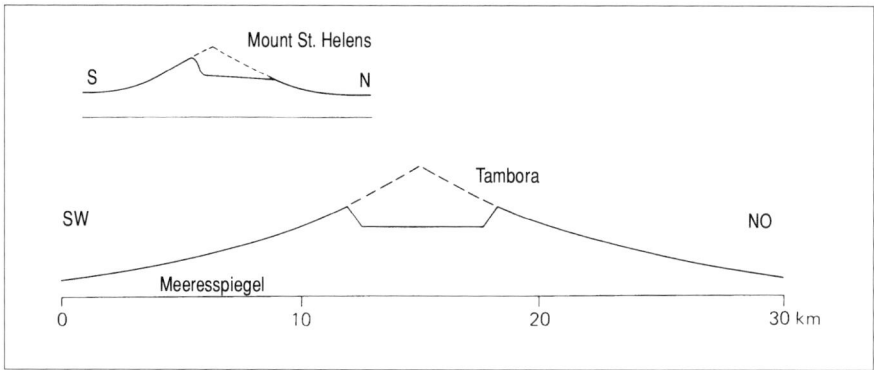

Abb. 12.4. Die Eruption des Mount St. Helens im Jahr 1980 begann mit einem riesigen Bergsturz von 3 Kubikkilometern an der Nordseite des Gipfels. Der Ascheregen und die pyroklastischen Ströme machten insgesamt etwa einen Kubikkilometer aus. Im Gegensatz dazu wurden bei der Eruption des Tambora im Jahr 1815 in Indonesien etwa 100 Kubikkilometer an Asche und pyroklastischen Strömen ausgestoßen. In diesen maßstabgetreuen Querschnitten werden die Veränderungen in der Topographie, die durch diese beiden explosiven Eruptionen verursacht wurden, verglichen.

male: Sie erzeugen sehr hohe Eruptionswolken, geben große Mengen an Schwefelgasen ab und stammen aus Vulkanen, die sich in niedrigen Breitengraden befinden, wo der Staub in beiden Hemisphären zirkulieren kann.

Es ist bekannt, daß in prähistorischer Zeit viel größere Eruptionen als die aufgezeichneten stattgefunden haben, und es ist logisch, danach zu fragen, ob diese großen Eruptionen zu entsprechend größeren klimatischen Veränderungen geführt haben. Wenn die stratosphärischen Staub- und Aerosolschleier proportional dichter und opaker waren, müßte die Antwort Ja lauten. Eine größere Dichte der Staubpartikel und Aerosoltropfen könnte jedoch zu einer Zusammenballung von größeren Körnern geführt haben, die sich schneller aus der Stratosphäre abgesetzt hätten. In diesem Fall wäre die kühlende Wirkung einer großen Eruption zwar stärker, die Wirkung nimmt jedoch nicht direkt proportional zur Größe der Eruption zu.

Viele Wissenschaftler, die sich intensiv mit dem Phänomen der Eiszeit beschäftigen, sind der Meinung, daß ein weltweiter Temperaturrückgang von 6°C zu einer neuen, großen Eiszeit führen würde. Ein noch extremerer Temperaturrückgang und Dunkelheit könnte zum Aussterben bestimmter Lebensformen führen – vergleichbar mit dem plötzlichen Verschwinden der Dinosaurier vor 65 Millionen Jahren.

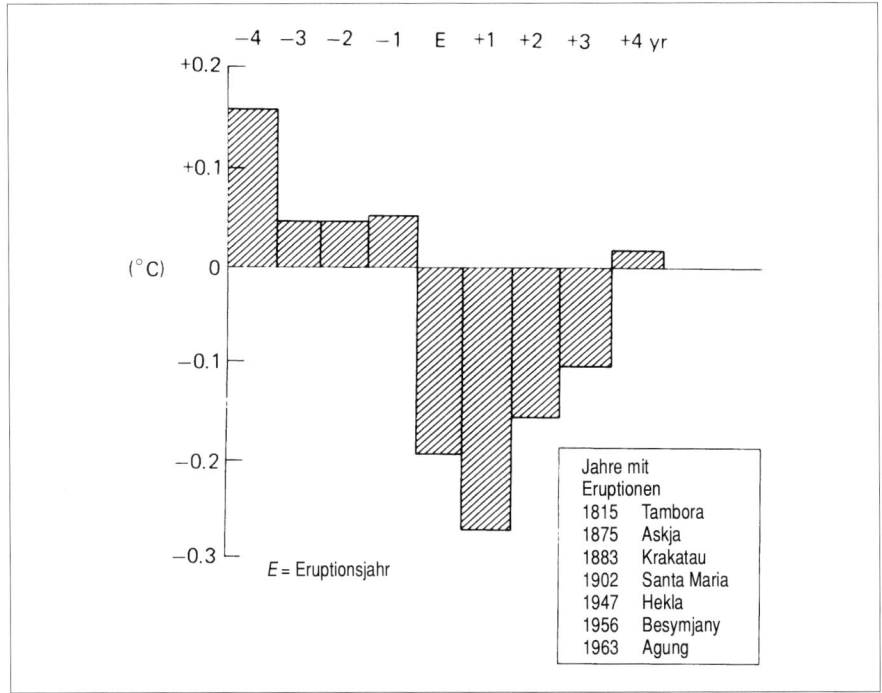

Abb. 12.5. Graphische Darstellung der Veränderungen der Durchschnittstemperaturen in den 4 Jahren vor und nach einigen großen explosiven Eruptionen. Die durchschnittliche Abweichung von der normalen Temperatur nach den Eruptionen ist nicht groß, aber die stärkste Abkühlung im ersten Jahr nach den Eruptionen und die 3 – 4 jährige Periode der Abkühlung korrespondiert mit der Bildung und Auflösung des vulkanischen Dunstes, der durch die Eruption des El Chichón im Jahr 1982 verursacht wurde (siehe Abb. 12.7). (Nach Self u.a., Journal of Volcanology and Geothermal Research 11 [1981]: 41–60)

Das Aussterben der Dinosaurier

Zur Zeit wird eine große wissenschaftliche Debatte über jene drastischen Lebensveränderungen geführt, die gegen Ende des Mesozoikums stattfanden. Eine Gruppe von Wissenschaftlern vertritt die Meinung, daß ein riesiger Meteorit oder Komet auf der Erde einschlug und einen großen Staubschleier verursachte, der die Welt mehrere Wochen bzw. Monate in kalte Dunkelheit stürzte. Diese «Einschlaghypothese» wird unterstützt durch die Entdeckung einer Tonschicht, die stark iridiumhaltig ist und in einem großen Teil des Sedimentgesteins gefunden wurde, das sich zum Zeitpunkt des Aussterbens oder kurz davor gebildet hatte. Iridium ist im Oberflächengestein der Erde ein seltenes Element, kommt jedoch häufig in metallischen Meteoriten vor.

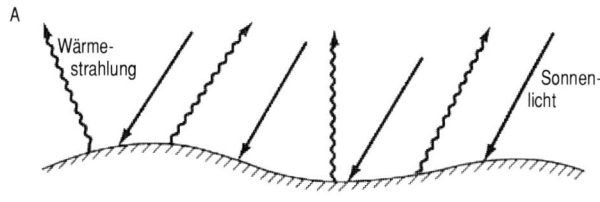

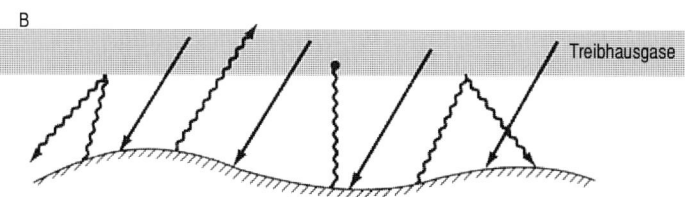

Abb. 12.6. Darstellung des Treibhauseffekts und der damit einhergehenden Erwärmung des Weltklimas. Einstrahlendes Sonnenlicht, das die Erdoberfläche wärmt, wird normalerweise durch den Verlust der infraroten Wärme in den Weltraum ausgeglichen. B: Treibhausgase absorbieren einen Teil der infraroten Strahlung und streuen sie zurück, so daß die Oberflächentemperatur der Erde steigt.

Eine Gruppe der Verfechter der Einschlaghypothese glaubt, daß die Meteoriten- oder Kometkollision zu einer plötzlichen Erwärmung und nicht zu einer Abkühlung geführt hat. Ihrer Version zufolge kam es in einer Region mit dicken Kalksteinablagerungen zu dem Einschlag, wobei große Mengen Kohlendioxid in die Atmosphäre abgegeben wurden, was zu einer starken Erwärmung führte. Kohlendioxidgas in der Atmosphäre leitet kurzwelliges Licht, das von der Sonne kommt, weiter, blockiert jedoch die nachts von der Erde abgehende, langwellige infrarote Rückstrahlung (Abb. 12.6). Der Vergleich von Kohlendioxid in der Atmosphäre mit Fenstern in einem Treibhaus wird als «Treibhauseffekt» bezeichnet.

Eine dritte Gruppe argumentiert, daß ein gesteigerter Vulkanismus aus Quellen tief in der Erde ebenfalls Iridiumanomalien und damit das kalte, dunkle Klima, das zum Aussterben der Dinosaurier führte, produziert haben könnte. Möglicherweise haben beide Gruppen recht. Vielleicht bedarf es eines Doppelschlags, nämlich des überhandnehmenden Vulkanismus und der Bombardierung aus dem Weltall, um die Welt so sehr zu stören, daß es zur Zerstörung der beherrschenden Lebensformen kommt.

Von Pompeji zum Pinatubo

Die Ozonschicht

Wir wollen nun zu unmittelbareren Problemen zurückkehren. In jüngster Zeit haben Beobachtungen in den hohen Bereichen der Atmosphäre eine alarmierende Abnahme des Ozongehalts ergeben. Ozon ist ein Gasmolekül, das aus drei Sauerstoffatomen besteht und die Erdoberfläche vor einem Großteil der ultravioletten Sonnenstrahlung schützt. Sein Rückgang wird größtenteils auf die Fluorkohlenwasserstoffe (FCKW) zurückgeführt, vom Menschen hergestellte Gase, die vorwiegend für Klimaanlagen, Spraydosen und Schaumstoffe verwendet werden (beispielsweise das Kühlschrankgas *Freon*). FCKW sind sehr stabile Gase, die durch Aufspaltung die Ozonmoleküle zerstören. Die Chloratome in den Fluorkohlenwasserstoffen sind bei dieser Aufspaltung offensichtlich der Hauptauslöser.

Vulkanische Gase enthalten ebenfalls Chlor, und bis heute ist nicht bekannt, ob diese natürliche Quelle atmosphärischer Verunreinigung die Ozonschicht ebenfalls stört. Eins ist allerdings klar: Die Zerstörung der Ozonschicht ist ein derart schwerwiegendes Problem, daß die Haupthersteller von *Freon* die Produktion einiger Fluorkohlenwasserstoffe bereits eingestellt haben und eine internationale Vereinbarung heute eine Begrenzung der Produktion fordert. Forschungsaktivitäten, die alle Aspekte der Bildung, Stabilität und Zerstörung von Ozon in der Atmosphäre berücksichtigen, sind dringend notwendig.

El Chichón und El Niño

Der Ausbruch des El Chichón war eine Explosion mittlerer Größenordnung, aber dennoch führte sie zu einem Aufsteigen von ungewöhnlichen Mengen an Schwefelgasen und Schwefelsäureaerosolen in die Stratosphäre. Unter dem El Chichón liegt Sedimentgestein, und einige dieser Schichten setzen sich aus Sulfatablagerungen zusammen, die durch die Verdunstung eines alten Meeres entstanden sind. Einige Geologen sind der Meinung, daß dies die Ursache für die übergroße Menge an Schwefelgasen war.

Im Sommer und Herbst 1982 kam es nach der Eruption des El Chichón zu einer großen Störung der Meerestemperatur und der Strömungen des Pazifiks im Äquatorbereich – ein Phänomen, das als «El Niño» bezeichnet wird. Dürre in Australien, schwere Regenfälle und Überflutungen an der kalifornischen Küste und andere extreme Wetterlagen in den Jahren 1982–83 wurden dem starken El Niño in dieser Zeit zugeschrieben.

Es mag eine Verbindung zwischen dem El Chichón und El Niño geben, und obwohl viele Ozeanographen und Meteorologen nicht dieser Meinung sind, halten einige dies dennoch für eine interessante Möglichkeit. Sie glauben, daß Veränderungen in der Sonnenwärme einen Einfluß auf die Passatwinde haben, die während eines El Niño weniger stark wehen, und daß dies die Weströmung im äquatorialen Pazifik reduzieren könnte.

Neuere Hinweise auf Erdbebenschwärme und große Lavaströme unter dem Meeresspiegel in der Nähe des äquatorialen Teils des Ostpazifischen Rückens deuten auf eine mögliche andere Verbindung zwischen Vulkaneruptionen und El Niños hin. Den letzten El Niños gingen Erdbebenschwärme voraus, und die großen und offenbar sehr jungen Lavaströme – deren geschätztes Volumen 15 Kubikkilometer betrug – scheinen auf dem Meeresboden während oder kurz nach den Erdbebenschwärmen ausgebrochen zu sein. Die enorme Wärmemenge in diesen Strömen könnte ein Faktor im Ansteigen der Oberflächentemperaturen des äquatorialen Meerwassers sein, wie es mit El Niños einhergeht.

Bei all diesen Verbindungen oder Zufällen spielen immer Wahrscheinlichkeiten und Möglichkeiten eine Rolle. Die Wechselbeziehung zwischen der Erde, ihrer Atmosphäre, ihren Ozeanen und ihrer Biosphäre und die eindringende und reflektierte thermische Strahlung werden bisher erst zu einem geringen Teil verstanden. Der Austausch zwischen den einzelnen Faktoren ist nicht nur komplex, sondern er wird auch von Wissenschaftlern aus sehr unterschiedlichen Bereichen untersucht, die die Probleme einer anderen Fachrichtung möglicherweise nicht verstehen. Das Ganze erinnert an Blinde, die einen Elefanten beschreiben, mit der zusätzlichen Erschwernis, daß jeder Blinde eine andere Sprache spricht.

Das Problem wird noch lange nicht gelöst werden, aber es werden globale Beobachtungen gemacht und Fragen gestellt. Einige Antworten wird man sicherlich in den nächsten Jahrzehnten finden. Alle Beobachtungen aber tragen zu einem besseren Verständnis der Gase, der Staubpartikel und Aerosole in der Stratosphäre bei und erklären die chemischen und physikalischen Veränderungen, die unter ihnen stattfinden.

Proben aus der Stratosphäre

Zu den wichtigeren, neuen Beobachtungen der Stratosphäre zählt die direkte Probenentnahme durch hochfliegende Ballons und Flugzeuge, LIDAR-Messungen vom Boden aus und Beobachtungen aus Raumschif-

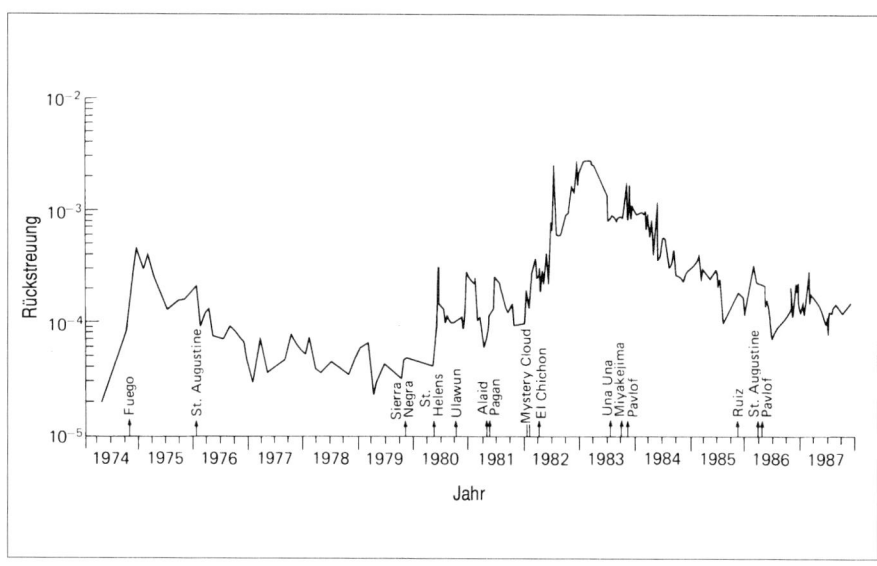

Abb. 12.7. Stratosphärische Dunstmessungen durch LIDAR-Rückstreuung in Hampton, Virginia. Man beachte das starke Anwachsen nach der El Chichón-Eruption in Mexiko im Jahr 1982. (Nach William Fuller, NASA, Smithsonian Scientific Event Alert Network Bulletin 13, Nr. 3 [1988]: 14)

fen, die die Erde hoch über der Erdatmosphäre umkreisen. Bei einigen direkten Methoden werden Proben von Gasen und Partikeln in unterschiedlichen Höhen gesammelt, während bei anderen die verdünnte Luft gefiltert wird, um die Staub- und Aerosolpartikel zu konzentrieren.

Bei LIDAR-Messungen wird ein pulsierend ausgestrahlter Laserstrahl eingesetzt, der in den Himmel zeigt, wo ein Teil des Laserlichts durch Dunstschichten in der Stratosphäre zurückgestreut wird (Abb. 12.7). Diese Licht-«Echos» werden von einem empfindlichen Empfänger wahrgenommen, und die Undurchlässigkeit und Höhe der Dunstschichten wird anhand der Intensität und Verzögerungszeit des zurückgestreuten Laserlichts bestimmt. LIDAR-Stationen, die über die nördliche Hemisphäre verteilt liegen, haben gezeigt, daß Ausbrüche wie der des El Chichón tatsächlich eine beträchtliche stratosphärische Dunstschicht über der gesamten Halbkugel erzeugten. Die Staub- und Aerosolschicht des El Chichón verbreitete sich schnell innerhalb weniger Wochen und nahm nur langsam über einen Zeitraum von zwei bis drei Jahren wieder ab.

Satellitenbilder können sogar die Ausbreitung der dichten Vulkanstaub- und Aerosolschichten aufzeichnen; und Spezialinstrumente können Ozon- und Schwefeldioxidkonzentrationen in der Stratosphäre an-

Vulkane und Klima

hand der Menge bestimmter Wellenlängen ultravioletten Lichts messen, die von der Sonne wieder in den Weltraum reflektiert werden.

Überleben

Geologische Aufzeichnungen zeigen ganz deutlich, daß es in der Vergangenheit zu dramatischen Klimaveränderungen gekommen ist, und zukünftige Veränderungen könnten für die Menschheit große Probleme mit sich bringen. Eine Klimaerwärmung würde zu einem starken Ansteigen des Meeresspiegels führen, während ein kälteres Klima ernste Auswirkungen auf die Nahrungsversorgung haben würde. Das Leben ist widerstandsfähig; es hat Milliarden von Jahren überstanden, aber einzelne Lebewesen und Arten sind empfindlich und von stabilen und abgestimmten Umweltbedingungen abhängig. Herauszufinden, wie sich der Vulkanismus auf Wetter und Klima auswirkt, ist sicher mehr als wissenschaftliche Spielerei; das Wohlbefinden und das Wohlergehen der gesamten Erde könnte davon betroffen sein.

In einem unmittelbareren Sinn haben vulkanische Prozesse wertvolle Mineralablagerungen und geothermische Energiequellen gebildet oder bilden sie noch immer. Auf diese greifbaren Gewinne wird in Kapitel 13 eingegangen.

13 Vulkanische Ausbeute

Cripple Creek, Colorado: 25. November 1914

Die Stimme des Bergwerkdirektors klang leise und angestrengt, als er die beiden Männer den Schacht hinauf zum Eingang der Cresson-Mine führte. Unterwegs erklärte Dick Roelofs, daß auf der zwölften Sohle der Mine «etwas Unbeschreibliches» geschehen war, ein so wichtiges Ereignis, daß er seiner Meinung nach nicht allein die Verantwortung übernehmen konnte. Er hatte den Rechtsanwalt Hildreth Frost und das Vorstandsmitglied Ed De LaVergne gebeten, ihn als Zeugen in das Bergwerk zu begleiten. Mit Magnesiumlichtern ausgestattet

… fuhren sie mit dem Förderkorb auf die zwölfte Sohle hinab. Dort unten lief Dick eine halbe Meile mit ihnen herum, damit sie nicht genau wußten, wo sie sich befanden. Sie bogen aus dem Stollen in einen Seitengang ein, bis sie vor einer Stahldoppeltür standen. Dick klopfte mit einem verabredeten Signal an die Tür, und sie wurde geöffnet. Dahinter standen drei Wachposten mit sechs Revolvern. Hinter den Wachposten befand sich an einer Seite des Seitenstollens eine Art Leiterplattform unter einem großen Loch in der Wand, das fünf Fuß breit war. Dick deutete Ed und Hildreth an, daß sie auf die Plattform klettern und sich in das Loch hineinstellen sollten. Als die drei Männer dort nebeneinander standen, zündete Dick ein Streichholz an, um die Magnesiumlichter anzumachen. Ed hielt sein Licht durch das Loch in die Dunkelheit.

Was die drei Männer sahen, überwältigte sie wie ein Kind, das zum erstenmal einen Weihnachtsbaum sieht: sie befanden sich in einer Höhle voll funkelnder Juwelen! Das Funkeln blendete sie zunächst, aber dann erkannten sie, daß die Juwelen Millionen von Goldkristallen waren – Sylvanit und Calaverit. Überall zwischen den Kristallen verteilt waren glänzende Schichten aus reinem Gold so groß wie Daumennägel. Die Höhle war vierzig Fuß hoch, zwanzig Fuß lang und fünfzehn Fuß breit. Auf dem holprigen Boden glitzerten kleine Klumpen. Haufen aus weißem Quarzsand glänzten wie gesponnenes Glas.

… Die Höhle, erklärte Ed, war eine «Druse». Technisch gesehen, war es eine Geode – ein Blasenhohlraum, der mit Goldkristallen gefüllt war. Ed hatte noch nie eine solche Druse gesehen, geschweige denn von einer gehört, die so groß war…. Während des nächsten Monats kratzte Dick Roelofs Mannschaft 1400 Säcke Kristalle und Goldsplitter von den Wänden der Druse und verkaufte sie für $ 378.000. Weitere tausend Säcke Erz von niedrigerer Qualität wurden für $ 90.637 verkauft. Vor Weihnachten hatte die Mannschaft die Druse auf eine Tiefe von mehreren Metern ausgebaut. Dieser äußere Teil brachte etwa $ 700.000 ein. Insgesamt produzierte die Cresson-Druse innerhalb von vier Wochen $ 1.200.000.[*]

Nach dem heutigen Goldpreis würde diese Summe $ 25 Millionen entsprechen, womit die «Druse» in der Cresson-Mine eines der reichhaltigsten Erzvorkommen ist, das je entdeckt wurde. Eine Ablagerung wie diese entsteht, wenn Gold sich aus heißem Grundwasser, das durch die Höhle zirkuliert, niederschlägt. Der Bergbaudistrikt bei Cripple Creek, in dem sich die Cresson-Mine befindet, liegt in einer erodierten und erloschenen vulkanischen Caldera.

Viele Adern mit Gold, Silber und anderen wichtigen, aber weniger wertvollen Metallen wurden durch zirkulierendes Wasser, das durch Magma erhitzt wurde, abgelagert, aber dies sind nicht die einzigen Vorteile, die auf den Vulkanismus zurückzuführen sind. Einige heiße Grundwassersysteme sind noch immer aktiv und können für geothermische Energie genutzt werden. Geysire und heiße Quellen wie jene im Yellowstone Nationalpark sind äußerst interessante Erscheinungen, und die meisten verdanken ihre Existenz dem noch immer heißen Vulkangestein, das ihre Wurzeln bildet. Die Erde um lebende Vulkane herum ist außergewöhnlich reich, weil ihre Nährstoffe periodisch durch Vulkanascheregen aufgefüllt werden. In geologischer Zeit wird ein großer Teil der Luft, des Wassers und der Gesteinskruste der Erde durch vulkanische Aktivität wiederverarbeitet und erneuert.

---

[*] Marshall, Sprague, *Money Mountain* (Boston: Little, Brown, 1953).

Abb. 13.1. Der perfekte Kegel des Kronotzky auf Kamtschatka ist ein sicherer Kandidat für den Titel des schönsten Vulkans der Welt. Dieser 3.528 Meter hohe Stratovulkan erhebt sich auf 3.100 Meter über der gefrorenen Landschaft. Zum letztenmal ist er 1922–23 ausgebrochen. (Foto: Institut für Vulkanologie, Kamtschatka, NO-Asien)

Ein nicht greifbarer Gewinn, der aber dennoch von großem Wert ist, ist die große Schönheit vulkanischer Berge (Abb. 13.1). Die erhabene, schneebedeckte Majestät des Mount Rainier im US-Staat Washington, der Mount Shasta in Kalifornien oder der Fudschijama in Japan sind unvergleichlich, und einer der schönsten Seen der Erde, der Crater Lake in Oregon, ist in die 7.000 Jahre alte Caldera eines alten Vulkans gebettet.

Thermale Wässer

Die meisten heißen Quellen und Geysire sind eng mit vulkanischer Aktivität oder flachen Intrusionen von Magma unter der Erdoberfläche verknüpft. An diesen Stellen wird Grundwasser erhitzt, wenn es in die Nähe von Magma gelangt; durch die Erhitzung wird es weniger dicht und zirkuliert nach oben. Wenn sich Brüche im Gestein bis an die Oberfläche erstrecken, können aufsteigende heiße Wässer Quellen und in selteneren Fällen auch Geysire bilden.

Geysire sind ungewöhnliche Erscheinungen, die es nur in wenigen Regionen der Welt und an so unterschiedlichen Orten wie Island, Neuseeland und im Yellowstone Nationalpark gibt. Sie wurden zum erstenmal in Island beschrieben, wo sich ein spektakuläres Geysirfeld befindet; *geysir* ist ein isländisches Wort, das 'ausbrechen' oder 'wüten' bedeutet.

Ein Geysir ist eine kochende Quelle, die mit Unterbrechungen eine Säule aus Dampf und heißem Wasser in die Luft wirft, bis das Röhrensystem, das sie versorgt, entleert ist. Kühleres Grundwasser füllt die Röhren wieder auf und wird auf Temperaturen kurz vor dem Siedepunkt erhitzt, bevor sich die Aktivität wiederholt. Wichtig für diesen Prozeß ist die Tatsache, daß sich der Siedepunkt des Wassers mit steigendem Druck tief unter der Erdoberfläche erhöht. Obwohl der Siedepunkt an der Oberfläche fast 100° C beträgt, steigt er in einer Tiefe von 75 Metern auf 150° C, bei 500 Metern auf 260° C und bei 1.000 Metern auf 300° C an (Abb. 13.2).

Wenn das Oberflächenwasser in einem Geysir zu kochen beginnt, wird es weniger dicht und reduziert so den Druck in den darunterliegenden Röhren. Wasser, das in der Tiefe der Röhren auf Temperaturen nahe dem Siedepunkt erhitzt wird, erreicht seinen Siedepunkt, wenn der Druck niedriger wird. Dieses Wasser wird auf der Stelle zu Dampf, drückt heißes Wasser und Dampf die Röhren hinauf und aus dem Geysir heraus, so daß sich der Druck in der Tiefe noch weiter verringert. Diese Kettenreaktion setzt sich fort, bis die Röhren entladen sind; dann sickert kühleres Grundwasser ein, um das System für den nächsten Ausbruch dieser 'Kaffeemaschine der Natur' aufzufüllen.

Die Höhe, die ein Geysir erreichen kann, reicht von weniger als einem bis zu 100 Metern. Manche Geysire brechen alle paar Minuten aus, während es bei anderen Jahre dauert. Bei den meisten ist der Zyklus

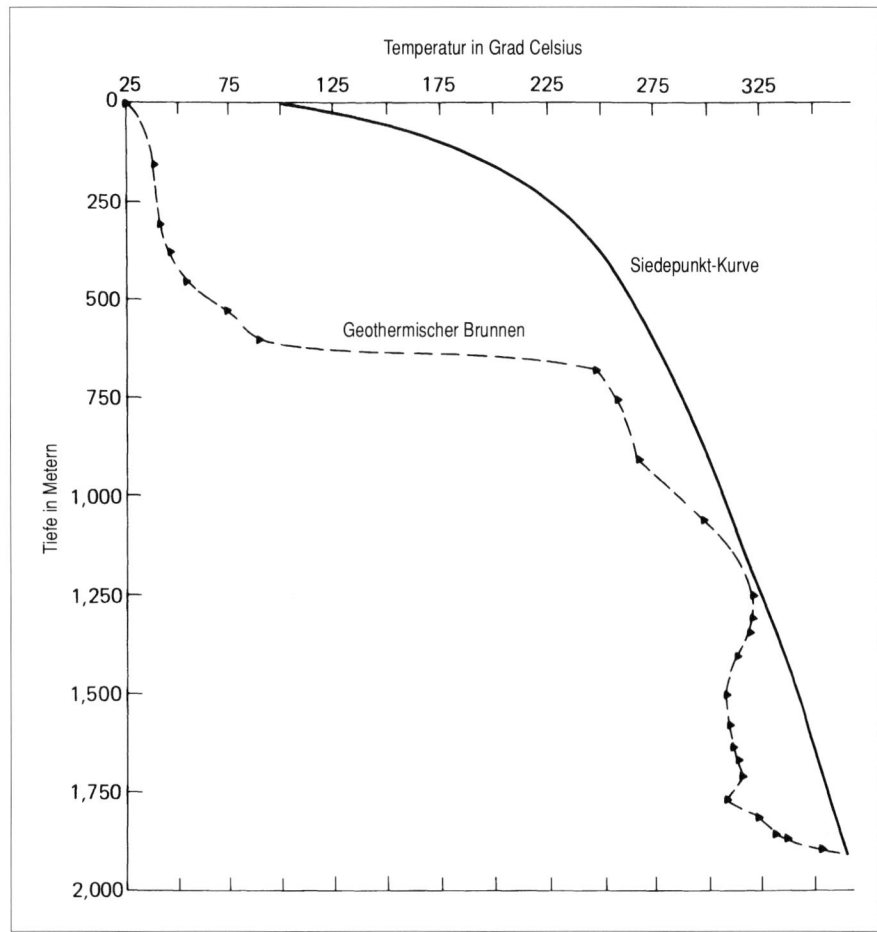

Abb.13.2. *Geothermische Energie ist in Grundwasser, das durch vulkanische Aktivität erhitzt wird, vorhanden. Die gestrichelte Linie gibt die Temperatur einer geothermalen Quelle an. Die durchgehende Linie gibt die Siedetemperatur des Wasser wieder. Grundwasser, das über 100° C erhitzt wurde, wird auf der Stelle zu Dampf, wenn der Druck im Bohrloch auf die Oberflächenbedingungen reduziert wird. (Abgeändert nach Donald Thomas, U.S. Geological Survey, Professional Paper 1350, [1987]: 1512)*

unregelmäßig; selbst der Old Faithful im Yellowstone Nationalpark, der berühmt dafür ist, nach festem Zeitplan auszubrechen, hat eine Ruhezeit von durchschnittlich 65 Minuten.

Der Yellowstone National Park in Wyoming war die letzten zwei Millionen Jahre Schauplatz starker vulkanischer Aktivität. Drei große Eruptionen und unzählige kleinere haben sich in diesem prähistorischen Zeitraum ereignet. Glücklicherweise ist die gegenwärtige Aktivität des

Vulkanische Ausbeute

Yellowstone hydrothermaler Natur. Das Magma kühlt unterirdisch ab und liefert die Wärme für die landschaftlich schönen Geysire und heißen Quellen. Es wird dort zweifellos wieder zu Vulkanausbrüchen kommen, aber die menschliche Zeit ist so kurz im Vergleich zur Sanduhr der Erde, daß die Möglichkeit, daß unsere Generation Zeuge eines solchen Spektakels wird, nur sehr gering ist.

Erzablagerungen

Regionen mit heißem, zirkulierendem Grundwasser werden von den Geologen als «hydrothermale Systeme» bezeichnet. In vielerlei Hinsicht funktionieren sie wie riesige Destillierkolben. Wenn geschmolzenes Gestein unter der Erdoberfläche kristallisiert, werden Vulkangase und Spurenelemente aus dem sich abkühlenden Magma freigesetzt. Diese Verbindungen werden zusammen mit anderen Elementen, die aus dem porösen und zerbrochenen umgebenden Gestein gelöst werden, in das zirkulierende heiße Wasser des hydrothermalen Systems aufgenommen. Bei diesen gelösten Elementen kann es sich neben vielen anderen um Gold, Silber, Quecksilber, Kupfer, Blei und Zink handeln. Sie werden durch die Poren und Sprünge im Gestein an Stellen transportiert, an denen die Bedingungen es ihnen gestatten, sich zu konzentrieren und niederzuschlagen. Durch Abkühlung, Reduzierung des Drucks und chemische Reaktionen mit dem Gastgestein, durch das sich die heißen Lösungen bewegen. Hier sammeln sich über lange Zeiträume hinweg, Körnchen für Körnchen, Kristall für Kristall, wertvolle Mineralien an. Das Magma liefert die Wärme, das Grundwasser sorgt für die Auslaugung der Elemente und den Transport. An besonders empfänglichen Stellen unter der Erde lagern sich wertvolle Mineralien ab, und beim Schürfen geht es darum, diese besonderen Stellen zu finden.

Unterseeischer Vulkanismus erzeugt ebenfalls Erzablagerungen, deren potentielles Volumen erst in letzter Zeit erkannt wurde (Abb. 13.3). 1963 entdeckten Ozeanographen, daß einige tiefe Senken im Roten Meer heißes Salzwasser und Bodensedimente enthielten, die reich an Zink- und Kupfersulfaten waren. Das Rote Meer ist eine junge ozeanische Spalte, und das heiße Salzwasser, das reich an gelösten Metallen ist, stammt scheinbar aus Meerwasser, das durch das sich abkühlende vulkanische Gestein und Magma zirkuliert, von dem die neue Meereskruste unter der Achse des Roten Meeres gebildet wird.

1977 wurden entlang einem sich spaltenden submarinen Gebirgskamm im östlichen Pazifik, 320 Kilometer nordöstlich der Galapagosin-

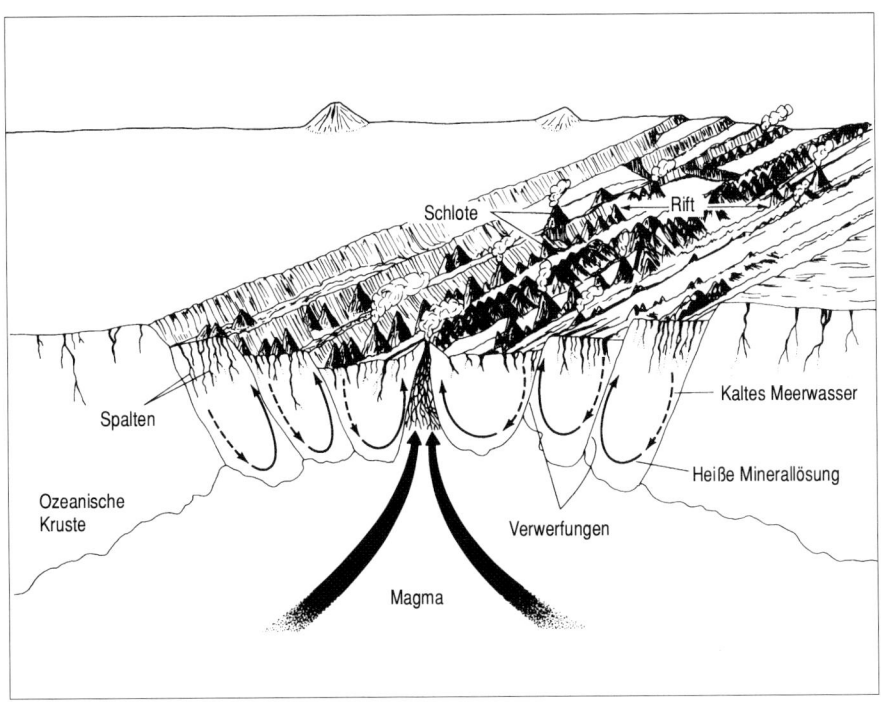

Abb. 13.3. Dieses Modell, das die submarine Erzablagerung erläutert, geht davon aus, daß Meerwasser durch Konvektion im geklüfteten Meeresboden zirkuliert. Wärme von Magma, das entlang der Riftachse eindringt, treibt die Konvektion an und liefert einige der chemischen Elemente. Schlote aus Zink-, Eisen- und Kupfersulfaten bilden sich an den Stellen, an denen die heißen Quellen austreten und plötzlich durch das kalte Meerwasser abgekühlt werden. (Abgeändert nach Charles Petit, «Neptune's Forge», Science 83 [Januar–Februar 1983]: 63)

seln, heiße Quellen entdeckt. Die Ozeanographen des Forschungs-U-Bootes Alvin (Abb. 13.4), die auf eine Tiefe von drei Kilometern hinabtauchten, stießen auf heiße Quellen unter der Meeresoberfläche, die von Kolonien merkwürdiger unbekannter Lebensformen umgeben waren. Bei weiteren Forschungstauchgängen nahmen sie Proben von dem heißen Wasser, den Mineralien und den Lebewesen aus dieser und ähnlich merkwürdigen Oasen, die alle von thermalen Quellen entlang den Mittelozeanischen Rücken genährt werden. Am Ostpazifischen Rücken, in der Nähe der Mündung des Golfs von Kalifornien, fanden Forscher in 2.500 Metern Tiefe aufragende 'Kamine' mit Eisen-, Zink- und Kupfersulfiden. Aus diesen 'Kaminen', die sie «Schwarze Raucher» nannten (Abb. 13.5), ergoß sich 350 °C warmes, mit Metallsulfidteilchen beladenes Wasser. Um diese heißen Quellen herum bilden Erzablagerungen Krusten und Schichten – sogenannte Ozeanische Rücken. Während sich der Mee-

Abb. 13.4. Alvin, ein tauchfähiges Gerät, das von der Woods Hole Oceanographic Institution eingesetzt wird, war das Entdeckungsfahrzeug bei vielen Tauchgängen zu den heißen Quellen und ihren Oasen mit merkwürdigen Lebewesen auf dem Meeresboden. Hier wird Alvin von dem ozeanographischen Schiff Atlantis I ins Meer gesenkt. (Foto: Woods Hole Oceanographic Institution)

resboden langsam von dem Rücken weg ausbreitet, verbreitert sich die seitliche Ausdehnung dieser Metallsulfidablagerungen. Wenn sich die Ausbreitung fortsetzt, werden die Ablagerungen über lange Strecken über den Meeresboden getragen und erreichen schließlich eine Subduktionszone. Dort tritt eine von zwei Möglichkeiten ein: Entweder wird die Meereskruste und die mitgebrachte Erzablagerung vom ozeanischen Graben aufgenommen, oder der Krustenspan wir zusammen mit der Erzablagerung ein Stück abgehobelt und auf den angrenzenden Kontinent geschoben.

Die berühmten Kupferminen von Zypern befinden sich z.B. in einer dieser aufgeschobenen Platten. Diese reichen Minen lieferten den Menschen am Mittelmeer bereits während der Bronzezeit Erz und sie produzieren noch heute. Ihre Ablagerungen von Kupfersulfidmineralien

206

Abb. 13.5. Schlot aus Metallsulfidmineralien, der durch eine heiße Quelle auf dem Mittelatlantischen Rücken in einer Tiefe von 3.600 Metern aufgebaut wurde. Krabben, die 2,5 bis 5 cm lang sind, schwimmen in Schwärmen im wärmeren Wasser in der Nähe des Schlots. (Foto: NOAA)

findet man in Kissenbasalt und verwandtem Vulkangestein aus dem Meer. Diese Ablagerungen haben die Geologen lange Zeit vor ein Rätsel gestellt. Alte heiße Quellen auf dem Meeresgrund und Platten des alten Meeresbodens, die nach oben gelangten, als Afrika nach

Europa hineinstieß, liefern jetzt eine mögliche Erklärung für diese wertvollen Minen.

Die meisten Erzablagerungen, die aus heißen Quellen auf dem Meeresgrund stammen, verschwinden jedoch in den Subduktionszonen, statt an Land gehoben zu werden. Dies bedeutet aber nicht unbedingt ihr Ende. Magma, das über Subduktionszonen nach oben gelangt und Vulkane bildet, kann mit diesen wertvollen Elementen angereichert sein. Dieser Prozeß würde zusätzliche Metalle für den Transport und die Ablagerung in den konventionelleren hydrothermalen Erzablagerungen in den Ruinen alter, kontinentaler Vulkane liefern.

Vor dreißig Jahren hätte niemand daran gedacht, daß Ozeanographen eines Tages völlig neue Konzepte zur Bildung von Erzablagerungen enthüllen würden. Dies ist wieder ein Beweis für die alte Weisheit, daß Gold dort ist, wo man es findet.

Auch Diamanten haben ihren Ursprung in vulkanischen Prozessen, aber anders als hydrothermale Mineralablagerungen bilden sie sich aus Kohlenstoffatomen, die in großen Tiefen – vielleicht bis 200 Kilometer – zu engen Netzwerken zusammengedrückt werden. Es ist durchaus möglich, daß Diamanten in solchen Tiefen nichts Ungewöhnliches sind, aber sie sind auf jeden Fall unzugänglich. Diamanten und das merkwürdige Vulkangestein, in denen sie auftreten, brechen aus großen Tiefen durch schnell gebildete Vulkanschlote aus, die als «Diamantrohre» bezeichnet werden. Durch diese Röhren steigt das geschmolzene Gestein nahe zur Oberfläche, wo es abgebaut wird. Der Druck- und Temperaturrückgang muß schnell erfolgen, denn wenn der Prozeß langsam ablaufen würde, würden sich die Diamanten in relativ wertloses Graphit verwandeln, die kristalline Form von Kohlenstoff.

Es ist nicht erwiesen, ob heute aktive Vulkane derartige Schlote haben, die Diamanten enthalten, wie man sie in erodierten Vulkanwurzeln in Afrika, Sibirien und Australien gefunden hat. Das geologische Alter von Schloten, die Diamanten enthalten, scheint sich um ein paar ausgewählte Zeiträume der Erdgeschichte zu konzentrieren. Niemand weiß, ob die speziellen Bedingungen, die zu ihrer Bildung führten, heute ebenfalls vorhanden sind

Geothermische Energie

Die innere Erdwärme ist ein riesiges Energiereservoir und hat beträchtliches Potential als Energiequelle. Leistung ist Arbeit, die in einem bestimmten Zeitraum geleistet wird, und Energie ist gespeicherte Leistung.

Dieser Unterschied zwischen Energie und Leistung ist für die Nutzung geothermischer Bodenschätze äußerst wichtig. Der Wärmestrom aus der Erdoberfläche heraus beträgt beispielsweise nur 0,06 Watt pro Quadratmeter. Irgendwie muß diese Leistung aus einem großen Gebiet gesammelt werden, um ihren Einsatz wirtschaftlich zu rechtfertigen. Das Auftreten von unterirdischem heißem Wasser und Dampf, die durch ein Bohrloch angezapft werden können, ist eine Antwort auf dieses Problem.

In den meisten nichtvulkanischen Gebieten ist der Temperaturanstieg bei zunehmender Tiefe gering, und unterirdisches Wasser, das für einen effizienten Einsatz heiß genug wird, tritt wahrscheinlich erst in Tiefen von vier Kilometern und mehr auf. Dies ist zu tief und zu teuer, um die Bohrkosten durch den potentiellen Einsatz der gewonnenen Energie wieder hereinzuholen. In vulkanischen Gebieten, in denen es flache Magmareservoire gibt, die sich langsam abkühlen, kann das Grundwasser in Tiefen von nur ein bis zwei Kilometer auf 200° oder 300° C erhitzt werden. Diese aktiven hydrothermalen Systeme können mit Bohrlöchern angezapft und das heiße Wasser und der Dampf zur Stromerzeugung oder zu Heizzwecken verwendet werden. Die Energie aus diesen flacheren, heißeren hydrothermalen Reservoiren kann die Bohrkosten und den Bau von Kraftwerken wieder einbringen.

Wenn das unterirdische Wasser heißer als 150° C ist, kann geothermische Kraft nach demselben Prinzip gewonnen werden, das auch einen Geysir antreibt – nämlich die Tatsache, daß die Siedetemperatur des Wassers mit zunehmender Tiefe steigt. Geothermial-Brunnen werden oft mit Preßluft in diese Hochtemperatur-Reservoire gebohrt, um die Gesteinsplitter herauszuheben. Diese Bohrungen im unverschalten Bohrloch lassen den Druck am unteren Ende des Brunnens absinken. Wenn man dabei auf Wasser stößt, wird seine Temperatur weit über dem Siedepunkt an der Oberfläche liegen und sich auf der Stelle in Dampf verwandeln. Eine Mischung aus Dampf und Wasser spritzt aus dem Bohrloch, und der Dampf kann dann in Rohren getrennt, zu einem Turbinenkraftwerk geleitet werden (Abb. 13.6).

In einigen geothermalen Feldern, etwa The Geysirs in der Nähe von San Francisco befindet sich im unterirdischen Reservoir eher gespannter Dampf als heißes Wasser. In dieser ungewöhnlichen Situation besteht nicht das Problem, den Dampf vom heißen Wasser zu trennen, so daß sich Strom noch leichter und wirtschaftlicher erzeugen läßt.

Hydrothermale Systeme mit niedrigerer Temperatur sind für die Stromerzeugung weniger wirtschaftlich, aber immer noch wertvoll für die Beheizung von Häusern und Treibhäusern und für industrielle

Abb. 13.6. Dampf- und Heißwasserstrom aus einer geothermischen Erkundungsbohrung auf der Insel Sao Miguel in den Azoren. Die potentielle Leistung eines Brunnens wird gemessen, indem die Strömungsrate des Dampfes und des Wassers bei unterschiedlichem hydrostatischem Druck in der Bohrung gemessen wird. (Foto: Roger Henneberger, Geotherm-Ex, Inc.)

Zwecke. Reykjavik, die Hauptstadt von Island, wird fast vollständig mit heißem Wasser beheizt, das durch Rohre aus unterirdischen Reservoiren herangeführt wird. Auf Island werden die Menschen durch ihre warmen

210

behaglichen Häuser und das immer vorhandene heiße Wasser aus den Wasserhähnen daran erinnert, daß Vulkane sowohl nützlich als auch zerstörerisch sein können.

Es gibt viele Vulkangebiete auf der Welt, in denen das Gestein in der Tiefe heiß ist, sie enthalten jedoch nicht viel Grundwasser. In der letzten Zeit deuten Experimente der «Los Alamos National Laboratories» in Neumexiko darauf hin, daß man geothermische Energie aus einem künstlich geschaffenen hydrothermalen System gewinnen kann, wenn man Oberflächenwasser durch ein Bohrloch in tiefliegendes heißes Gestein injiziert und es aus einem benachbarten tiefen Brunnen wieder herausholt. Es ist noch nicht klar, ob man mit dieser komplexen Technologie Energie zu einem Preis produzieren kann, der im Vergleich zu anderen, zur Zeit verfügbaren Energiequellen vernünftig ist. Das direkte Anzapfen von Energie aus tief verborgen liegenden Magmareservoiren ist ebenfalls eine verlockende Aussicht, aber bisher wurden die technischen Probleme wie Bohrungen in das Magma und das Einführen einer Vorrichtung zur Wärmegewinnung noch nicht gelöst.

Das Potential geothermaler Energie ist enorm. Das U.S. Geological Survey schätzt, daß die Energie, die unter den USA in hydrothermalen Systemen lagert, das Doppelte der Energie der bekannten Ölreserven weltweit beträgt. Wenn man heißes, trockenes Gestein, wie es in den« Los Alamos National Laboratories» untersucht wird, dazurechnet, steigt die Schätzung auf das 6.000fache an. Die Sache hat jedoch einen Haken: Ein großer Teil dieser Energie ist schwer zugänglich, und die dabei entstehenden Kosten mögen höher sein als ihr Wert. Das Problem ist ähnlich gelagert wie das einer großen Ablagerung von Mineralien geringer Konzentration. Das Meer enthält zwar riesige Mengen an gelöstem Gold, aber um es in seiner reinen Form zu gewinnen, müßten Kosten aufgewendet werden, die den Wert des Metalls weit übersteigen. Die Schlüsselfrage in bezug auf den riesigen Vorrat an geothermaler Energie lautet, ob sie schnell und wirtschaftlich genug gewonnen werden kann, um nützliche Energie zu produzieren. Ein Teil wurde und wird bereits genutzt, aber es ist sicherlich nicht die ganze Antwort auf den Traum von einer preiswerten, endlosen Energiequelle.

Erzablagerungen und geothermale Energie

Erzablagerungen hydrothermalen Ursprungs werden meistens viele Millionen Jahre nach der Abkühlung des Vulkangesteins und des heißen Wassers entdeckt. In geologischer Zeit handelt es sich dabei um fossile geothermale Felder. Viele zur Zeit aktive geothermale Felder lagern wahrscheinlich wertvolle Mineralien ab, aber die heißen Wässer sind entweder noch nicht lange genug zirkuliert, um große Ablagerungen zu bilden, oder die Vorkommen sind zu heiß und liegen zu tief, um als Erz geschürft zu werden.

Es gibt mindestens eine große Ausnahme. Vor einiger Zeit wurde eine große Goldablagerung in Gesteinsschichten und Bohrlöchern auf der Insel Lihir in Papua-Neuguinea entdeckt. Dieses reiche Lager liegt jedoch in der Caldera eines lebenden Vulkans, und das hydrothermale System, das das Gold abgelagert hat, ist noch immer heiß und aktiv. Sowohl das Goldlager als auch das potentielle geothermale Feld scheinen wertvolle Bodenschätze zu sein. Ironischerweise wird das noch immer aktive hydrothermale System wahrscheinlich den Goldabbau behindern.

Fruchtbarer Boden

Vulkane sind zumindest teilweise für einige der fruchtbarsten Böden weltweit verantwortlich, und nirgendwo ist dies offensichtlicher als in den Tropen. Die Inseln Java und Kalimantan (Borneo) beispielsweise liegen beide in den tropischen Breiten des indonesischen Archipels. Auf Java erzielen kleine Farmen zwei bis drei Reisernten pro Jahr und dies bereits seit Jahrhunderten. Im Gegensatz dazu existieren viele Farmen auf Kalimantan nur vorübergehend. Der Regenwald wird abgeholzt und verbrannt, und Getreide wird nur für ein paar Jahre angebaut; bald ist der Boden wieder ausgelaugt, und es müssen durch Brandrodung neue Felder gewonnen werden.

Einer der Hauptgründe für diesen Unterschied ist das Vorhandensein von lebenden Vulkanen auf Java; auf Kalimantan gibt es keine. In dem feuchten tropischen Klima wird der Boden durch die starken Niederschläge schnell ausgewaschen, so daß der größte Teil der löslichen Mineralien, einschließlich Stickstoff und Phosphor, fehlen. Diese beiden Elemente sind jedoch für das Pflanzenwachstum unentbehrlich. Schließlich entsteht eine rote Erde, die sich größtenteils aus Eisen- und Aluminiumoxiden zusammensetzt und arm an Pflanzennährstoffen ist. Aktive Vulkane, besonders explosive Vulkane, erneuern den Boden mit ihrer Vulkanasche. In den meisten Vulkangesteinen ist Phosphor enthalten, das durch Verwitterung in lösliche Verbindungen abgegeben wird, die für das Pflanzenwachstum verantwortlich sind.

Die spezifischen chemischen und physikalischen Reaktionen, die Vulkanerde so fruchtbar machen, wurden bisher nur in geringem Maß

Von Pompeji zum Pinatubo

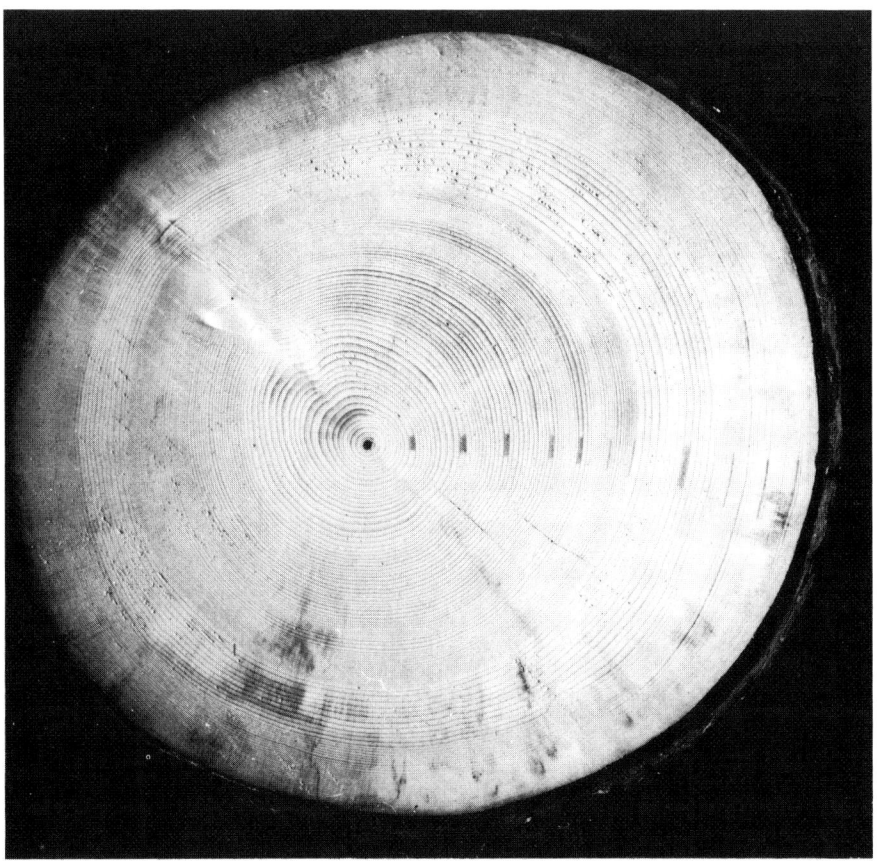

Abb. 13.7. Eine 120 Jahre alte weiße Fichte, die 1962 beim Straßenbau 48 km nordwestlich des Mount Katmai, Alaska, gefällt wurde. Jeder markierte Ring ist 10 Jahre alt. Drei sehr dünnen Ringen nach 1912 folgen 12 Jahre lang Wachstumsringe, die stärker als normal sind. Die Dicke des Ascheregens im Jahr 1912 in diesem Gebiet betrug 15 cm.

erforscht. Eine stärkere Zusammenarbeit zwischen Wissenschaftlern aus den Bereichen Vulkanologie und Bodenkunde könnte sowohl wissenschaftliche als auch praktische Bedeutung haben. Jedenfalls gibt es weitverbreitete empirische Belege, daß neue Vulkanasche das Pflanzenwachstum anregt. Nach der Eruption des Mount St. Helens (1980) gab es im US-Bundesstaat Washington Rekordernten bei Äpfeln und Weizen, da die Eruptionswolke ein bis zwei Zentimeter Asche auf die Felder verteilt hatte. Beweise für die Katmai-Eruption im Jahr 1912 kann man leicht am Muster der Baumringe von Gebirgsföhren ablesen, die von ein paar Zentimetern Asche bedeckt waren. Die Ringe aus den Jahren 1912 und

1913 sind klein, was wahrscheinlich auf das direkte Trauma des Asche-regens zurückzuführen ist, aber die Ringe des folgenden Jahrzehnts zeigen, daß das Wachstum viel stärker als normal war (Abb. 13.7).

Natürlich kann es des Guten auch zuviel geben. Ein Ascheniederschlag, der dicker als zwanzig Zentimeter ist, tötet einen Großteil der Vegetation ab, und diese neue Asche muß entweder in die darunterliegende Erde gepflügt werden oder mehrere Jahre lang verwittern, bevor sich die Felder wieder erholen. Die fruchtbare Erde in der Nähe von lebenden Vulkanen nutzt Millionen von Menschen. Infolgedessen locken Vulkane eine immer größer werdende Zahl von Einwohnern an, die in ihrem potentiell todbringenden Bereich leben.

Land, Meer und Luft

Vor dreißig Jahren glaubten viele Geologen, daß ein großer Teil der Luft und des Wassers auf der Erde in geologischer Zeit aus Vulkanen ausgestoßen wurde. Die meisten Gase, die aus Vulkanen abgegeben werden, treten nämlich in den Proportionen auf, die die Zusammensetzung der Meere, der Atmosphäre und der Sedimentgesteine erklären.

Da das Konzept der Plattentektonik das Denken der Geologen über die Erdgeschichte revolutioniert hat, haben sich die Vorstellungen über den Ursprung von Wasser, Luft und der Kontinente drastisch verändert. Die Theorie der Plattentektonik zeigt, daß die ozeanische Kruste und ein Teil ihrer Sedimente, die auf dem Meeresboden aufgelagert sind, wieder in den Erdmantel zurückfließen. Bei der gegenwärtigen Geschwindigkeit der Plattenbewegung dauert es bis zu 200 Millionen Jahre, bis sich auf dem Meeresboden an einem Mittelozeanischen Rücken eine neue Kruste bildet und wieder in einer Subduktionszone verschwindet. Auf ihrer langen Reise vom Ozeanischen Rücken zum Graben häufen sich auf dem sich langsam bewegenden Meeresboden Sedimentschichten an. Wenn man davon ausgeht, daß die Durchschnittsgeschwindigkeit der Plattenbewegung während der vier oder mehr Milliarden Jahre der Erdgeschichte ungefähr gleich war, muß sich dieser 'Recycling-Prozeß' etwa zwanzigmal wiederholt haben.

Bei diesem Modell werden dem Meer chemische Komponenten zugeführt, die aus Flüssen stammen, die Kontinente erodieren und durch hydrothermale Systeme entlang der Mittelozeanischen Rücken das noch junge und heiße Vulkangestein auslaugen. Durch die Reaktion des Meerwassers mit dem Gestein in hydrothermalen Systemen, sowie durch die Subduktion der ozeanischen Kruste und der sie bedeckenden Sedimente wird ein anderer Teil der chemischen Bestandteile wieder abgeführt. Magnesiumsalze beispielsweise, die bei der Verwitterung kontinentalen Gesteins entstehen, werden in Flüssen langsam dem Meer zugeführt. Wenn sich dieser Prozeß in geologischer Zeit fortgesetzt hätte, würde die Menge an Magnesiumsalz im Meer die zur Zeit tatsächlich vorhandenen Mengen stark übersteigen. Die fehlenden Magnesiumionen lassen sich durch ihre Reaktion mit den heißen Basaltlaven erklären, die unterseeische heiße Wässer erhitzen und zirkulieren lassen. Das feste Magnesiumsilikat, das durch die Meerwasserzirkulation in diesen heißen Laven entsteht, bleibt in der ozeanischen Kruste und verschwindet schließlich in der Subduktionszone. Das Problem eines Konzepts, bei dem es langfristig nicht zur Rückführung der chemischen Bestandteile kommt, besteht darin, daß sich die Konzentration einiger Elemente im Ozeanwasser in geologischer Zeit langsam immer mehr erhöht. Beim 'Recycling-Konzept' wird bei den ständig neu dazukommenden Elementen ein langfristiges Gleichgewicht erreicht, indem dem Ozean lösliche Chemikalien ständig wieder entzogen werden.

Diesem Konzept zufolge ist die Zusammensetzung der Meere und der ozeanischen Kruste über geologische Zeiträume hinweg nicht das Ergebnis eines langfristigen Prozesses, der sich über die gesamte Erdgeschichte erstreckt, sondern zum größten Teil das Ergebnis der jeweils letzten ca. 200 Millionen Jahre – der Zykluszeit für das sogenannte Seafloor spreading.

Unabhängig vom einen oder anderen Konzept, würde die Erde und das Leben, so wie wir es kennen, nicht existieren, wenn nicht ständig Luft, Wasser und Land gebildet würden, indem Vulkane diese aus dem Erdinnern hervorbringen. Der Vulkanismus ist nicht der einzige Prozeß in der Evolution eines Planeten, aber ein sehr wichtiger. Wie wichtig er ist, wird in Kapitel 14 erläutert. Dort wird die mögliche Rolle vulkanischer Aktivität für den Ursprung und die Evolution des Lebens auf der Erde diskutiert.

Legenden zu den folgenden Farbtafeln

Tafel 14 Die riesige Eruptionswolke des Mount St. Helens am 18. Mai 1980 war zu groß, um fotografiert zu werden. Eine eindrucksvolle, aber viel kleinere Explosionswolke des Mount St. Helens, die auf diesem Foto vom 22. Juli 1980 zu sehen ist, erreichte eine Höhe von 13 km. (Foto: Katia Krafft)

Tafel 15 Der Mount St. Helens, wie er 1970 aussah. Dieser 2.950 Meter hohe Stratovulkan war seit 1857 nicht mehr ausgebrochen.

Tafel 16 Während der Lawine und der explosiven Eruption am 18. Mai 1980 verlor der Mount St. Helens über 400 Meter an Höhe, und ein großer hufeisenförmiger Krater von 2 km Breite, 3 km Länge und 600 Meter Tiefe wurde aus dem noch verbleibenden Bergstumpf herausgesprengt. Seit 1980 hat sich während der vielen kleinen Eruptionen ein Dom aus zähflüssiger Lava über 250 Meter hoch und mit einem Durchmesser von einem Kilometer in den Krater hinaufgedrückt. (Foto: Lyn Topinka, U.S. Geological Survey)

Tafel 17 Im Jahr 1912 brachen am Katmai in Alaska 30 Kubikkilometer an Asche- und pyroklastischen Strömen aus, die das 20 km lange und 3 km breite Tal auf diesem Foto mit heißen, vulkanischen Fragmenten ausfüllten. Über die Jahre hinweg ist das «Valley of Ten Thousand Smokes» zu einer kahlen Ebene abgekühlt, durch die sich neue Flußtäler ziehen. Die Rauchwolke am Horizont stammt vom Mount Trident, einem nahegelegenen Vulkan, der während der sechziger Jahre aktiv war. (Foto: U.S. National Park Service)

Tafel 18 Diese Ablagerungen von Vulkanasche, die auf der Insel Oshima in Japan während des Baus einer Straße offengelegt wurden, sind der Beweis für große explosive Eruptionen in der Vergangenheit. Durch die Erosion wurde ein großer Teil der unteren Ascheschichten entfernt, bevor die oberen Schichten das Gebiet neu bedeckten.

Tafel 19 Ein Dampf- und Heißwasserausbruch des Old Faithful Geysir im Yellowstone National Park. Obwohl man nicht die Uhr danach stellen kann, sprüht der Old Faithful etwa jede Stunde 30 bis 50 Meter hoch. Seit Beginn der Geschichtsschreibung wurden im Yellowstone-Gebiet keine Vulkanausbrüche verzeichnet, aber die Geysire und heißen Quellen des Parks erinnern den Besucher daran, daß die Feuer noch nicht erloschen sind.

Tafel 20 Der Gipfel des Ruapehu in Neuseeland enthält einen großen See mit heißem Wasser. Der See wurde während einer Eruption im Jahr 1953 aus dem Krater hinausgeworfen, und die daraus resultierenden Schlammströme rissen eine Eisenbahnbrücke mit sich, wobei ein Eilzug verunglückte und viele Tote zu beklagen waren.

Tafel 21 Algenblüte an der Oberfläche eines warmen Sees in der Nähe des Tarawera in Neuseeland. Viele thermale Phänomene in diesem Gebiete entstanden durch eine 16 km lange Spalteneruption im Jahr 1886.

Tafel 22 Schlammtöpfe bei Rotura, Neuseeland, bilden sich durch Dampf, der aus unterirdischen geothermischen Reservoirs nach oben entweicht. Der Vulkangürtel der Nordinsel ist Schauplatz vieler riesiger explosiver Eruptionen in prähistorischer, aber vom Standpunkt der Geologen aus, «neuerer» Zeit.

Tafel 23 Submarine heiße Quellen, die als «schwarze Raucher» bezeichnet werden, geben Wasser mit Temperaturen von über 300° C ab. Man findet sie entlang der Mittelozeanischen Rücken in Tiefen von 2.500 Metern, wo der starke Druck des Ozeans eine Dampfbildung verhindert. Eisen- und Zinksulfidpartikel, die sich ablagern, wenn das heiße Wasser von dem umgebenden Meereswasser gekühlt wird, erzeugen den schwarzen Rauch. (Foto: Scripps Institution of Oceanography, zur Verfügung gestellt von R.A. Koski, U.S. Geological Survey)

Tafel 24 An vielen Vulkangasöffnungen sammeln sich Schwefelablagerungen, aber der üble Schwefelgeruch hält die Neugierigen ab. Diese Ablagerungen in Indonesien werden wegen ihres Schwefelgehalts abgebaut. (Foto: Katia Krafft)

Tafeln 25 und 26 Io, einer der Jupitermonde, scheint viele äußerst aktive Vulkane zu besitzen. Geschmolzener Schwefel und Schwefelgase sind wahrscheinlich die Hauptprodukte dieser seltsamen Vulkaneruptionen. Große Teile des Mondes, der einen Durchmesser von 3.500 Kilometern hat (oben), was einem Viertel der Erdgröße entspricht, sind von gelben bis roten Ablagerungen bedeckt. Bei näherem Hinsehen (unten) erblickt man einen Vulkan namens Pele (Mitte rechts), der einen Schleier von Partikeln 300 km hoch in die Atmosphäre des Io, die fast einem Vakuum gleicht, ausstößt. (Fotos der NASA und von Alfred McEwen vom U.S. Geological Survey)

Tafel 27 Eine Explosion des Anak Krakatau im Jahr 1979 stößt einen Regen glühender Lavafragmente aus. (Foto: Katia Krafft)

15

16

17

18

19

20

21

22

23

24

25

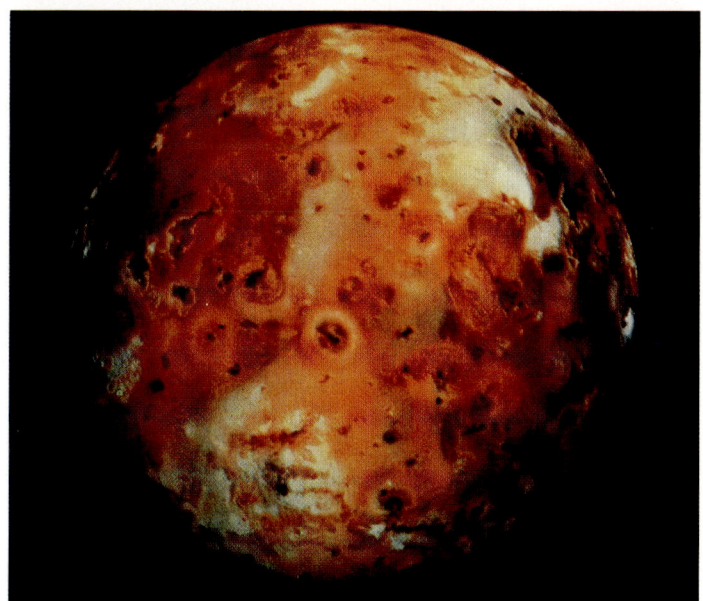

26

27 >>

14 Vulkane und Leben

Östlicher Pazifik: 19. Februar 1977

Als das Forschungs-U-Boot Alvin sich langsam auf den Meeresboden in 2.500 Meter Tiefe an der Achse des Galapagos-Rückens herabsenkte, gab es kaum Hinweise, daß es an diesem Tag zu erstaunlichen Entdeckungen kommen würde. Die Wissenschaftler John Edmond vom Massachusetts Institute of Technology und John Corliss von der Oregon State University beobachteten das Geschehen durch die Plexiglas-Bullaugen, während das U-Boot über den leicht abfallenden Meeresboden schwebte. Dann hielt der Pilot an, um mit Alvins meachnischem Arm Vulkangestein einzusammeln. John Edmond[*] beschrieb, was geschah:

> … ein paar große, lilafarbene Seeanemonen erweckten unsere Aufmerksamkeit. Erst als unser Blick von ihnen weg wanderte, erkannten wir, daß das Wasser im Bereich unserer Scheinwerfer wie Luft über einem heißen Bürgersteig schimmerte. Die hastig gemessene Wassertemperatur lag fünf Grad über der umgebenden Wassertemperatur (2,05° C). Das Gestein interessierte uns nun nicht mehr. Statt dessen entnahmen wir eine Wasserprobe und setzten unseren Weg den Hang hinauf fort. Hier stießen wir auf eine großartige Szene.
> Das typische Basaltterrain an der Achse des Ozeanrückens ist mehr oder weniger öde. Monotone Felder aus braunen Kissenlaven werden von Verwerfungen und Rissen durchschnitten. Man muß einige Quadratmeter absuchen, um einen einzigen Organismus zu finden. Hier

---

[*] John M. Edmond und Karen Von Damm, «Hot Springs on the Ocean Floor», *Scientific American* 248, Nr. 4 (April 1983): 86. Abdruck mit Erlaubnis.

aber handelte es sich um eine Oase. Muschelriffe und Felder von riesigen Venusmuscheln badeten im schimmernden Wasser zusammen mit Krebsen, Anemonen und großen rosafarbenen Fischen. Die noch verbleibenden fünf Stunden auf dem Meeresboden vergingen wie im Flug. Wir zeichneten die Temperatur, das Leitvermögen, den pH-Wert und den Sauerstoffgehalt des Wassers auf. Wir machten Fotos. Wir entnahmen Wasserproben. Wir achteten darauf, daß eine repräsentative Auswahl an Organismen gesammelt wurde, und alles unter dem wachsenden Druck, daß die Batteriespannung unseres Tauchgeräts ständig abnahm.

Glücklicherweise arbeitete die Ausrüstung ohne jeden Fehler. Bald war offensichtlich, daß wir auf ein Feld heißer Quellen gestoßen waren. In einem kreisförmigen Gebiet von etwa 100 Metern Durchmesser strömte Wasser aus jeder Öffnung und jedem Spalt. Die Temperatur des Wassers variierte stark, aber der Höchstwert betrug etwa 17° C. Die Organismen waren recht wählerisch. Sie verstopften die wärmsten Öffnungen. In einigen Fällen kanalisierten Muschelriffe regelrecht den Wasserstrom. Wir arbeiteten, bis die «wissenschaftliche Energie» aufgebraucht war.

Auf dieser Galapagos-Tauchfahrt wurden fünfzehn Tauchgänge unternommen, und es wurde eine Fülle von Proben und Daten gesammelt. Obwohl man seit langem angenommen hatte, daß es möglicherweise unterseeische heiße Quellen an den Mittelozeanischen Rücken gab, bestätigte sich ihre Existenz erst jetzt, als die exotischen Wesen, die von ihnen ernährt wurden, zum erstenmal von einem menschlichen Auge erblickt wurden.

Bei Tauchgängen zu mehreren anderen Mittelozeanischen Rücken während der letzten zehn Jahre sind die Ozeanographen an heißen Quellen auf dem Meeresboden ähnlich merkwürdigen Wesen begegnet, was darauf hindeutet, daß viele Kolonien ungewöhnlicher Lebensformen die Spreizungszonen zwischen den sich trennenden Krustenplatten bevölkern. Es ist klar, daß diese neu entdeckten Ansammlungen von Lebewesen von der Wärme und dem Schwefel aktiver submariner Vulkane und flachen Intrusionen von Magma unter dem Meeresboden ernährt werden.

Das Meerwasser zirkuliert in das sich abkühlende Magma unter Mittelozeanischen Rücken und steigt in der Form heißer Quellen wieder an den Meeresboden, wobei es Schwefelwasserstoff (H_2S), Kohlendioxid (CO_2) und andere Vulkangase gelöst mit sich führt. Zusätzlich wird das

Abb. 14.1. Röhrenwürmer zählen zu den merkwürdigen Lebewesen, die man in den submarinen Oasen um die heißen Quellen findet. Die Bakterien in den 1 – 2 Meter langen Würmern leben von der Wärme und dem Wasserstoffsulfat aus dem heißen Wasser und dem Sauerstoff des Meerwassers und bilden die Grundlage der ungewöhnlichen, vom Sonnenlicht unabhängigen Nahrungskette. (Foto der Woods Hole Oceanographic Institution)

Sulfat aus dem zirkulierenden Meerwasser in dem sauerstoffarmen Bereich nahe des Magmas zu Sulfid reduziert. Bakterien, die in der Nähe der heißen Quellen auf dem Meeresboden leben, erhalten ihre Energie, indem sie den gelösten Schwefelwasserstoff in den heißen Quellen mit dem Sauerstoff aus dem umgebenden Meerwasser verbinden. Mit dieser Energie wiederum verbinden sie Wasser und Kohlendioxid, so daß organische Kohlenwasserstoffe entstehen. Auf dieselbe Weise, in der Pflanzen und Sonnenlicht die Grundlage der Nahrungskette auf der Erdoberfläche bilden, ernähren diese merkwürdigen Bakterien und die Vulkanwärme in diesen warmen, dunklen Oasen tief unten im Meer die Röhrenwürmer und Venusmuscheln und diese wiederum die Krebse (Abb. 14.1).

Die ungewöhnlichen Wesen, die bei heißen Quellen tief unten am Meeresboden leben, sind eine bemerkenswerte Entdeckung. Sie zeigen, daß einige Lebensformen durch vulkanische Kraft leben können. Leben zu erhalten ist eine wichtige Funktion, aber es gibt noch fundamentalere Wege, mit denen die Vulkanaktivität möglicherweise eine wichtige, vielleicht sogar entscheidende Rolle bei der Entstehung und Entwicklung des Lebens auf der Erde gespielt hat.

Die Vulkanaktivität ist ein denkbar günstiger Mechanismus für die Bereitstellung der physikalischen und chemischen Bedingungen, die für die Entstehung des Lebens notwendig sind. Über die Entstehung des Lebens wurden viele Hypothesen aufgestellt, aber bis die Biochemiker in einem Experiment im Labor Leben kreieren können, wird der Pfad zwischen komplexen organischen Molekülen und primitiven lebenden Organismen im Dunkeln bleiben. Man weiß jedoch, daß sich Leben nach seiner Entstehung in einem Umfeld, in dem Wasser, Energie und chemische Nährstoffe zur Verfügung stehen, ernährt und vervielfältigt. Daraus kann man schließen, daß dieselben Bedingungen bei der Entstehung der belebten Erde wichtig waren.

Vulkanaktivität liefert eine Vielfalt an Bedingungen, in denen die Temperaturen von leichter Wärme bis zu 1.200 ° C reichen. Es sind heiße Quellen und eine Auswahl an Konzentrationen verschiedener Moleküle vorhanden, die Wasserstoff, Sauerstoff, Kohlenstoff, Schwefel und Stickstoff enthalten. Alle weiteren chemischen Elemente sind in Vulkangestein vorhanden, und die Konzentrationen dieser Elemente variieren während der Bildung, Eruption, Abkühlung und Verwitterung vulkanischer Produkte stark. In explosiven Eruptionswolken erzeugt statische Elektrizität an Aschepartikeln starke Gewitter, und klassische Experimente im Labor haben gezeigt, daß elektrische Funken komplexe organische Moleküle erzeugen können, wenn sie sich in einem Dampf aus Methan, Ammoniak und Wasser entladen.

Die Entstehung der Erde

Heute besteht Übereinstimmung zwischen Astronomen und Kosmologen, daß die Erde vor 4,6 bis 4,5 Milliarden Jahren entstand, als sich unser Solarnebel aus einem Teil einer größeren interstellaren Wolke kondensierte. Die schwereren chemischen Elemente in dieser Wolke waren in einem oder mehreren Sternen geschaffen worden, die sich während der Frühzeit unseres 15 bis 20 Millarden Jahre alten Universums gebildet hatten und nach Äonen explodiert waren. Die urzeitliche Erde war eine Kugel aus zusammengeballter Masse, die aus kondensiertem Sternenstaub bestand.

Bald kam es auf der frühen Erde zu Schmelzvorgängen, die wahrscheinlich Magma bildeten, mit dem Vulkane genährt wurden. Die Wärme wurde von der Energie der zusammenstoßenden Massen und von kurzlebigen radioaktiven Elementen geliefert. Die Schmelzvorgänge des Anfangs führten dazu, daß sich schwere Elemente wie Eisen im Zentrum der Erde konzentrierten, während sich die leichteren Elemente an der Oberfläche anreicherten. Diese gravitative Separation setzte ungeheure Energiemengen frei – genug, um die meisten Gesteine und Metalle, die durch Kollision oder Radioaktivität bisher nicht geschmolzen waren, zum Schmelzen zu bringen.

In dieser Zeit, die schätzungsweise die ersten 700 Millionen Jahre nach dem Anwachsen der Erde ausmachte, waren Vulkane wahrscheinlich äußerst aktiv und weitverbreitet und produzierten große Mengen an Lava. Viele Geologen sind der Meinung, daß ein Ozean geschmolzenen Gesteins einen großen Teil der Erdoberfläche bedeckte, während sich Erdkern und -mantel bildeten.

Die Entstehung des Lebens

Leben, wie wir es kennen, enstand mit Sicherheit nicht in einem Meer aus geschmolzener Lava, sondern begann erst, nachdem sich diese sterile Erde abgekühlt hatte. Leben kann auf vielfältige Weise definiert werden, aber sein grundlegendster Bestandteil ist das genetische Material, das als DNS (Desoxyribonukleinsäure) bezeichnet wird und das es Lebensformen gestattet, sich zu duplizieren. Gentechniker haben vorhandene DNS-Fasern modifizieren können, aber es ist ihnen nie gelungen, sie selbst zu schaffen. Selbst die DNS der einfachsten Bakterie ist eine ungeheuer komplexe Leiter aus Aminosäuremolekülen.

Die Vulkanaktivität spielte wahrscheinlich eine wichtige unterstützende Rolle beim Beginn des Lebens auf der Erde, indem sie half, eine günstige Umgebung für Leben zu schaffen, das auf der DNS beruhte. Die frühe Atmosphäre der Erde und die Ozeane entstammen wahrscheinlich zwei Quellen: Sie entstanden durch Vulkane, die Dampf, Kohlendioxid und andere Gase abgaben, und durch die Kometeneinschläge, die zum größten Teil aus Eis bestanden. Die frühe Atmosphäre war wahrscheinlich eine Mischung, die sich hauptsächlich aus Stickstoff und Kohlendioxid zusammensetzte.

Vor 3,8 Milliarden Jahren waren der Druck, die Temperatur und die Zusammensetzung der Erde offensichtlich günstig für die Ansammlung und Erhaltung von Aminosäuremolekülen. Die DNS ähnelt einem Buch, und die Aminosäuren sind nur die Buchstaben. Das Problem ist die Bildung der ersten DNS, denn danach kann sie sich verdoppeln und selbst weiterentwickeln. Einige Wissenschaftler sind der Meinung, daß sich das Leben irgendwo anders im Universium entwickelte und hierher getragen wurde, vielleicht als primitive, lebende Zellen, die sich in den Eiskometen befanden, die die junge Erde bombardierten. Andere wiederum glauben, daß der Ursprung des Lebens ein metaphysisches Problem ist, das sich einer wissenschaftlichen Erklärung entzieht. Wieder andere sind der Meinung, daß die erste DNS zufällig entstand, obwohl diese Möglichkeit verschwindend gering ist.

Eine interessante Hypothese, die unter anderem von A.G. Cairns-Smith von der Universität Glasgow vertreten wird, besagt, daß Tonmineralien eine wichtige Rolle bei der Entstehung des Lebens gespielt haben. Mineralien besitzen einen geordneten inneren Molekülaufbau und können wachsen, wenn neue Molekülschichten in demselben Muster hinzugefügt werden. Tonmineralien haben äußerst komplexe Strukturen von geschichteten Silikatmolekülen, die mehrschichtigen Sandwiches ähneln; sie können Wassermoleküle und sogar organische Moleküle zwischen ihren regelmäßigen Schichten aufnehmen.

Cairns-Smith und andere sind der Meinung, daß sich derart komplexe ton-organische Moleküle nach ihrer Bildung auf dieselbe Weise wie einfachere Tonmineralien verdoppeln können – d.h. durch nichtbiologisches Kristallwachstum. Die Bedingungen für ein solches Kristallwachstum sind eine günstige Temperatur, Druck und die Anlieferung der Komponenten. Viele Regionen auf der Erde stellen diese günstigen Bedingungen zur Verfügung: etwa Gebiete, in denen heiße Quellen blubbernde Schlammtöpfe bilden und Regionen, in denen Gestein langsam zu Ton verwittert.

Der Tonmineralien-Hypothese zufolge lebten die komplexen silikatorganischen Moleküle nicht, sondern bildeten Schablonen, auf denen sich irgendeine primitve DNS zusammengesetzt haben mag. In gewisser Weise geht die Tonmineralien-Hypothese ebenfalls von der Vorstellung aus, daß das Leben zufällig entstand, aber die Nachteile sind hier nicht so überwältigend, und durch die ton-organischen Moleküle sind die Chancen für die DNS größer und damit für die Entstehung des Lebens günstiger.

Die Entstehung des Lebens, unabhängig davon, ob es im Universum überall vorhanden oder allein auf die Erde beschränkt ist, bleibt ein Geheimnis. Als es jedoch auf der Erde entstanden war, wurde seine Entwicklung von vielen Faktoren beeinflußt. Die Nahrungs- und Energieversorgung bestimmte die Population verschiedener Organismen. Sonnenlicht, Kohlendioxid und Nährstoffe wie Phosphor, Kalium und Stickstoff sind für photosynthetische Lebensformen erforderlich. Der

Lebensraum war ein wichtiger Kontrollfaktor; das warme Meereswasser war gastlicher als das trockene Land, das tagsüber ausdörrte und nachts gefror. Auch geologische Veränderungen trugen viel zur Evolution bei. Die Verdampfung einer Lagune konnte das Leben in ihr zerstören, während ein Ansteigen des Meeresspiegels ein bereits günstiges Lebensgebiet noch stark erweitern konnte. Aktive Vulkane spielten bei diesen sich verändernden Schauplätzen eine wichtige Rolle.

Vulkane und Evolution

Das Vorhandensein von Fossilien in altem Sedimentgestein zeigt, daß die Evolution von einfachen zu komplexen, lebenden Organismen seit 3,5 Milliarden Jahren andauert. Für den größten Teil dieses langen Zeitraums bestand das Leben aus einfachen Bakterien, die in Matten und Kolonien auf der Oberfläche von flachen Meeresgewässern oder in ihrer Nähe lebten. Viele dieser einfachen Zellen waren pflanzenartig; sie lebten vom Sonnenlicht, dem Wasser und Kohlendioxid und produzierten Sauerstoff. Vor 1,5 Milliarden Jahren hatte sich genug Sauerstoff in der Atmosphäre gesammelt, so daß sich komplexere Zellen entwickeln konnten. Die neuen Zellen verbrauchten Sauerstoff und Kohlenwasserstoffe und gaben Wasser und Kohlendioxid ab. Sie waren zu ihrer Energieversorgung nicht direkt vom Sonnenlicht abhängig, sondern von Sauerstoff und Kohlenwasserstoffen, die von primitiveren Bakterien gebildet wurden. Dieser zweite Schritt war ein wichtiges Ereignis; er führte zur Entwicklung von vielzelligen Organismen, die sich in bestimmten Lebensbereichen in allen Meeren ausbreiteten. Vor 400 Millionen Jahren hatten Pflanzen und amphibische Fische begonnen, das kahle Land der Kontinente zu bewohnen. Nach geologischen Zeitbegriffen dauerte es nicht lange, bis Wälder, Reptilien und Säugetiere folgten und die Evolution noch komplexer wurde.

Der Vater der Evolutionstheorie, Charles Darwin, formulierte einige seiner frühen Ideen zu diesem Thema während eines Besuchs der vulkanischen Galapagosinseln zu Beginn des 19. Jahrhunderts. Dort bemerkte er, daß die einzelnen Inseln von unterschiedlichen Arten von Landschildkröten bewohnt waren. Da es fast überhaupt nicht zu Kreuzungen zwischen den Landschildkröten der verschiedenen Inseln kam, entwickelten die einzelnen Kolonien offensichtlich ganz eigene Merkmale.

Darwin bemerkte auch mehrere einzigartige Finkenarten auf den Galapagosinseln. Einige besaßen starke Schnäbel zum Aufbrechen harter Samen, andere dagegen hatten lange, dünne Schnäbel, mit denen sie

Insekten aus Löchern in der Baumrinde pickten. Er schloß daraus, daß die ersten Finken, die auf diese Vulkaninseln gelangten, dort möglicherweise von einem Sturm hingeweht worden waren, wenig oder keine Konkurrenz durch andere Vögel vorfanden, und daß die natürlichen Variationen in Schnabelgröße und -form langsam zur Entwicklung mehrerer Finkenarten führte, von denen jede an eine bestimmte Nahrung und eine ökologische Nische angepaßt war. Darwin wußte nichts über DNS, aber er erkannte, daß irgendein genetischer Mechanismus für die Variationen unter den Individuen verantwortlich war.

Modernen Begriffen zufolge, ist die Evolution das Resultat zweier Hauptprozesse: die gelegentliche Abnutzung und Reparatur der DNS führt zu Variationen in Form und Funktion individueller lebender Organismen, und Zufall und Tauglichkeit entscheiden, welche Art überleben wird. Darwin betrachtete diese natürliche Selektion als einen langsamen, gleichmäßigen und allmählich fortschreitenden Prozeß. In einem späteren Nachtrag zu dieser Theorie heißt es, daß die weitverbreitete Auslöschung von Leben durch große geologische oder außerirdische Katastrophen dazu führte, daß die Evolution danach schneller vonstatten ging. Nach diesem Konzept, das als «betonte Evolution» bezeichnet wird, unterliegen in Zeiten der Stabilität viele Variationen von Lebensformen – selbst nützliche – dem ökologischen Status quo und verlangsamen damit den Evolutionsprozeß. Klimaveränderungen oder riesige Vulkanausbrüche können jedoch die globale oder regionale Auslöschung vieler Arten verursachen (Abb. 14.2). Dies wiederum eröffnet kleinen Populationen neuer Arten die Möglichkeit, mit Erfolg zu konkurrieren und sich möglicherweise in noch nicht bewohntem Gebiet anzusiedeln.

Diese neue Ansicht, der zufolge lange Zeiten langsamer Evolution durch schnelle Ausbrüche evolutionärer Veränderungen betont werden, steht in keinerlei Konflikt zu Darwins grundlegendem Konzept, daß Mutation und natürliche Selektion die grundlegenden Kräfte der Evolution sind. Sie fügt nur eine weitere Variable hinzu: die Möglichkeit plötzlicher Veränderungen der Umweltbedingungen.

Darwin begriff zweifellos, daß eine neue Vulkaninsel ein freies Gebiet zur Verfügung stellte, in dem sich einwandernde Pflanzen und Tiere in der Isolation schnell entwickeln und neue Arten bilden konnten. In seiner Weltensicht gab es jedoch allmählichen Wandel und nicht die schnelle Veränderung durch Katastrophen kosmischen oder vulkanischen Ursprungs, die zur weitverbreiteten Auslöschung vieler Arten führen würden.

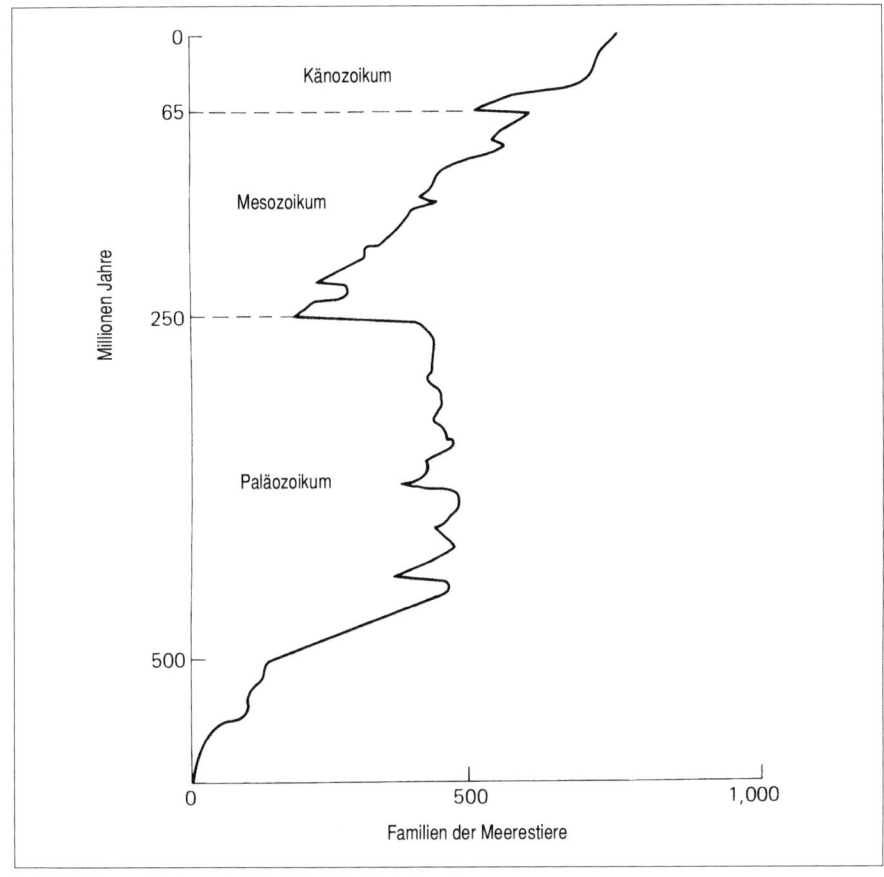

Abb. 14.2. Entwicklung und Aussterben von Tierfamilien im Meer während der letzten 600 Millionen Jahre. Die größte Phase des Aussterbens mit ihren nachfolgenden Veränderungen, die vor 250 Millionen und 65 Millionen Jahren stattfanden, sind seit langem bekannt und liefern die Grundlage für die Gliederung der Entwicklung in drei Hauptbereiche. Neuere Diskussionen über die Ursachen des Aussterbens von Arten konzentrieren sich auf Rieseneinschläge von Meteoriten oder Kometen oder auf Perioden ungewöhnlich starker vulkanischer Aktivität. (Daten von J.J. Sepkoski in D.M. Raup und D. Jablonski, Herausgeber, Patterns and Processes in the History of Life [Berlin: Springer-Verlag 1986], S. 277–296)

Die Evolution mag in einer Welt mit primitiven Lebensformen, in der die Bedingungen äußerst stabil sind, sehr langsam vor sich gehen, und das Leben könnte völlig erlöschen, falls sich die Umgebung zu drastisch ändert. Aber die Erde mit ihren sich ständig verschiebenden Platten, dem Vulkanismus und dem gelegentlichen Zusammenstoß mit einem Asteroiden mag genau die richtige Herausforderung für eine schnelle Evolution bieten.

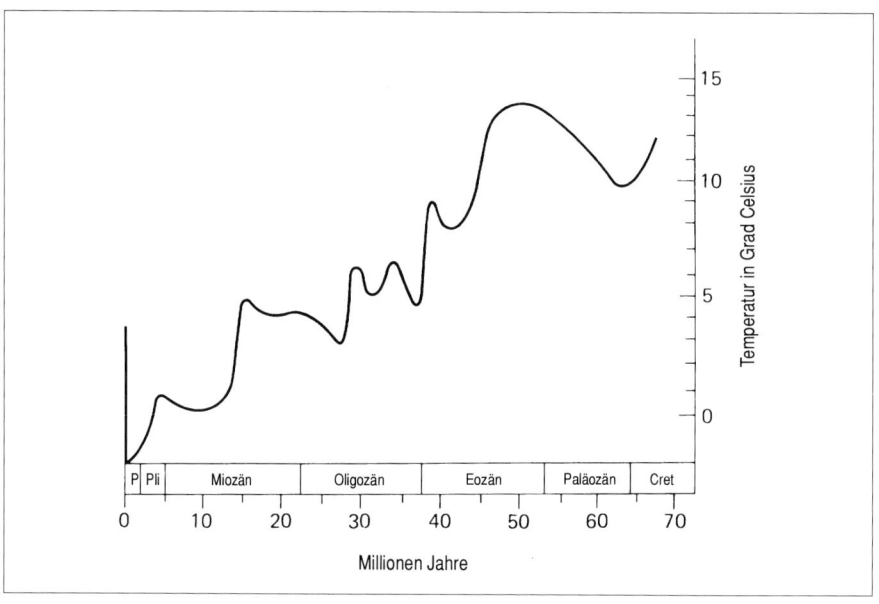

Abb. 14.3. *Die geschätzte Temperatur auf dem tiefen Meeresgrund während der letzten 70 Millionen Jahre. Die kurzfristigeren Absenkungen in der langfristigen Aufzeichnung der Abkühlung entsprechen den Perioden von gesteigertem explosivem Vulkanismus. (Adaptiert nach Daniel I. Axelrod via Savin, Geological Society of America, Fachreferat 185 [1981]: 38)*

In den vergangenen zwei Millionen Jahren kam es zu vielen zyklischen Klimaveränderungen. Kalte Perioden wechselten sich mit warmen ab, und die letzte Eiszeit endete vor etwa 12.000 Jahren. Diese Klimaveränderungen bedeuteten eine starke Belastung für Pflanzen und Tiere; das Anwachsen und Zurückgehen der Eisdecke löschte in großen kontinentalen Gebieten fast alles Leben aus und öffnete dann wieder große Gebiete für die Kolonisierung. Als die Eiskappen schmolzen, wurden die Tiefländer an der Küste überschwemmt und anschließend trockengelegt, wenn sie sich wieder neu bildeten. Dabei kam es beim Meeresspiegel zu Schwankungen von über 100 Metern. Das Überleben an sich bedeutete eine Herausforderung. Die Menschen waren ihr gewachsen, und sie entwickelten sich in einer der großen Übergangzeiten der Evolution. Der Mensch hat auf der Welt mehr Veränderungen bewirkt als die meisten Naturprozesse, speziell während der letzten 200 Jahre, und das Ergebnis dieses letzten Evolutionsschrittes ist noch nicht absehbar.

Die Eiszeiten wurden durch mehrere Faktoren verursacht. Veränderungen in den Meeresströmungen, die durch die langsame Neuanordnung der Kontinente verursacht wurden, waren offensichtlich ein wich-

Von Pompeji zum Pinatubo

Abb. 14.4. Fußabdrücke in der Asche der explosiven Eruption des Kilauea auf Hawaii im Jahr 1790. Wohin mag die Zukunft führen? (Foto: Katia Krafft)

tiger Faktor beim Abkühlen der Erde während der letzten 50 Millionen Jahre. Eine reduzierte Zirkulation in den Ozeanen führt zu extremeren und im allgemeinen kälteren Klimata, wenn die Mischung der warmen tropischen Gewässer und durch das kalte Arktiswasser behindert wird. Zeiten mit intensivem Vulkanismus haben diese Abkühlung noch beschleunigt. Sie können zu einem schnellen, weltweiten Abfallen der Temperaturen führen, das über ein paar Millionen Jahre dauert. Vulkanische Eruptionen scheinen aber nicht die Ursache von vordringenden und zurückgehenden Eiszeiten zu sein; diese werden offenbar eher durch eine Einwirkung der Erdumlaufbahn und ihrer Neigung zur Sonne verursacht. Vulkane scheinen jedoch bis zu jenem Punkt, an dem die jüngsten Eiszeitzyklen begannen, bei der durchschnittlichen Abkühlung des Erdklimas um 10 °C, eine Rolle gespielt zu haben (Abb. 14.3).

Die Zukunft des Planeten Erde wird von vielen Faktoren beeinflußt. Die Aktivitäten des Menschen werden die Landschaft weiterhin drastisch verändern und die Chemie der Meere, der Atmosphäre und des Grundwassers verwandeln. Die Risiken durch große Vulkanausbrüche werden mit dem Anwachsen der menschlichen Bevölkerung steigen (Abb. 14.4), aber sie werden im Vergleich zu den Gefahren durch Überbevölkerung und Weltkriege relativ gering sein.

Die Erde hat 4,5 Milliarden wechselreiche Jahre überlebt und wird auch jene Veränderungen überstehen, die vom Menschen verursacht werden. Vulkane werden ihren Teil zur Erneuerung des Landes, der Meere und der Luft beitragen. Egal, ob die Zeiten gewalttätig, turbulent oder friedvoll sind, die Erde wird wohl bestehen bleiben.

Vulkanische Weltrekorde

Höchster Vulkan: Nevado Ojos del Salado (6.885 m) in Chile.

Höchster tätiger Vulkan: Llullaillaco (6.723 m) in Chile; er ist letzmals 1877 ausgebrochen.

Größter tätiger Vulkan: Mauna Loa (4.139 m) auf Hawaii; er hat an der Basis in 5.000 Metern Tiefe einen Durchmesser von 250 Kilometern, ist vom Meeresgrund bis zum Gipfel rund 9.000 Meter hoch und hat etwa 40.000 Kubikkilometer (40.000 Milliarden Kubikmeter) Inhalt.

Nördlichster tätiger Vulkan: Eine namenlose vulkanische Region auf 88° 16′ nördlicher Breite, auf 66° 36′ westlicher Länge, auf dem Lomonosovrücken, der sich von den Neusibirischen Inseln am Nordpol vorbei nach Grönland erstreckt.

Südlichster tätiger Vulkan: Der Mount Erebus mit seinem permanenten Magmasee (3.794 m; 77° 16′ südlicher Breite und ca. 173° östlicher Länge) auf der Ross-Insel am Rand des antarktischen Ross-Schelfeises.

Größter Krater (Caldera): Toba auf Sumatra (Indonesien) mit 100 Kilometern Länge und 30 Kilometern Breite.

Mörderischster Vulkanausbruch der Geschichte: Tambora auf Sumbawa (Indonesien) im Jahr 1815; die Eruption forderte 92.000 Menschenleben.

Größte bekannte explosive Eruption aller Zeiten: Yellowstone in Wyoming (USA), vor rund zwei Millionen Jahren; innerhalb von wenigen Stunden müssen 2.500 Kubikkilometer Material (das hundertfache Volumen des Montblanc-Massivs) in die Luft geflogen sein.

Größte Vulkanausbrüche der Geschichte: Santorin in Griechenland, 1.500 v.Chr., Taupo in Neuseeland im Jahre 186 und Tambora in Indonesien im Jahre 1815. Jeder dieser Vulkane hat in wenigen Stunden 30 Kubikkilometer vulkanisches Gestein ausgeworfen.

Stärkste bekannte Explosion: Toba auf Sumatra vor 75.000 Jahren; die freigesetzte Energie entsprach jener von 40 Millionen Hiroshima-Wasserstoffbomben.

Kleinster bekannter Ausbruch: Namafell auf Island, 1977; 1,1 Kubikmeter spritzten aus einer geothermischen Bohrung hervor.

Höchste vulkanische Wolke: Sie wurde vom neuseeländischen Taupo im Jahr 186 n.Chr. produziert; man hat errechnet, daß sie bis auf 50 Kilometer Höhe stieg.

Längster Lavastrom: Am Mount Undara in Australien; er erstreckt sich über 160 Kilometer.

Größter Lavaerguß: Er wurde vom Mount Roza im Westen der Vereinigten Staaten erzeugt, bedeckte eine Fläche von 52.000 Quadratkilometern (Schweiz: 41.293 Quadratkilometer) und hatte ein Volumen von 4.000 Kubikkilometer.

Höchste Lavafontäne: Sie stieg in der Wolf-Caldera auf den Galapagos auf und erreichte eine Höhe von 700 Metern.

Größte vulkanische Bombe: Der größte bekannte, von einem Vulkan ausgeschleuderte Gesteinsblock wurde in der Sierra la Primavera in Mexico gefunden und ist 8.5 Meter lang.

Größter Vulkan des Sonnensystems: Olympus Mons auf dem Mars; er ist ungefähr 26.000 Meter hoch und hat am Fuß einen Durchmesser von rund 600 Kilometern.

aus: Katia und Maurice Krafft, «Die Vulkane der Welt»
Mit freundlicher Genehmigung des Mondo-Verlages, Vevey

Glossar

Aa-Lava Eine Lava mit grober, zerklüfteter Oberfläche.

Ader Eine Mineralablagerung, die sich in einer Gesteinsspalte niedergeschlagen hat.

Aerosol Suspension feinster Flüssigkeitströpfchen oder fester Partikel in Luft.

Andesit Graues Vulkangestein, das bei Stratovulkanen häufig vorkommt. Sein Kieselerdegehalt ist zwischen Basalt und Dazit angesiedelt.

Asche, vulkanische Feine Fragmente aus Lava oder Gestein bis zu Staubkorngröße, die sich bei Vulkanexplosionen bilden.

Ascheregen Vulkanasche, die aus einer Eruptionssäule oder Aschewolke niedergeht.

Aschewolke Eine Wolke aus Asche, die sich bei einem Vulkanausbruch oder einem pyroklastischen Strom bildet.

Aufschiebung Steilstehende bis flache Strömung, an der sich eine Gesteinsscholle relativ zu einer anderen aufwärts bewegt.

Ausfällung Ein Festkörper, der sich aus einer Lösung bildet.

Basalt Dunkle Lava, die reich an Eisen und Magnesium ist und etwa 50 % Kieselerde enthält.

Beben, vulkanisches Eine ständige harmonische Vibration des Bodens, die mit Seismographen wahrnehmbar ist und mit Vulkanausbrüchen und anderer vulkanischer Aktivität unter der Oberfläche zusammenhängt.

Bimsstein Eine Form von Vulkanglas, das mit Gasblasen und Löchern gefüllt ist. Erinnert an einen Schwamm und ist sehr leicht.

Blattverschiebung Eine fast senkrechte Verwerfung mit seitlicher, horizontaler Verlagerung.

Block, vulkanischer Ein festes Lava- oder Gesteinsfragment, das bei einer explosiven Eruption ausgestoßen wird; größer als 64 mm.

Bombe, vulkanische Ein Lavaklumpen, der noch in geschmolzenem Zustand aus einem Vulkan ausgestoßen wird; nimmt eine rundliche Form an.

Caldera Eine große, beckenförmige Senke auf einem Vulkan, die durch einen Einbruch entsteht (größer als ein Krater).

Dazit Ein helles, magmatisches Vulkangestein, das von der Kieselerdezusammensetzung zwischen Rhyolith und Andesit angesiedelt ist.

effusive Eruption Eruption, die (im Gegensatz zu einer explosiven Eruption) hauptsächlich aus ruhigen Lavaströmen besteht.

Erdbebenschwarm Eine eng aneinander gereihte Serie von Erdbeben, die im Gegensatz zu einem starken Erdbeben mit abnehmenden Nachbeben etwa alle dieselbe Größenordnung haben.

Erdbebenwelle Die von einem Erdbeben erzeugte Vibrationswelle.

Eruptionswolke Wolke aus Gas, Asche und anderen Fragmenten, die bei einem Vulkanausbruch erzeugt werden.

Eruptivgestein Lava, die sich abgekühlt hat und über der Erde fest geworden ist.

Erz Jedes Gesteinsmaterial, das Bestandteile enthält, aus denen kommerziell wertvolle Mineralien gewonnen werden können.

explosive Eruption Die plötzliche Ausdehnung von Gasen, die mit vulkanischen Fragmenten beladen sind; wird durch explosives Kochen verursacht.

Fallablagerungen Vulkanischer Schutt, der aus einer Eruptionswolke niedergegangen ist.

Feldspat Ein helles Mineral, das sich hauptsächlich aus Sauerstoff, Silizium und Aluminium zusammensetzt.

Feuervorhang Eine Linie von Lavafontänen, die entlang eines Risses ausbrechen.

Flankeneruption Eine Eruption an der Seite eines Vulkans statt an seiner Spitze.

Flutwelle *siehe Tsunami*

Front, vulkanische Die Vulkanlinie, die sich direkt hinter einer Subduktionszone und einem Tiefseegraben befindet.

Fumarole Eine Bodenöffnung, aus der Vulkangase und Wasserdampf ausströmen.

Gang Körper aus intrusivem magmatischem Gestein, der die Schichten des Nebengesteins durchschlägt.

Geophysik Zweig der Geowissenschaften, der die physikalischen und mechanischen Aspekte der Geologie behandelt.

geothermische Energie Aus der Erdwärme erzeugte Energie.

geothermischer Gradient Die Rate der Temperaturveränderung mit zunehmender Erdtiefe.

gerichtete Explosion Eine heiße Mischung aus Gesteinsschutt, Asche und Gasen, die durch eine Vulkanexplosion erzeugt und bei hoher Geschwindigkeit horizontal von der Öffnung weggeschleudert werden.

Granit Grobkörniges Intrusionsgestein, das überwiegend aus Quarz und Feldspat besteht.

Haltespannung Das Spannungsniveau, das überschritten werden muß, bevor sich ein plastisches Material verformt.

Holozän (Alluvium) Der geologische Zeitabschnitt seit der letzten großen Eiszeit vor etwa 10.000 Jahren bis zur Gegenwart.

Hot spot-Vulkane Vulkane, die einer ständigen und stationären Wärmequelle im Erdmantel zugeordnet werden.

hydrothermales Reservoir Eine unterirdische Zone porösen Gesteins, das heißes Wasser enthält.

Ignimbrit Die weitverbreitete Ablagerung aus einem großen pyroklastischen Strom.

Inselbogen Eine bogenförmige Kette von Vulkaninseln, die sich an den Kompressionsrändern von Platten bilden.

Intrusion Eine Gesteinsmasse, die entsteht, wenn Magma in das umgebende Gastgestein eindringt und abkühlt; auch der Prozeß der Formung einer derartigen Gesteinsmasse.

Kieselerde Eine chemische Verbindung aus Silizium und Sauerstoff.

Kipuka (Polynesisch) Ein Vegetationsbereich, der von einem Lavastrom umgeben ist.

Kissenlava Abgerundete, sackartige Lavamassen, die sich unter Wasser bilden.

Kompressionsrand Die beiden sich annähernden Ränder zweier tektonischer Platten.

Kontinentaldrift Theorie, der zufolge langsame, relative Bewegungen der Kontinente durch horizontale Bewegungen im Erdmantel Lageänderungen der Kontinente verursacht haben.

Kontinentalkruste Die festen äußeren Schichten der Erde unter den Kontinenten; weniger dicht, aber dicker als die ozeanische Kruste. Normalerweise etwa dreißig Kilometer dick.

Krater Eine beckenförmige Senke um einen Schlot. **kristallines Gestein** Gestein, das sich aus miteinander verwachsenen Kristallen zusammensetzt.

Lava Magma, das die Erdoberfläche erreicht hat; auch das entsprechende Gestein nach dem Abkühlen.

Lavadom Eine steile Masse aus zähflüssiger Lava, meistens mit einer flachen Oberseite, die aus einer Vulkanöffnung extrudiert wurde und sie bedeckt.

Lavafontäne Ein Strahl glühender Lava, der durch die schnelle Ausdehnung von Vulkangasen aus einem Schlot schießt.

Lavatunnel Ein Tunnel unter der Oberfläche eines erstarrten Lavastroms, der sich bildet, wenn die Oberfläche abkühlt und geschmolzenes Gestein sich unter der Oberfläche weiterbewegt.

Von Pompeji zum Pinatubo

Auch die Höhle, die sich beim Entleeren des Tunnels bildet, wenn der Ausbruch aufhört oder sich verlagert.

Lavasee Ein See aus geschmolzener Lava in einem Vulkankrater oder einer Senke; auch die erstarrten oder teilweise erstarrten Stadien eines Lavasees.

Lavastrom Ein Strom aus geschmolzenem Gestein, der meistens nicht explosionsartig ausgebrochen ist und sich vom Schlot aus hangabwärts bewegt.

Lawine Eine große Erd-, Gesteins-, Vulkanschuttmasse, die sich schnell einen Berg hinabbewegt.

linearer Schlot Eine lange Öffnung, die sich entlang einer Spalte bildet (im Gegensatz zu einem einzelnen Krater).

Magma Geschmolzenes Gestein im Erdinnern; Magma, das an die Erdoberfläche gelangt, wird als «Lava» bezeichnet.

Magmagase Gase wie Wasserdampf, Kohlendioxid und Schwefelwasserstoff, die in Magma gelöst sind.

Magmakammer Ein unterirdisches Reservoir, in dem Magma gelagert wird.

Magnetfeld Ein spezielles Muster magnetischer Kräfte, die von einem Magnetkörper erzeugt werden.

Mantel Die Zone unter der Erdkruste bis zu einer Tiefe von 3.000 km; über dem Kern.

Mikroerdbeben Ein Erdbeben, das zu schwach ist, um wahrgenommen zu werden, aber mit einem Seismographen aufgespürt werden kann.

Niedriggeschwindigkeitsschicht Teilweise aufgeschmolzene Zone im oberen Bereich des Erdmantels, in dem die seismischen Geschwindigkeiten und die Gesteinsstärke niedriger sind als in den darüberliegenden Schichten; etwa 60 bis 250 km unter der Oberfläche.

Nuée ardente (Glutwolke) Eine dichte «glühende Wolke» aus heißer Vulkanasche und Gas, die aus einem Vulkan ausgebrochen ist; bewegt sich schnell bergabwärts; ein pyroklastischer Strom.

Obsidian Ein schwarzes oder dunkles Vulkanglas, das im allgemeinen rhyolithischer Zusammensetzung ist.

Olivin Ein olivgrünes Mineral, das sich aus Eisen, Magnesium, Silizium und Sauerstoff zusammensetzt.

Ozeankruste Die Erdkruste an den Stellen, an denen sie unter dem Meer liegt, im Gegensatz zur Kontinentalkruste, die die Kontinente bildet. Normalerweise etwa 8 km dick (Kontinentalkruste: 30 km).

Ozonschicht Die Schicht im oberen Bereich der Atmosphäre, die Ozon enthält; Gasmolekül, das aus 3 Sauerstoffatomen besteht, und die Erdoberfläche vor einem großen Teil der ultravioletten Sonnenstrahlung schützt.

Pahoehoe-Lava Basaltlavastrom mit glatter, wogender oder mit einer an Seilrollen erinnernden Oberfläche.

partielle Kristallisation Stadium der Abkühlung eines Magmas, in dem dieses zum Teil aus festen Kristallen und zum Teil aus Schmelze besteht.

Peles Haar Fasern aus natürlichem, gesponnenem Glas, das sich im allgemeinen in Lavafontänen bildet.

Plattentektonik Theorie, der zufolge die Erdkruste in etwa ein Dutzend Platten zerbrochen ist, die sich auf der Erdoberfläche gegeneinander verschieben.

plume Ein aufsteigender Strom aus heißem, plastischem Gestein, der aus der Tiefe des Mantelinnern aufsteigt und Hot spot-Vulkane bildet.

Pluton Eine große Intrusion aus magnetischem Gestein, die unter der Erdoberfläche abkühlt und erstarrt.

pyroklastische Ablagerung Die Ablagerung vulkanischer Fragmente aus einem pyroklastischen Strom oder einer Fallablagerung.

pyroklastischer Strom *siehe Nuée ardente*

Quarz Ein gesteinsbildendes Mineral, das sich aus Silizium und Sauerstoff zusammensetzt.

Radioaktivität Der natürliche Vorgang des spontanen Zerfalls von Atomen unter Aussendung radioaktiver Strahlung und/oder Elementarteilchen.

Rauchwolke Eine Gaswolke ohne Vulkanasche.

Rhyolith Ein feinkörniges Vulkangestein mit hohem Kieselerdegehalt; ähnelt in seiner chemischen Zusammensetzung Granit.

Riftsystem Die ozeanischen Rücken, die über 60.000 km lang sind, und an denen sich Platten trennen und neue Kruste erzeugt wird; auch ihre Gegenstücke an Land, beispielsweise das Ostafrikanische Rift.

Riftvulkan Ein Vulkan, der am Riftsystem lokalisiert ist.

Riftzone Eine Region, in der es zu Rissen und Dehnungsbewegungen kommt.

Ring aus Feuer Region um den Pazifischen Ozean, in der sich die Platten aufeinander zubewegen, was zu Vulkanausbrüchen und Erdbeben führt.

Rücken, ozeanischer Eine große unterseeische Gebirgskette.

Ruhezeit Der Zeitabstand zwischen den Ausbrüchen eines aktiven Vulkans.

Scherung Die Bewegung zweier Körper, die aneinander vorbeirutschen.

Schildvulkan Ein Vulkan, der sich aus Strömen flüssiger Basaltlava aufbaut und die Form eines flachen Kegels mit sanft abfallenden Abhängen hat.

Schlacke, vulkanische Ein blasig aufgeschäumtes Lavafragment mit unregelmäßiger Oberfläche.

Schlackenkegel Ein steiler Kegel, der sich durch die Ansammlung von Schlacke und anderen Fragmenten, die bei einer Eruption ausgestoßen werden, um einen Schlot herum bildet.

Schlammstrom Eine mit Wasser gesättigte Mischung aus Schlamm und Schutt, die aufgrund der Schwerkraft hangabwärts fließt.

Schlot Eine Öffnung in der Erdoberfläche, durch die vulkanisches Material ausbricht.

Schuttfächer Gesteinsschutt am Fuß eines steilen Abhangs oder einer Klippe.

Schweißschlackenkegel Ein Kegel, der sich um einen Schlot herum aus Fragmenten noch geschmolzener Lava bildet, die sich zu einer festen Masse zusammenschweißt.

Seafloor spreading Aspekt der Plattentektonik, bei dem an den ozeanischen Rücken neuer Meeresboden geschaffen wird, wenn die Platten sich trennen.

Seamount Ein isolierter unterseeischer Berg vulkanischen Ursprungs.

seismische Welle *siehe* Erdbebenwelle.

Seismograph Ein Instrument, das seismische Wellen in der Erdkruste aufzeichnet.

Seismologie Wissenschaft, die sich mit der Erforschung von Erdbeben, seismischen Wellen und der inneren Struktur der Erde beschäftigt.

Silikatmineral Ein Mineral, das sich überwiegend aus Silizium und Sauerstoff zusammensetzt.

Solfatare Ein Gasaustritt, dessen Gase hauptsächlich schwefelhaltig sind.

Spreizungszone Die Ränder von tektonischen Platten, die sich auseinander bewegen.

Stratosphäre Oberer Teil der Atmosphäre, in Höhen von über 15 km.

Stratovulkan Ein Vulkankegel, der sich aus Lavaströmen und pyroklastischen Ablagerungen aus explosiven Eruptionen aufbaut.

Stromfront Die Stirn eines dahinfließenden Lavastroms.

Stufe, tektonische Ein steiler Abhang oder eine Klippe, die durch Bewegung entlang einer Verwerfung entsteht.

Subduktionszonenvulkan Ein Vulkan, der in geringer Entfernung (ca. 100–200 km) einer Subduktionszone entsteht.

Subduktionszone Die Zone, an der zwei tektonische Platten konvergieren, wobei sich eine Platte über die andere schiebt.

Tephra Begriff für vulkanisches Lockermaterial aller Größen und Arten, das aus einem Vulkan ausgebrochen ist und sich meistens durch Niederschlag aus der Luft ablagert. Im weitergefaßten Sinn ein Synonym für alle pyroklastischen Ablagerungen.

Transformstörung Eine Blattverschiebung, die die versetzten Segmente eines mittelozeanischen Rückens trennt.

Treibhauseffekt Der Einschluß von Sonneneneinstrahlung durch Gase (z.B. Kohlendioxid) in der Atmosphäre.

Tropopause Die Grenze am unteren Rand der Stratosphäre.

Tsunami Eine große Flutwelle, die durch ein unterseeisches Erdbeben, einen Landrutsch oder einen Vulkanausbruch verursacht wird.

Von Pompeji zum Pinatubo

verschweißter Tuff Eine pyroklastische Ablagerung, die bei ihrer Bildung so heiß war, daß die Fragmente zu festem Gestein zusammengeschweißt wurden.

Verwerfung Ein Bruch in der Erdkruste, an dem Bewegungen stattgefunden haben.

Viskosität Ein Maß für den inneren Strömungswiderstand in einer Flüssigkeit.

Vulkan aktiver Ein Vulkan, der zur Zeit ausbricht oder seit Beginn der Geschichtsschreibung ausgebrochen ist.

Vulkan, erloschener Ein Vulkan, von dem kein weiterer Ausbruch erwartet wird; ein toter Vulkan.

Vulkan, schlafender Nichtaktiver Vulkan, der wahrscheinlich in Zukunft ausbrechen wird.

Vulkanstaub Feine Partikel vulkanischer Asche.

Woge Eine vorübergehende Steigerung in der Geschwindigkeit und dem Volumen eines Lavastroms.

Literatur

Bullard, Fred M., *Volcanoes of the Earth*, überarbeitete Ausgabe, Austin und London, University of Texas Press, 1976.
Ein gründliches, aber größtenteils beschreibendes Buch über vulkanische Merkmale mit vielen Beispielen berühmter Vulkanausbrüche.
Gribbin, John und Gribbin, Mary *Kinder der Eiszeit: Beeinflußt das Klima die Evolution des Menschen?*, Basel, Birkhäuser Verlag 1992.
Ein spannendes Sachbuch über die Evolution des Menschen.
Time-Life, *Vulkane*, Time-Life Books, 1982.
Gut geschriebene Geschichte der Vulkanologie und Berichte über einige berühmte Vulkanausbrüche. Ausgezeichnete Farbabbildungen.
Krafft, Maurice und Krafft, Katia, *Volcanoes: Earth's Awakening*, Maplewood, N.J., Hammond, 1980.
Eine Einleitung in die Vulkanaktivität, mit Farbaufnahmen sehr schön illustriert.
McClelland, L., Simkin, T., Summers, M., Neilsen, E. und Stein, T, *Global Volcanism 1975–1985*, Englewood Cliffs, N.J., Prentice Hall, 1989.
Beschreibung aller Vulkanausbrüche von 1975–85, größtenteils von Forschern, die am Schauplatz waren.
Simkin, T., Siebert, L., McClelland, L., Bridge, D., Newhall, C. und Latter, J.H., *Volcanoes of the World*, Washington, D.C., Smithsonian Institution, 1981.
Ein Katalog der aktiven Vulkane und ihrer Eruptionsgeschichte während der letzten 10.000 Jahre.
Wyllie, Peter J., *The Way the Earth Works*, New York, Wiley, 1976.
Allgemein verständliche Erklärungen der Plattentektonik und anderer wichtiger Erdprozesse.
Cas, R.A.F. und Wright, J.V., *Volcanic Successions*, London, Allen & Unwin, 1987.
Gründliche Diskussion vulkanischer Produkte, Ansammlungen vulkanischen Gesteins und der Prozesse, durch die sie gebildet wurden.
Decker, R.W., Wright, T.L. und Stauffer, P.H., Herausgeber, *Volcanism in Hawaii* (Fachreferat 1350). 2 Bd.
Fisher, R.V. und Schmincke, H.-U., *Pyroclastic Rocks*, Berlin, Springer-Verlag, 1984.
Hervorragende, aber technische Abhandlung über pyroklastische Auswürfe aus Vulkanen.
Francis, Peter, *Volcanoes*, Middlesex, UK, Penguin Books, 1976.
Gut geschrieben, mit besonderer Betonung der vulkanischen Produkte.
Lipman, Peter W. und Mullineaux, Donal R., Herausgeber, *The 1980 Eruptions of Mount St. Helens, Washington* (Professional Paper 1250), Washington, D.C., U.S. Geological Survey, 1981.
Eine Sammlung von 62 Berichten, die Eruptionen, geophysikalische Überwachung, Vulkanablagerungen, Auswirkungen der Eruptionen von 1980 und eine Analyse der potentiellen Gefahren abdecken.

237

Blong, R.J., *Volcanic Hazards*, New York, Academic Press, 1984.
   Das Standardwerk über Gefahren, die mit Vulkanen einhergehen, es enthält viele Fallstudien, die auf tatsächlichen Eruptionen beruhen.
Rona, Peter A., «Mineral Deposits from Sea-Floor Hot Springs», *Scientific American* 2254, Nr. 1 (Januar 1986): S.84–92.
   Gutgeschriebener und illustrierter Artikel, der Mineralablagerung auf dem Meeresboden erklärt und beschreibt, wie Sea floor spreading unterseeische Erzablagerungen an Land verschieben kann.
Stommel, Henry und Stommel, Elizabeth, *Volcano Weather*, Newport, R.I., Seven Seas Press, 1983.
   Die Geschichte des Jahres 1816, «des Jahres ohne Sommer», und eine Erklärung, wie das äußerst kalte Wetter durch die riesige Eruption des Tambora in Indonesien verursacht worden sein mag.

Index

Vom Pompeji zum Pinatubo

Aktive Vulkane auf der Erde

1. Hawaii
2. Alaska
3. Kaskadengebirge
4. Mexiko
5. Mittelamerika
6. Galapagosinseln
7. Kolumbien und Ecuador
8. Peru und Bolivien
9. Chile
10. Südpazifik
11. Island
12. Azoren

13. Kanarische Inseln
14. Kapverdische Inseln
15. Kamerun
16. Südatlantik
17. Italien
18. Griechenland
19. Türkei

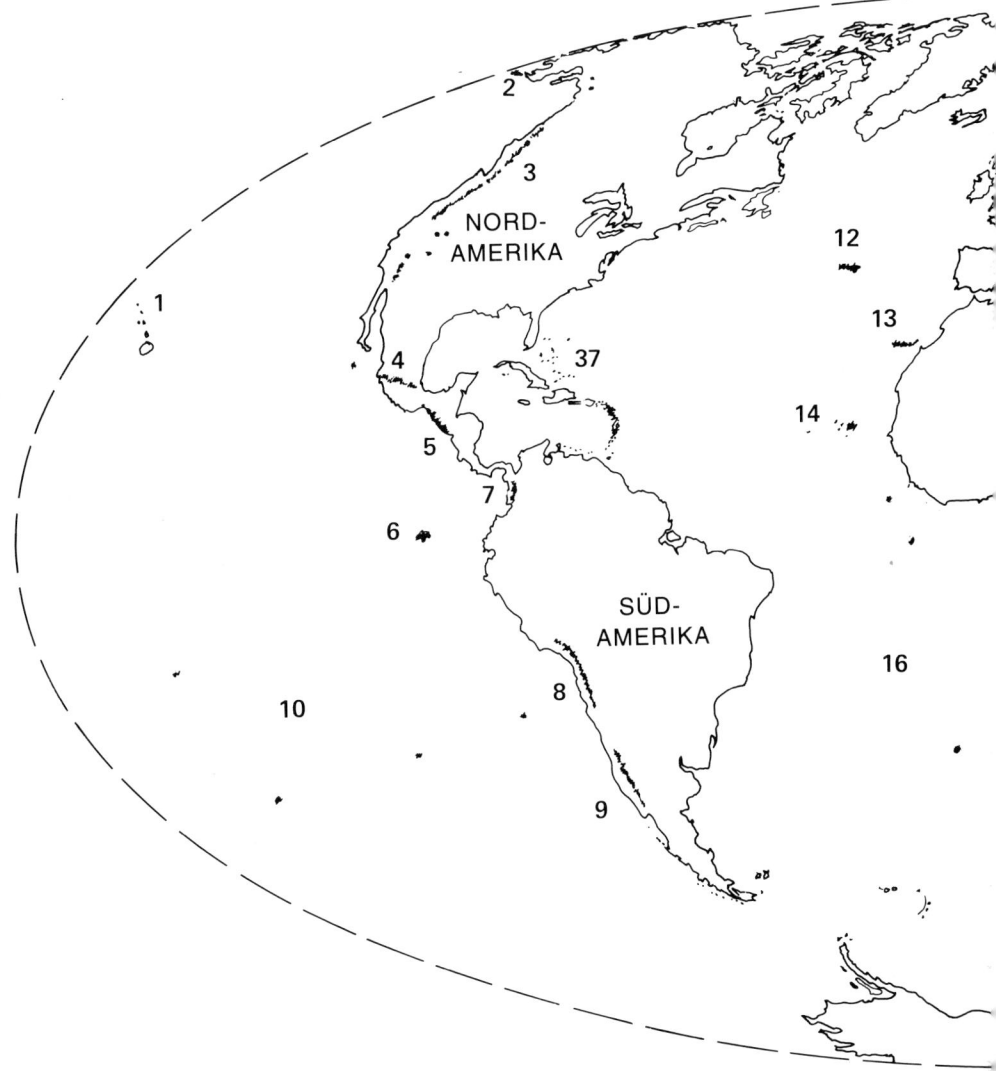